人工智能算法研究与应用

杨和稳 著

东南大学出版社
·南京·

内容提要

本书首先简单介绍了人工智能算法的实现工具——Python 语言、人工智能算法的思维工具——高等数学基础两方面内容，通过这两大工具研究了人工智能领域使用极为广泛的一些算法的设计思想，并通过具体案例将这些算法应用到实际问题的求解中去。

全书所有案例都通过 Python 语言实现，可为下一步的机器学习、深度学习、人工智能视觉、自然语言处理等领域的建模学习无障碍升级做好准备。本书另一特色是将数学建模思想方法与人工智能算法设计思想贯穿始终。学习人工智能算法设计的最终目的是解决实际问题，对实际问题首先进行抽象分析，然后用数学语言进行描述，再建立数学模型，最后通过编程来求解，将事半功倍。

本书对从事人工智能领域教学和研究的各类人员都有较高的参考价值，也适合高等院校人工智能、软件工程等计算机类专业学生阅读。

图书在版编目(CIP)数据

人工智能算法研究与应用 / 杨和稳著. — 南京：东南大学出版社，2021.12

ISBN 978-7-5641-9892-3

Ⅰ.①人… Ⅱ.①杨… Ⅲ.①人工智能-算法-研究 Ⅳ.①TP18

中国版本图书馆 CIP 数据核字(2021)第 254592 号

责任编辑：吉雄飞　　**责任校对**：韩小亮　　**封面设计**：顾晓阳　　**责任印制**：周荣虎

人工智能算法研究与应用　Rengong Zhineng Suanfa Yanjiu yu Yingyong

著　　者　杨和稳
出版发行　东南大学出版社
社　　址　南京市四牌楼 2 号(邮编：210096　电话：025-83793330)
经　　销　全国各地新华书店
印　　刷　广东虎彩云印刷有限公司
开　　本　700mm×1000mm　1/16
印　　张　15.5
字　　数　304 千字
版　　次　2021 年 12 月第 1 版
印　　次　2021 年 12 月第 1 次印刷
书　　号　ISBN 978-7-5641-9892-3
定　　价　50.00 元

前　言

当今世界，人工智能技术发展异常火爆，其应用已渗透到各行各业，正处在发展的黄金期。与之不符的是，目前我国人工智能专业的人才奇缺，技术发展水平也不高，因此各高等院校和企事业单位都在加速对人工智能专业人才的培养和对人工智能技术的研究。而对人工智能技术的研究，无论是机器人、语音识别，还是图像识别、自然语言处理，都离不开算法研究。

目前，我国大部分人工智能算法使用的是开源代码。开源代码可以拿过来使用，但专业性、针对性不够，实际效果往往不能满足具体任务的要求。有学者指出：如果缺少核心算法，当碰到关键性问题时，就会被人"卡脖子"，而对于一些专业性高、技术性强的研究任务，一旦被"卡脖子"将会非常被动。是否掌握核心代码，将决定在未来的人工智能"智力大比拼"中能否拥有胜算。用开源代码"调教"出的人工智能顶多算个"常人"，而要帮助人工智能成长为"细分领域专家"，需以数学为基础的原始核心模型、代码和框架创新。

人工智能算法是集数学、统计学、概率统计学、逻辑学等学科于一身的复杂算法，其理论性极强，许多科研工作者常常望而生畏。为了帮助大家尽快理解、掌握和运用人工智能算法，本人结合多年的学习工作经验，特地编写《人工智能算法研究与应用》一书。本书首先系统介绍了科研人员在算法研究过程中所涉及的常用数学知识，包括微积分、线性代数、概率统计、数据分析等方面，给大家打下扎实的数学基本；然后分类介绍了人工智能领域广泛使用的一些重点算法的思想和设计方法，并通过具体案例将这些算法应用到实际问题的求解中去。

全书所有的案例都通过 Python 代码实现，可为下一步的机器学习、深度学习、人工智能视觉、自然语言处理等领域的建模学习无障碍升级做好准备。本书另一特色是将数学建模思想与人工智能算法设计思想贯穿始终。学习人工智能算法设计的最终目的是解决实际问题，对实际问题首先进行抽象分析，然后用数学语言进行描述，再建立数学模型，最后通过编程来求解，将事半功倍。

本书对从事人工智能领域教学和研究的各类人员都有较高的参考价值，也适合高等院校人工智能、软件工程等计算机类专业学生阅读。书中疏漏及不妥之处，恳请读者指正。

著者

2021 年 10 月

目　录

第一篇　人工智能算法的实现工具

第二篇　人工智能算法的思维工具

第一篇　人工智能算法的实现工具

第 1 章　Python 语言简介

人工智能(Artificial Intelligence,英文缩写为 AI)是研究、开发用于模拟、延伸和扩展人的智能的理论、方法、技术及应用系统的一门新的技术科学,包括机器人、语言识别、图像识别、自然语言处理和专家系统等,已成为当今世界上最受人瞩目的科学研究领域之一.通过人们的不断探索与研究,人工智能的理论和技术日益成熟,应用领域也不断扩大,Google,Facebook,Amazon 等公司都已经在该片领域里取得了令人瞩目的成果.而随着技术的进步,未来人工智能带来的科技产品将会是人类智慧的"容器".与此同时,因为 Python 具有简洁的语法和强大的第三方机器学习库,已成为人工智能算法编程的首选语言.

1.1　Python 开发环境搭建

在 Linux 和 macOS 等系统中已经内嵌了 Python 语言,我们可以直接使用;在 Windows 下需要进行另外安装.

1.1.1　下载和安装 Python

访问如下网址可以下载和安装 Python:

https://www.python.org/downloads/

(1) 进入 Python 官网下载界面(见图 1-1),其包含各类版本的 Python 安装软件,可根据自身需求选择相应的版本.

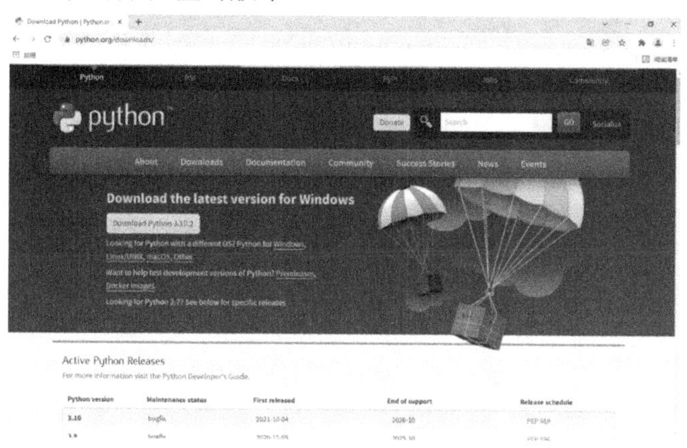

图 1-1　Python 官网界面

(2) 进入安装界面，首先选择“Install Now”，然后选择“Next”，直至安装完成界面(见图 1-2～图 1-6).

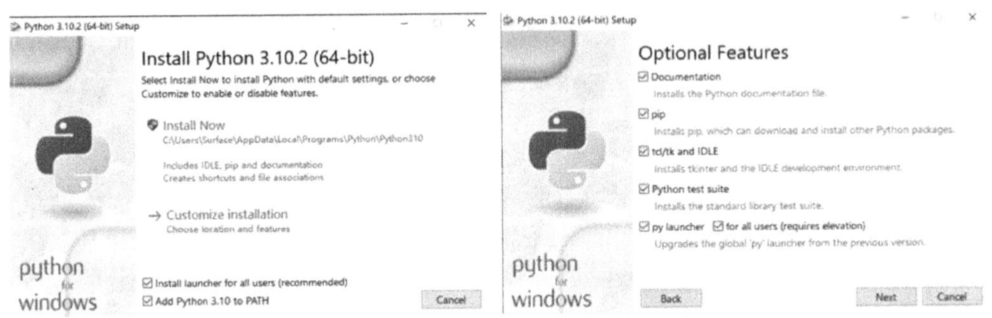

图 1-2　Python 安装步骤之一

图 1-3　Python 安装步骤之二

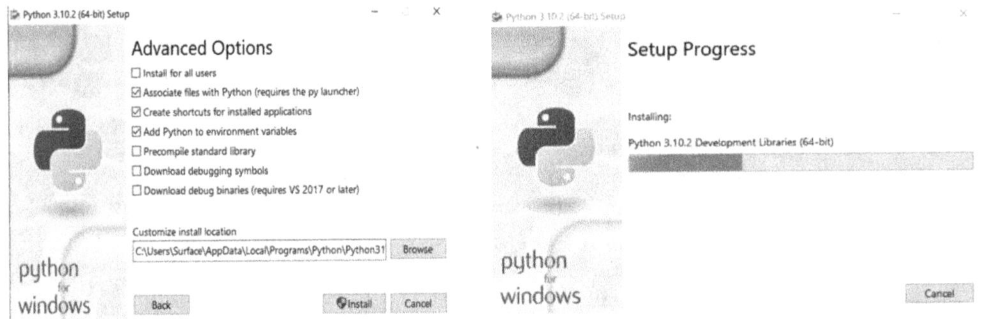

图 1-4　Python 安装步骤之三

图 1-5　Python 安装步骤之四

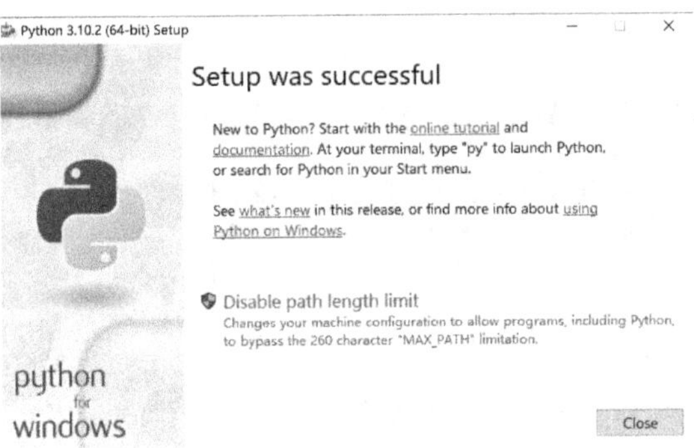

图 1-6　Python 安装步骤之五

(3) 进入 Python 操作界面(见图 1-7).

图 1-7　Python 操作界面

1.1.2　下载和安装 PyCharm

PyCharm 是一种流行的 Python IDE,由 JetBrains 公司打造.它带有一整套可以帮助用户在使用 Python 语言开发时提高效率的工具,比如调试、语法高亮、Project 管理、智能提示、代码跳转、自动完成、单元测试、版本控制等.此外,IDE 还提供了一些高级功能,用于支持 Django 框架下的专业 Web 开发.

访问如下网址可以下载和安装 PyCharm:

https://www.jetbrains.com/pycharm/download/#section=windows

(1) 进入 PyCharm 下载界面(见图 1-8),根据自身需求选择相应的安装版本.

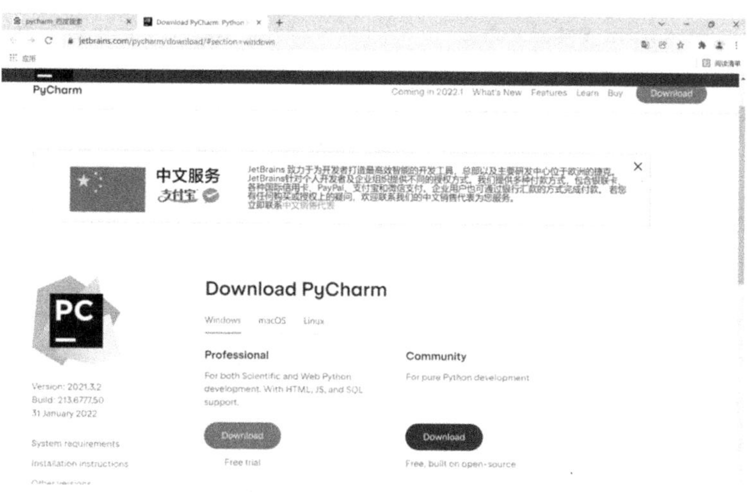

图 1-8　PyCharm 官网界面

(2) 进入安装界面，首先选择“Next >”，然后根据安装提示进行操作，直至安装完成界面(见图 1-9 ～ 1-14).

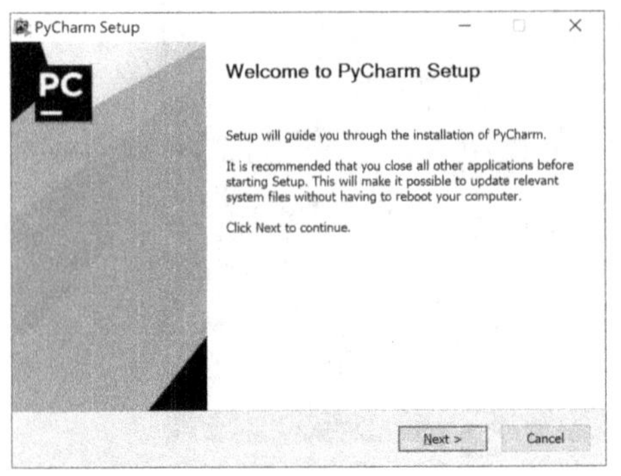

图 1-9　PyCharm 安装界面之一

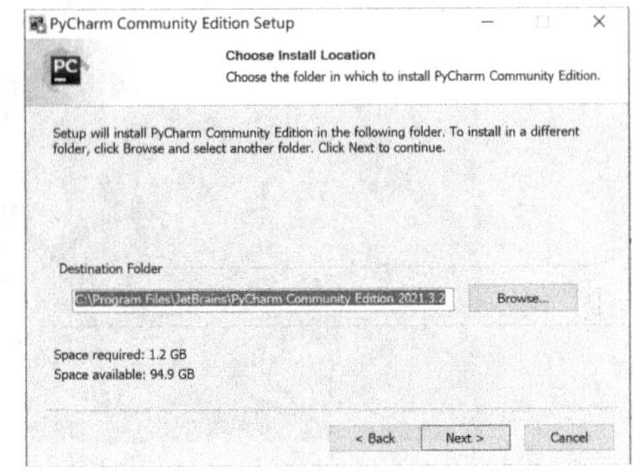

图 1-10　PyCharm 安装界面之二

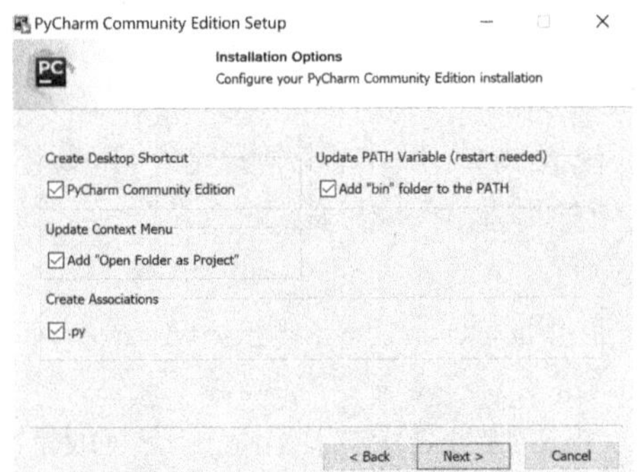

图 1-11　PyCharm 安装界面之三

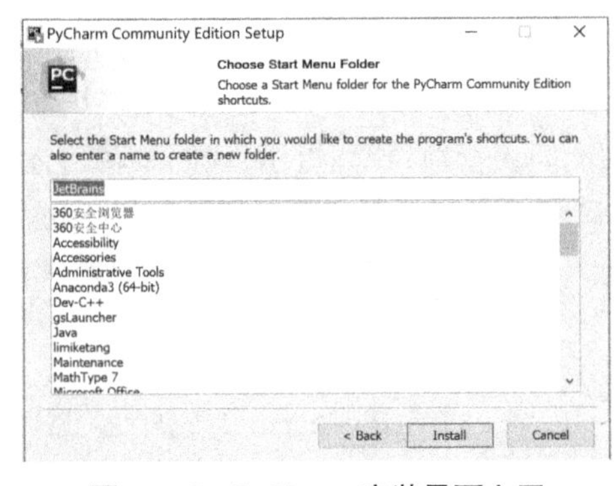

图 1-12　PyCharm 安装界面之四

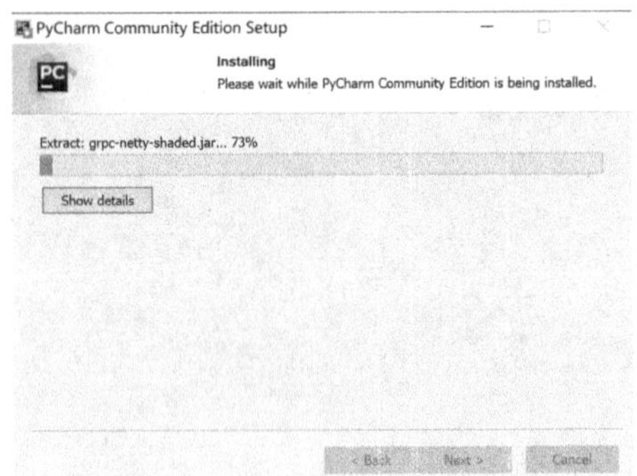

图 1-13　PyCharm 安装界面之五

图 1-14　PyCharm 安装界面之六

(3) 进入 PyCharm 操作界面(见图 1-15)

图 1-15　PyCharm 操作界面

1.1.3　下载和安装 Anaconda

1) Anaconda 简介

Anaconda 是一种 Python 集成开发环境,可以便捷地获取库并且提供对库的管理功能.Anaconda 支持包含 Conda 和 Python 在内的超过 180 个科学库(包括 NumPy,SciPy,IPython Notebook 等)及其依赖项,其主要特点为开源、安装过程简单、高性能使用 Python 和 R 语言、免费的社区支持等.Anaconda 支持目前主流的多种系统平台,包含 Windows,macOS 和 Linux(x86/Power 8).

2) 安装 Anaconda 3

登录 https://www.anaconda.com/products/individual(见图 1-16),根据操作系统选择下载合适的版本,其安装步骤与一般的软件安装步骤类似.

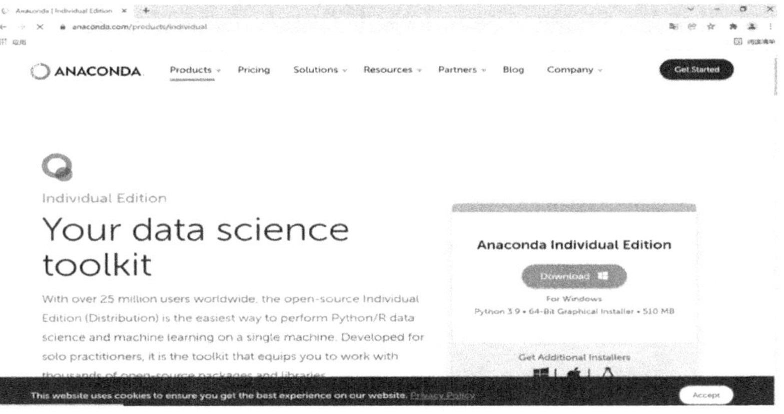

图 1-16　Anaconda 官网界面

3）Jupyter Notebook 的使用

Anaconda 3 中集成了 Jupyter Notebook，因此在 Anaconda 3 安装完毕后，用户便可以开始使用 Jupyter Notebook.

（1）进入 Jupyter Notebook

进入 Jupyter Notebook 可使用两种方式：

① 直接在 Anaconda 3 菜单栏中选择"Jupyter Notebook"选项；

② 通过 CMD 命令行窗口进入.

如果安装 Anaconda 3 时选择添加了环境变量，可以在 CMD 命令行窗口中输入"Jupyter Notebook"来启动 Jupyter Notebook.如果安装 Anaconda 3 时没有选择添加环境变量，而又想通过 CMD 命令行窗口进行启动，则可以在系统环境变量中手动添加如下路径：

```
.\Anaconda 3;
.\Anaconda 3\Library\mingw-w64\bin;
.\Anaconda 3\Library\usr\bin;
.\Anaconda 3\Library\bin;
.\Anaconda 3\Scripts;
```

注意：修改环境变量时，需要依据 Anaconda 3 的安装路径对之前手动添加的路径做对应修改.

启动后，浏览器地址栏中会默认显示地址"http://localhost:8888"，其中，"localhost"指的是本机地址，"8888"是当前 Jupyter Notebook 程序占用的端口号.若同时启动了多个 Jupyter Notebook，由于默认端口"8888"被占用，此时地址栏中的数字将从"8888"起，每再启动一个 Jupyter Notebook，端口号就加 1，如出现"8889""8890"等.

（2）Jupyter Notebook 的基本使用方法

启动成功后，进入 Jupyter Notebook 主界面（如图 1－17 所示）.

图 1－17　Jupyter Notebook 主界面

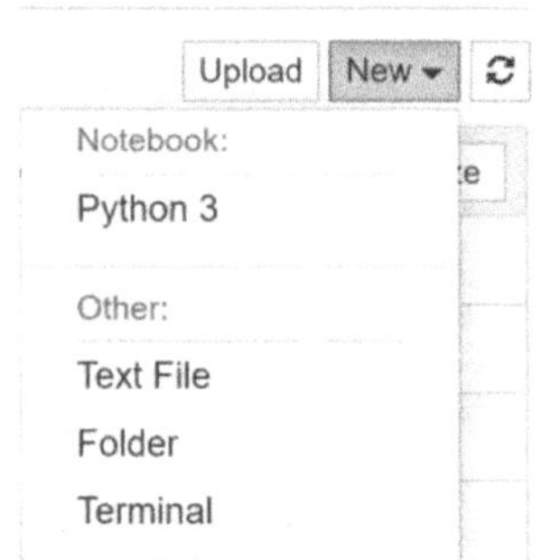

图 1－18　创建 Python 文件

然后，单击右上角的“New”下拉按钮(如图 1-18 所示)，在弹出的下拉列表中选择“Python 3”选项，即可建立一个 Python 文件(如图 1-19 所示)；再单击界面左上角“jupyter”旁的“Untitled”，即可修改文件名.

图 1-19　编辑 Python 文件

在单元格中输入命令，单击“Run”按钮，将在单元格下输出结果，并自动新建一个单元格(如图 1-20 所示).

图 1-20　运行程序

本书的所有程序都在 PyCharm 及 Jupyter Notebook 中调试通过.

1.2　Python 语言基础

1.2.1　Python 基本语法和常用语句

Python 语言产生于 20 世纪 80 年代末，是由 CWI(荷兰国家数学与计算机科学研究中心)的研究员 Guido van Rossum 设计实现.

Python 语言是一门解释型、动态、强类型的编程语言，既支持面向过程编程，又支持面向对象编程，甚至支持函数式编程，同时还能容入多种编程领域的语言，经过近 40 年的发展，已渐渐成熟并且趋于稳定.Python 作为一门理想的集成语言，它将各种技术绑定在一起，除了为用户提供更方便的功能之外，还是一个理想的黏合平台，不但在开发人员与外部库的低层次集成人员之间搭建连接，用 C/C++ 实现更高效的算法，同时开发者还在 Python 中封装了很多优秀的依赖库.归纳起来，Python 具有简单易学、免费开源、可移植性、解释性、可扩展性、可嵌入性、丰富的开发库等等优点.

1) Python 基本语法

(1) 保留字

保留字即关键字，我们不能把它们用作任何标识符名称.Python 的标准库提供了一个 keyword 模块，可以输出当前版本的所有关键字.

【例 1－1】查看保留字示例.

【程序代码】

```
# 导入 keyword 模块
import keyword
# 查看 keyword 模块中的保留字
keyword.kwlist
```

【运行结果】

```
['False', 'None', 'True', 'and', 'as', 'assert', 'async',
'await', 'break', 'class', 'continue', 'def', 'del',
'elif', 'else', 'except', 'finally', 'for', 'from',
'global', 'if', 'import', 'in', 'is', 'lambda',
'nonlocal', 'not', 'or', 'pass', 'raise', 'return',
'try', 'while', 'with', 'yield']
```

(2) 标识符

标识符用来标识变量名、符号常量名、函数名、数组名、文件名、类名、对象名等.

Python 标识符规定如下：

① Python 中的标识符区分大小写；

② 标识符可包括字母、下划线和数字，但必须以字母或下划线开头；

③ 以下划线开头的标识符具有特殊意义；

④ 关键字不能作为标识符.

(3) 行与缩进

Python 中最具特色的一点就是使用缩进来表示代码块，不需要使用大括号{}. 同一缩进的一组语句属于同一代码块.

缩进的空格数是可变的，但是同一个代码块的语句必须包含相同的缩进空格数(默认为 4 个字符).例如：

```
if True:
    print ("True")
else:
    print ("False")
```

注意：编写代码时对缩进须特别小心.若同一层次语句缩进的空格数不一致，会导致运行错误.

(4) 多行语句

Python 通常是一行写完一条语句，但如果语句很长，我们可以使用反斜杠(\)来实现多行语句，例如：

```
total=item_one+\
        item_two+\
        item_three
```

需要说明的是，在组合数据类型中用括号[]，{}或()表示的多行语句中不需要使用反斜杠.例如：

```
total=['item_one', 'item_two', 'item_three',
       'item_four', 'item_five']
```

(5) 数据类型

Python 中的数有四种类型，即整数、长整数、浮点数和复数.

① 整数：如 123；

② 长整数：是指比较大的整数；

③ 浮点数：如 1.23，3E－2；

④ 复数：如 1＋2j，1.1＋2.2j.

Python 中还有字符串型数据，由单引号或双引号定界(效果相同)，而使用三引号(''' 或""")可以指定一个多行字符串.原则上，单引号表示字符串，双引号表示句子，三引号表示段落.例如：

```
word= '字符串'
sentence="这是一个句子."
paragraph= """这是一个段落，
           可以由多行组成"""
```

2) Python 常用语句

Python 语言的常用语句包括赋值语句、控制语句和异常处理语句等，使用这些语句就可编写 Python 程序.

(1) 赋值语句

赋值语句是 Python 语言中最简单、最常用的语句，通过赋值语句可以定义变量并为其赋初值.

① 赋值运算符

a) =：赋值运算符，是将等式右边的值赋给左边的变量，如 c＝a＋b 是将 a＋b 的运算结果赋给 c；

b) +=：加法赋值运算符，如 c+=a 等效于 c=c+a；

c) -=：减法赋值运算符，如 c-=a 等效于 c=c-a；

d) *=：乘法赋值运算符，如 c*=a 等效于 c=c* a；

e) /=：除法赋值运算符，如 c/=a 等效于 c=c/a；

f) %=：取模赋值运算符，如 c%=a 等效于 c=c% a；

g) **=：幂赋值运算符，如 c**=a 等效于 c=c** a；

h) //=：取整除赋值运算符，如 c//=a 等效于 c=c//a.

【例 1－2】 运算符的使用示例.

【程序代码】

```
a=10
```

```
a+=2                # a=a+2
print(a)
a*=10               # a=a*10
print(a)
print(a/5)          # a=a/5
```

【运行结果】

```
12
120
24.0
```

② 序列解包赋值

Python序列包括字符串、列表、元组.所谓序列解包赋值，就是将序列中存储的值依次赋给各个变量.其格式如下：

x,y,z= 序列

注意：被解包的序列里的元素个数必须等于左侧的变量个数，否则会报异常.

【例 1-3】序列解包赋值示例.

【程序代码】

```
x,y,z={10,20,30}
a,b,c="data","yang","base"
print(x)
print(y)
print(z)
print(a)
print(b)
print(c)
```

【运行结果】

```
10
20
30
data
yang
base
```

③ 链式赋值

Python 语言可进行链式赋值，即一次性将一个值赋给多个变量.其格式如下：

变量 1 = 变量 2 = 变量 3 = 值

【例 1-4】链式赋值示例.

【程序代码】

```
x=y=z=100
print(x)
```

```
print(y)
print(z)
```

【运行结果】

```
100
100
100
```

④ 交换赋值

交换赋值的格式如下：

```
a,b= b,a
```

即将原 a 的值赋给 b,将原 b 的值赋给 a.

【例 1-5】 交换两变量的值示例.

【程序代码】

```
x=100
y=50
x,y=y,x
print(x)
print(y)
```

【运行结果】

```
50
100
```

⑤ 注释语句

Python 语言允许在除了标识符和字符串中间的任何地方插入注释.

Python 源代码的注释有两种形式,分别是单行注释和多行注释:Python 使用井号(#)表示单行注释的开始,跟在"#"号后面直到这行结束为止的代码都将被解释器忽略;多行注释是指一次性将程序中的多行代码注释掉,在 Python 程序中使用三个单引号或三个双引号将注释的内容括起来即可.

(2) 条件语句

Python条件语句是通过一条或多条语句的执行结果(True或者False)来决定下面执行哪一个代码块,主要有 4 种基本类型.

① 简单 if 语句,格式如下:

```
if 条件表达式:              # ":"不能少
    语句块                  # 需要缩进
```

只有当条件表达式为真时,才执行下面的语句块.

【例 1-6】 简单 if 语句示例.

【程序代码】

```
x=100
```

```
if x > 99:
    x+=20
print(x)
```

【运行结果】

```
120
```

② 双分支条件语句,格式如下:

```
if 判断条件:
    语句块 1
else:
    语句块 2
```

当条件表达式为真时,执行语句块 1,否则执行语句块 2.其执行内容可以多行,以缩进来区分表示同一范围.

if 语句的判断条件可以用

$>$(大于), $<$(小于), $==$(等于),

$>=$(大于等于), $<=$(小于等于), $!=$(不等于)

来表示双方关系.

【例 1-7】双分支条件语句示例.

【程序代码】

```
name='yhw'
if name=='python':
    print('welcome boss')
else:
    print(name)
```

【运行结果】

```
yhw
```

③ 多分支条件语句,格式如下:

```
if 判断条件 1:
    语句块 1
elif 判断条件 2:
    语句块 2
elif 判断条件 3:
    语句块 3
...
else:
    语句块 n
```

当判断条件为多个值时,其逻辑关系如图 1-21 所示.

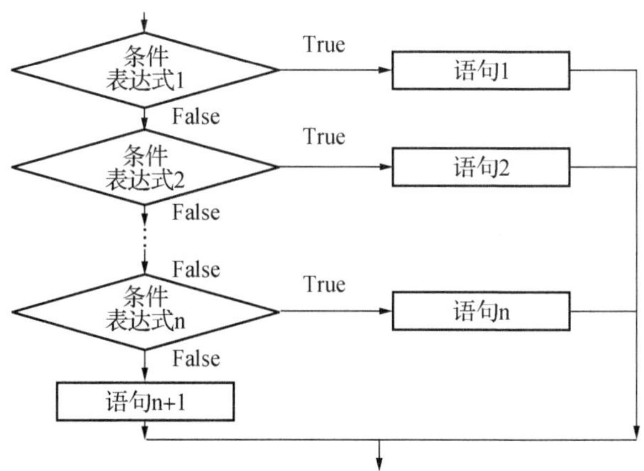

图 1－21　if 多分支判定流程图

【例 1－8】多分支条件语句示例.

【程序代码】

```
score=85
if score < 60:
    print("不及格")
elif score <=70:
    print("中等")
elif score < 85:
    print("良好")
else:
    print("优秀")
```

【运行结果】

优秀

注意:由于 Python 并不支持 switch 语句,所以多个条件判断只能用 elif 来实现.如果需要同时判断多个条件时,可以使用 or (或),表示两个条件有一个成立时判断条件成功;而使用 and (与) 时,表示只有两个条件同时成立的情况下判断条件才成功.

④ 三目运算符,格式如下:

```
variable= a if exper else b   # exper 为真时返回 a,否则返回 b
```

【例 1－9】三目运算符语句示例.

【程序代码】

```
a=3
b=2
x=a if a > b else b
print(x)
```

【运行结果】

```
3
```

(3) 循环语句

Python 提供了 while 循环和 for 循环两种循环表示方式(没有 do-while 循环).

① while 语句

while 语句是一个条件循环语句.与 if 判断类似,while 中每一次循环都是要先进行判断,如果条件满足的话,代码块会一直循环执行,直到循环条件不再为真结束.其判断流程如图 1-22 所示.

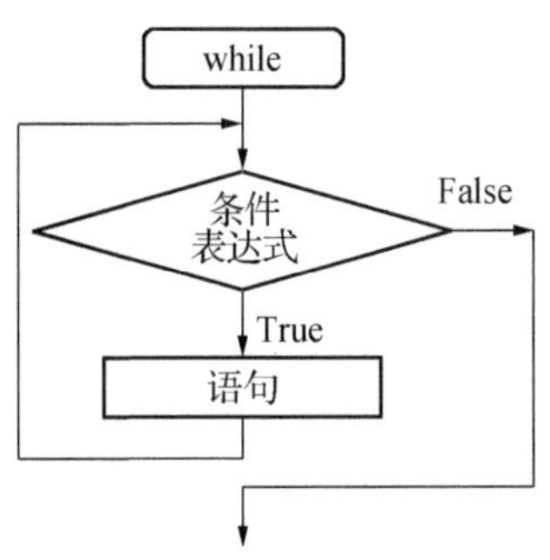

图 1-22 while 流程图

while 语句的语法格式如下:

```
while 判断条件:
    执行语句
```

【例 1-10】 利用 while 循环计算 1+2+…+100.

【程序代码】

```
sum=0
i=1
while i<=100:
    sum+=i
    i+=1
print(sum)
```

【运行结果】

```
5050
```

上面的程序代码块里包含了求和语句和自增语句,它们被重复执行,直到 i 不再小于等于 100.此循环实现了 1+2+3+…+100 的求和.

注意:Python 语言中没有 i++,i--,++i,--i 等自增或自减表达式.

② for 语句

for 语句是 Python 中最强大的循环语句,for 循环可以遍历任何序列的项目,例如一个列表或者一个字符串.

for 语句的语法格式如下：

```
for i in range(start,end):
    循环体
```

程序在执行 for 语句时，循环计数器 i 被设置为 start，然后执行循环体语句.i 依次取从 start 到 end－1 的所有值，每设置一个新值都执行一次循环体语句，当 i 等于 end 时，退出循环.

【例 1-11】 for 循环示例.

【程序代码】

```
for i in range(1,5):        # 输出[1,5)内的所有整数
    print(i)
```

【运行结果】

```
1
2
3
4
```

【例 1-12】 一个 1000 内的整数，加上 100 后是一个完全平方数，再加上 100 又是一个完全平方数，请问该数是多少？

【分析】 设

$$x+100=a^2,\quad x+200=b^2,$$

则 $b^2-a^2=100$，即

$$(b+a)(b-a)=100.$$

再令 $i=b+a, j=b-a$，则 $i+j, i-j$ 均为偶数，且 $i>j, ij=100, a=\frac{i-j}{2}$.

【程序代码】

```
for i in range(1,100):
    if 100% i==0:
        j=100/i;
        if i>j and (i+j)% 2==0 and (i-j)% 2==0:
            n=(i-j)/2
            x=n* n-100
            print(x)
```

【运行结果】

```
476.0
```

(4) continue 语句和 break 语句

① continue 语句

在循环体中使用 continue 语句可以跳过本次循环后面的语句，而直接进入下一次循环.

【例 1 - 13】求 1 ～ 100 之间偶数之和.

【程序代码】

```
i=1
sum=0
for i in range(1,101):
    if i% 2==1:                # i 为奇数,退出本次循环
        continue
    sum+=i
print(sum)
```

【运行结果】

```
2550
```

注意:对于整型数 i,如果 i%2 ==1,表示 i 是奇数;如果 i%2 ==0,表示 i 是偶数.

② break 语句

在循环体中使用 break 语句可以结束全部循环,然后跳转到下条语句.

【例 1 - 14】break 语句示例.

【程序代码】

```
x=1
while True:
    x+=1                  # x 增加 1
    print(x)
    if x>=5:              # x 大于或等于 5 时退出循环
        break
```

【运行结果】

```
2
3
4
5
```

注意:本例中,当 x >=5 时,退出整个循环.如没有此条件,会无限循环下去.

1.2.2 Python 组合数据类型

Python 有列表、元组、字典、集合、字符串等组合数据类型,其中,列表、元组、字符串为有序序列,字典、集合为无序序列.

序列是 Python 中最基本的数据结构,对序列中的每个元素都分配一个数字来表示它的位置或索引(第一个索引是 0,第二个索引是 1,依此类推).Python 已经内置了确定序列的长度、确定最大和最小元素等方法.

1）列表

列表是最常用的 Python 数据类型，它可以作为一个方括号内的逗号分隔值出现.列表的数据项不需要具有相同的类型，即列表中的元素可以是数、列表、字符串等等类型元素（这与其他语言是不同的）.列表是可读写的，即对列表可进行增、删、改、排序、插入等操作.Python 已实现了对列表的基本操作，使用时直接调用这些基本操作即可.

（1）创建一个列表

只要把逗号分隔的不同的数据项使用方括号括起来即可创建一个列表.例如：

```
list1=[2020, 2021,'physics', 2017,[1,1,1],'chemistry']
list2=[1, 2, 3, 4, 5 ]
list3=["a", "b", "c", "d"]
```

（2）访问列表中的值

对于列表中元素的访问，通常使用下标索引来访问列表中的值，也可以使用方括号的形式截取子列表.

【例 1－15】列表访问示例.

【程序代码】

```
list1=[2020, 2021, 'physics', 'chemistry',[1,2,3]]
print("list1[0]: ", list1[0])
print("list1[5]: ", list1[4])
print("list1[1:5]: ", list1[1:5])
print("list1[-2]: ", list1[-2])
```

【运行结果】

```
list1[0]: 2020
list1[5]: [1,2,3]
list1[1:5]: [2021, 'physics', 'chemistry', [1,2,3]]
list1[-2]: chemistry
```

注意：索引号正序是从 0 开始编号，逆序是从 －1 开始编号.

（3）更新列表

可以对列表的数据项进行修改或更新，也可以使用 append() 来添加列表项.

【例 1－16】更新列表元素示例.

【程序代码】

```
list=['physics', 'chemistry', 2020, 2021]
print ("Value available at index 2: ")
print(list[2])
list[2]=2022
print( "New value available at index 2: ")
print(list[2])
```

【运行结果】

```
Value available at index 2:
2020
New value available at index 2:
2022
```

(4) 合并列表

可以对列表利用 append(),extend(),+,*,+=等进行合并.其中:

① append():向列表尾部追加一个新元素(在原有列表上增加);

② extend():向列表尾部追加一个新列表,注意新列表中的每个元素都要追加进来(在原有列表上增加);

③ +:看上去与 extend() 效果一样,实际上是生成了一个新的列表来保存相加的两个列表中的元素(只能用在两个列表相加上);

④ +=:效果与 extend() 一样,也是向列表尾部追加一个新列表(在原有列表上增加);

⑤ *:用于重复列表,即将列表元素重复 n 次,得一新的列表.

【例 1-17】合并列表示例.

【程序代码】

```
list=['physics', 'chemistry', 2020, 2021]
list.append(2022)                       # 添加一项
list1=['math','english']
list+=list1                             # 将另一列表添加进来
print(list)
```

【运行结果】

```
['physics', 'chemistry', 2020, 2021, 2022, 'math', 'english']
```

(5) 删除列表元素

可以使用 del 语句来删除列表中的元素,而 remove() 函数用于移除列表中某个值的第一个匹配项.

【例 1-18】删除列表元素示例.

【程序代码】

```
list=['physics', 'chemistry', 2020, 2021,2022]
del(list[3])
list.remove('chemistry')
print(list)
```

【运行结果】

```
['physics', 2020, 2022]
```

(6) 判断元素是否存在于列表中

通过运算符 in 判断元素是否存在于列表中.如果是,返回 True;如果不是,返回 False.

【例 1-19】判断元素是否存在于列表中示例.

【程序代码】

```
list=['physics', 'chemistry', 2020, 2021,2022]
print(2020 in list)
```

【运行结果】

```
True
```

(7) 列表截取

【例 1-20】列表截取示例.

【程序代码】

```
list= ['physics', 'chemistry', 2020, 2021,2022]
print(list [2])          # 读取列表中第三个元素
print(list [-2])         # 读取列表中倒数第二个元素
print(list [1:])         # 从第二个元素开始到列表末截取列表
print(list [1:3])        # 从第二个元素开始到第三个元素截取列表
print(list [:-2])        # 从第一个元素开始到倒数第三个元素截取列表
```

【运行结果】

```
2020
2021
['chemistry', 2020, 2021, 2022]
['chemistry', 2020]
['physics', 'chemistry', 2020]
```

注意:Python 中的区间[a,b]实际应用为[a,b).

(8) 常用的列表操作函数和方法

列表操作包含以下常用函数:

① len(list):返回列表元素个数;

② max(list):返回列表元素最大值;

③ min(list):返回列表元素最小值;

④ list(seq):将元组转换为列表.

列表操作包含以下常用方法:

① list.append(obj):在列表末尾添加新的对象.

② list.count(obj):统计某个元素在列表中出现的次数.

③ list.extend(seq):在列表末尾一次性追加另一个序列中的多个值(用新列表扩展原来的列表).

④ list.index(obj):从列表中找出某个值第一个匹配项的索引位置.

⑤ list.insert(index, obj):将对象插入列表.

⑥ list.pop(obj=list[-1]):移除列表中的一个元素(默认最后一个元素),并且返回该元素的值.

⑦ list.remove(obj):移除列表中某个值的第一个匹配项.

⑧ list.reverse():对列表中的元素反向排序.

⑨ list.sort(cmp=None, key=None, reverse=False):用于对原列表进行排序,其中

cmp —— 可选参数，如果指定了该参数会使用该参数的方法进行排序；

key —— 主要是用来进行比较的元素,只有一个参数,具体函数的参数取自于可迭代对象中,即指定可迭代对象中的一个元素来进行排序；

reverse —— 排序规则,reverse=True 为降序，reverse=False 为升序(默认).

2）元组

Python 的元组与列表类似,不同之处在于元组中的元素不能修改,并且元组使用小括号(列表使用方括号).元组创建很简单,只需要在括号中添加元素,并使用逗号隔开即可.

(1) 创建元组

```
tup1=('physics', 'chemistry',2020, 2021)
tup2=(1, 2, 3, 4, 5 )
tup3="a", "b", "c", "d"       # 小括号可省去
tup4=()                       # 创建空元组
# 元组中只包含一个元素时,需要在元素后面添逗号来消除歧义
tup5= (100,)
```

元组与字符串类似,下标索引从 0 开始,可以进行截取、组合等.

【例 1-21】单个元素元组的表示示例.

【程序代码】

```
tup1=(100)
print(tup1)
tup2=(100,)
print(tup2)
print(type(tup1))
print(type(tup2))
```

【运行结果】

```
100
(100,)
<class 'int'>
<class 'tuple'>
```

(2) 访问元组

元组可以使用下标索引来访问元组中的值.

【例 1-22】访问元组元素示例.

【程序代码】

```
tup=('physics', 'chemistry', 2020, 2021)
print(tup[3])
print(tup[2:4])
```

【运行结果】

```
2021
(2020, 2021)
```

(3) 修改元组

元组中的元素值是不允许修改的,但可以对元组通过"+"进行连接,通过"*"进行复制.

注意:元组连接后得到的元组是一个新元组.

【例 1-23】元组修改示例.

【程序代码】

```
tup=('physics', 'chemistry', 2020, 2021)
tup[0]="123"
```

【运行结果】

```
TypeError       Traceback (most recent call last)
<ipython-input-54-87fa60933aef> in <module>
      1 tup=('physics', 'chemistry', 2020, 2021)
 TypeError: 'tuple' object does not support item assignment
 # 提示修改元组元素操作是非法的
----> 2 tup[0]="123"
TypeError: 'tuple' object does not support item assignment
```

【例 1-24】元组连接组合示例.

【程序代码】

```
tup1=('physics', 'chemistry', 2020, 2021)
tup2=(1,2,3)
print(tup1+tup2)
tup3=tup1* 2
print(tup3)
print(id(tup1))
print(id(tup2))
print(id(tup1+tup2))
print(id(tup3))
```

【运行结果】

```
('physics', 'chemistry', 2020, 2021, 1, 2, 3)
('physics', 'chemistry', 2020, 2021, 'physics', 'chemistry',
 2020, 2021)
2287155888520
2287155955608
2287145091872
2287145383080
```

(4) 元组内置函数

与列表类似,Python 对元组的操作包含了以下内置函数:

① len(tuple):返回元组元素个数;

② max(tuple):返回元组中元素最大值;

③ min(tuple):返回元组中元素最小值;

④ tuple(seq):将列表转换为元组.

(5) 元组与列表的异同

元组(tuple) 和列表(list) 非常类似,其获取元素的方法和 list 是一样的,但是元组一旦初始化就不能修改,因而没有 append() 函数和 insert() 函数.由于元组具有不可变性,对数据进行了有效保护,所以数据更安全可靠.如果可能,能用元组代替列表时就尽量用元组.

3) 字典

Python 字典是另一种可变容器模型,可存储任意类型对象.

(1) 字典定义

字典的每个键 / 值(key=>value) 对用冒号(:) 分割,每个对(元素项) 之间用逗号(,) 分割,整个字典包括在花括号{} 中.其格式如下所示:

```
d={key1 : value1, key2 : value2 }
```

例如:

```
dict={'abc': '123', 'xyz': '456'}
```

注意:键在字典里必须是唯一的,但值不必,即不同的键可取相同的值;值可以取任何数据类型,但键必须是不可变的,如字符串、数字或元组.

可通过键来访问字典里的值,此时把相应的键放入方括弧内即可.

【例 1-25】访问字典元素示例.

【程序代码】

```
dict={'abc': '123', 'xyz': '456',456:789,(1,2,3):"abc"}
print(dict['abc'])
print(dict['xyz'])
print(dict[456])
```

```
print(dict[(1,2,3)])
```

【运行结果】

```
123
456
789
abc
```

(2) 修改字典

可向字典添加新的键 / 值对,以及修改已有的键 / 值对.

【例 1-26】 修改字典示例.

【程序代码】

```
dict={'abc': '123', 'xyz': '456'}
dict['abc']=111          # 将键 'abc' 对应的值 '123' 改变为 111
dict['def']='789'        # 增加键 'def',其对应的值为 '789'
print(dict)
```

【运行结果】

```
{'abc': 111, 'xyz': '456', 'def': '789'}
```

(3) 删除字典元素

可用 del 命令删除字典里某一个元素,也可用 del 命令删除字典.

(4) 字典键的无重复性

字典中不允许同一个键出现两次.创建字典时如果同一个键被赋值两次,则后一个值会被记住.

【例 1-27】 字典键的无重复性示例.

【程序代码】

```
dict={'abc': '123', 'xyz': '456','abc':'789'}
print(dict)
```

【运行结果】

```
{'abc': '789', 'xyz': '456'}
```

(5) 字典内置函数及方法

Python 字典包含了以下常见内置函数:

① len(dict):返回字典元素个数,即键的总数;

② type(variable):返回输入的变量类型,如果变量是字典就返回字典类型.

Python 字典包含了以下常见内置方法:

① dict.clear():删除字典内所有元素;

② dict.fromkeys(seq[, val]):创建一个新字典,以序列 seq 中元素做字典的键,val 为字典所有键对应的初始值;

③ dict.get(key, default=None):返回指定键的值,如果值不在字典中则返回

default 值；

④ dict.items():以列表返回可遍历的(键，值) 元组数组；

⑤ dict.values():以列表返回字典中的所有值；

⑥ dict.keys():以列表返回字典中的所有键.

【例 1－28】 创建新的字典示例.

【程序代码】

```
dict={'abc': '123', 'xyz': '456','abc':'789','a':1,'b':10}
print(dict)
dict1=dict.fromkeys('abc', 'xyz')
print(dict1)
```

【运行结果】

```
{'abc': '789', 'xyz': '456', 'a': 1, 'b': 10}
{'a': 'xyz', 'b': 'xyz', 'c': 'xyz'}
```

【例 1－29】 查看字典中所有的键与值示例.

【程序代码】

```
dict= {'abc': '123', 'xyz': '456','abc':'789','a':1,'b':10}
print(dict.keys())
print(dict.values())
```

【运行结果】

```
dict_keys(['abc', 'xyz', 'a', 'b'])
dict_values(['789', '456', 1, 10])
```

4) 集合

集合(set) 是一个无序的不重复元素序列.可使用大括号{ } 或者 set() 函数创建一个集合.但需注意的是,创建一个空集合必须用 set() 而不是{ },因为{ } 是用来创建一个空字典的.

集合的常见操作如下：

① set1.add():为集合添加元素；

② set1.intersection():返回两个集合的交集；

③ set1.union():返回两个集合的并集；

④ set1.difference():返回两个集合的差集；

⑤ set1.issuperset():判断指定集合是否为原始集合的子集.

集合的常见运算符如下：

① x in s:测试 x 是否是 s 的成员；

② s <=t⇔s.issubset(t):测试是否 s 中的每一个元素都在 t 中；

③ s >=t⇔s.issuperset(t):测试是否 t 中的每一个元素都在 s 中；

④ s | t⇔s.union(t):返回一个新的集合包含 s 和 t 中的每一个元素；

⑤ s&t⇔s.intersection(t)：返回一个新的集合包含 s 和 t 中的公共元素；

⑥ s－t⇔s.difference(t)：返回一个新的集合包含 s 中有但 t 中没有的元素；

⑦ s^t⇔s.symmetric_difference(t)：返回一个新的集合包含 s 和 t 中不重复的元素.

【例 1－30】 集合的运算示例.

【程序代码】

```
set1={1,2,3,4,"abc","bcd","cde"}
set2={1,2,3,"a","b","cc"}
set3=set1|set2
set4=set1-set2
set5=set1&set2
set6=set1^set2
print(set1)
print(set2)
print(set3)
print(set4)
print(set5)
print(set6)
```

【运行结果】

```
{1, 2, 3, 4, 'cde', 'abc', 'bcd'}
{1, 2, 3, 'b', 'a', 'cc'}
{1, 2, 3, 4, 'cde', 'b', 'abc', 'a', 'bcd', 'cc'}
{'abc', 'cde', 4, 'bcd'}
{1, 2, 3}
{4, 'cde', 'b', 'abc', 'a', 'bcd', 'cc'}
```

5）字符串

字符串是 Python 中最常用的数据类型.

(1) 字符串的创建

创建字符串非常简单，只要为变量分配一个值即可.可使用单引号(') 或者双引号(") 来创建字符串，例如：

```
var1='Hello World!'
var2="Python Runoob"
```

(2) 访问字符串中的值

Python 不支持单字符类型，单字符在 Python 中也是作为一个字符串使用的.访问子字符串时，可以使用方括号来截取字符串.例如：

```
var1[1:3]   返回   'el'
```

(3) Python 转义字符

Python 中的转义字符如表 1-1 所示.

表 1-1 Python 转义字符

转义字符	描述	转义字符	描述
\\(在行尾时)	续行符	\n	换行
\\\\	反斜杠符号	\v	纵向制表符
\\'	单引号	\t	横向制表符
\\"	双引号	\r	回车
\a	响铃	\f	换页
\b	退格(Backspace)	\oyy	八进制数 yy 代表的字符
\000	空	\xyy	十六进制数 yy 代表的字符

(4) Python 字符串运算符

① + :字符串连接;

② * :重复输出字符串;

③ []:通过索引获取字符串中的字符;

④ [:]:截取字符串中的一部分字符.

(5) Python 字符串内建函数

① string.count(str, beg=0, end=len(string)):返回 str 在 string 里面出现的次数;如果 beg 或者 end 指定,则返回指定范围内 str 出现的次数.

② string.find(str, beg=0, end=len(string)):检测 str 是否包含在 string 中;如果 beg 和 end 指定范围,则检查是否包含在指定范围内.如果是,返回开始的索引值,否则返回 -1.

③ string.split(str=" ", num=string.count(str)):以 str 为分隔符切片 string;如果 num 有指定值,则仅分隔 num 个子字符串.

④ string.swapcase():翻转 string 中的大小写.

⑤ string.upper():转换 string 中的小写字母为大写.

⑥ string.isalpha():检测 string 中字符是否为字母.如果是,返回 True;否则返回 False.

【例 1-31】字符串操作示例.

【程序代码】

```
var1='hEllo woRlD!'
var=var1.capitalize()   #把字符串的第一个字符大写,其余字符小写
print(var)
print(var.count('o'))      #返回 str 在 string 里面出现的次数
print(var.find("abc"))     #检测 str 是否包含在 string 中
```

```
print(var.isalpha())
print(var.split(" "))       # 以 " " 为分隔符切片
print(var.swapcase())       # 翻转 string 中的大小写
```

【运行结果】

```
Hello world!
2
-1
False
['Hello', 'world!']
hELLO WORLD!
```

1.2.3　Python 函数

函数是组织好的、可重复使用的、用来实现单一或相关联功能的代码段.函数能提高应用的模块性和代码的重复使用率.Python提供了许多内建函数,同时也可以自己创建函数,称为用户自定义函数.

1）自定义函数

```
def 函数名(参数列表):
    函数体
    return[表达式]              # 无返回值时 return 语句可省略
```

默认情况下,参数值和参数名称是按函数声明中定义的顺序匹配的.

自定义的规则如下:

① 函数代码块以关键字 def 开头,后接函数标识符名称和圆括号().

② 任何传入参数和自变量必须放在圆括号内;圆括号中还可用来定义参数.

③ 函数的第一行语句可以选择性的使用文档字符串,用于存放函数说明.

④ 函数内容以冒号起始,并且缩进.

⑤ return [表达式] 结束函数,选择性地返回一个值给调用方.不带表达式的 return 相当于返回 None.

【例 1-32】自定义函数示例.

【程序代码】

```
def printme(str):
    print(str)
    return
printme("abc")
```

【运行结果】

```
abc
```

2）函数调用

定义一个函数只是给出了函数一个名称,指定了函数里包含的参数和代码块结构.这个函数的基本结构完成以后,可以通过另一个函数调用执行,也可以直接通过 Python 提示符执行.调用时可通过参数向函数内部进行传递.

(1) 普通参数

Python 实行按值传递参数,值传递调用函数时将常量或变量的值(实参)传递给函数的参数(形参).值传递的特点是实参与形参分别存储在各自的内存空间中,是两个不相关的独立变量.因此,在函数内部改变形参的值时,实参的值一般是不会改变的.

【例 1-33】 按值传递参数调用函数示例.

【程序代码】

```
def func(num):
    num+=5
    return num
a=30
print(func(a))
print(a)              # a 的值没有变
```

【运行结果】

```
35
30
```

(2) 列表和字典参数

除了使用普通变量作为参数外,Python 还可以使用列表、字典变量向函数内部批量传递数据.

【例 1-34】 列表作为参数调用函数示例.

【程序代码】

```
def sum(list):
    total=0
    for x in range(len(list)):
        total+=list[x]
    return total
list=[10,20,30,40,50]
print(sum(list))
```

【运行结果】

```
150
```

【例 1-35】 字典变量作为参数调用函数示例.

【程序代码】

```
def print_dict(dict):
    for (k,v) in dict.items():
        print("dict[%s]=" % k,v)
```

```
dict={"1":"abc","2":"def","3":"xyz"}
print_dict(dict)
```

【运行结果】

```
dict[1]=abc
dict[2]=def
dict[3]=xyz
```

注意:当使用列表或字典作为函数参数时,在函数内部对列表或字典的元素所进行的操作会影响到调用函数的实参.

【例 1-36】列表变量作为参数调用函数时影响列表变量的值示例.

【程序代码】

```
def swap(list):
    temp=list[0]
    list[0]=list[1]
    list[1]=temp
list=[50,100]
swap(list)              # 调用 swap() 函数后,实参的值发生了交换
print(list)
```

【运行结果】

```
[100, 50]
```

(3) 参数的默认值

在 Python 中,可以为函数的参数设置默认值(在定义函数时,直接在参数后使用"="为其设置默认值).在调用函数时,可以不指定拥有默认值的参数的值,此时在函数体内即以默认值作为该参数的值.

【例 1-37】函数的参数设置默认值示例.

【程序代码】

```
def say(message,times=1):
    print(message* times)
say("Python")                       # 此处默认参数 times=1
say("china",3)
```

【运行结果】

```
Python
chinachinachina
```

【例 1-38】函数的参数自右向左调用默认值示例.

【程序代码】

```
def sum(a,b=20,c=30):           # 定义了 b,c 的默认值 20,30
    total=a+b+c
    return total
```

```
print(sum(10))                # 调用了 b,c 的默认值
print(sum(10,50))             # 调用了 c 的默认值
print(sum(10,50,60))
```

【运行结果】

```
60
90
120
```

(4) 可变长参数

Python还支持可变长度的参数列表,可变长参数可以是元组或字典.需要指出的是,当参数以 * 开头时,表示可变长参数被视为一个元组,格式如下:

```
def func(* t):
```

即在 func() 函数中 t 被视为一个元组,使用 t[index] 可获取一个可变长参数.这样可以使用任意多个实参调用 func() 函数.

【例 1-39】函数的可变长参数示例.

【程序代码】

```
def func1(* t):             # 定义一个以元组为可变长参数的函数
    total=0
    for x in range(len(t)):
        total+=t[x]
    return total
print(func1(10,20,30,40))
```

【运行结果】

```
100
```

【例 1-40】参数以 ** 开头,可变长参数被视为一个字典示例.

【程序代码】

```
def func3(** t):
    print(t)
func3(a=1,b=2,c=3)
```

【运行结果】

```
{'a': 1, 'b': 2, 'c': 3}
```

第 2 章　数据处理常用工具

Python 数据工具箱涵盖从数据源到数据可视化的完整流程中涉及的常用库、函数和外部工具，其中既有 Python 内置函数和标准库，又有第三方库和工具.这些库可用于文件读写、网络抓取和解析、数据连接、数据清洗和转换、数据计算和统计分析、图像和视频处理、音频处理、数据挖掘、机器学习、深度学习、数据可视化、交互学习和集成开发以及其他 Python 协同数据工作工具.

2.1　Python 数据处理工具箱

2.1.1　Python 内置函数

Python 内置函数如表 2－1 所示.这些函数无需导入，可直接使用.

表 2－1　Python 3.x 内置函数

abs( )	delattr( )	hash( )	memoryview( )	set( )
all( )	dict( )	help( )	min( )	setattr( )
any( )	dir( )	hex( )	next( )	slicea( )
ascii( )	divmod( )	id( )	object( )	sorted( )
bin( )	enumerate( )	input( )	oct( )	staticmethod( )
bool( )	eval( )	int( )	open( )	str( )
breakpoint( )	exec( )	isinstance( )	ord( )	sum( )
bytearray( )	filter( )	issubclass( )	pow( )	super( )
bytes( )	float( )	iter( )	print( )	tuple( )
callable( )	format( )	len( )	property( )	type( )
chr( )	frozenset( )	list( )	range( )	vars( )
classmethod( )	getattr( )	locals( )	repr( )	zip( )
compile( )	globals( )	map( )	reversed( )	__import__( )
complex( )	hasattr( )	max( )	round( )	

例如:求－3 的绝对值，可直接使用 abs 函数，方法是 abs(－3).

2.1.2 Python 标准库

Python 自带的标准库无需安装，只需要通过 import 方式导入便可使用.

以标准库 math 导入为例，其导入方法有两种，使用方式也不一样.例如，对于求阶乘函数 factorial()：

方法一：import math.例如：

```
import math
print(math.factorial(4))
```

方法二：from math import * .例如：

```
from math import *
print(factorial(4))
```

常用的标准库如表 2－2 ～ 表 2－5 所示：

表 2－2 文本库

库名	实现功能	库名	实现功能
string	通用字符串操作	difflib	差异计算工具
re	正则表达式操作	textwrap	文本填充

表 2－3 数据类型库

库名	实现功能	库名	实现功能
datetime	基于日期与时间工具	collections	容器数据类型
calendar	日历相关函数	types	动态类型创建

表 2－4 数学库

库名	实现功能	库名	实现功能
numbers	数值的虚基类	math	数学函数
cmath	复数的数学函数	decimal	定点数与浮点数计算
fractions	有理数	random	生成伪随机数

表 2－5 文件与目录库

库名	实现功能	库名	实现功能
os.path	通用路径名控制	tempfile	生成临时文件与目录
filecmp	文件与目录的比较函数	shutil	高级文件操作

2.1.3 Python 的第三方库

Python 语言有超过 20 万个第三方库，覆盖信息技术几乎所有的领域.需要指出的是，非 Python 语言写成的库或包，若作为 Python 数据工作的相关工具，这些库需要先进行安装(部分可能需要配置).

1) PyCharm 安装第三方库的方法

首先打开 File 选项，选择“Settings”(如图 2－1 所示) 进入 Settings 对话框；然后点击左上角“+”(如图 2－2 所示)，查找所要安装的第三方库；再点击“Install Package” 按钮进行安装(如图 2－3 所示). 当安装成功后，会看到“Package ‘numpy’ installed successfully” 提示信息(如图 2－4 所示).

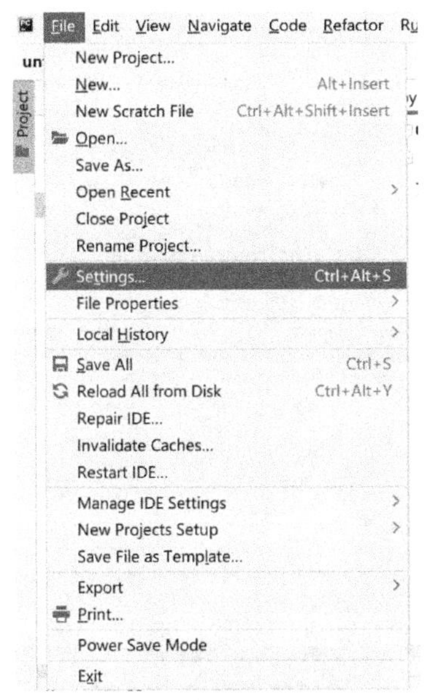

图 2－1　选择“Settings”

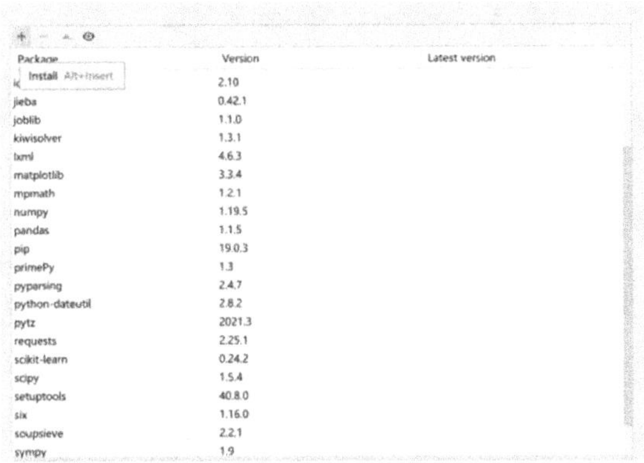

图 2－2　进入“Install”

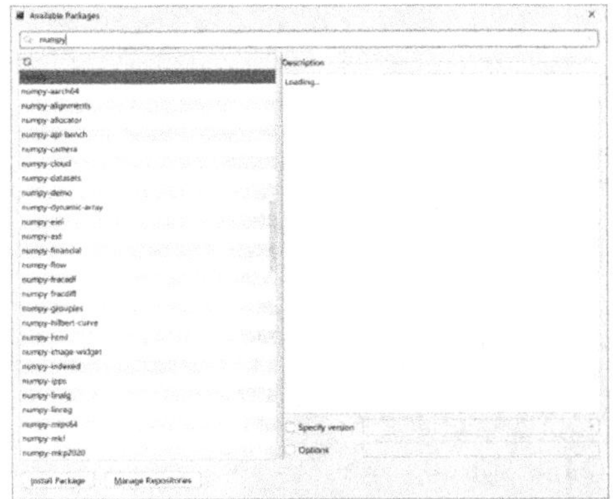

图 2－3　安装第三方库

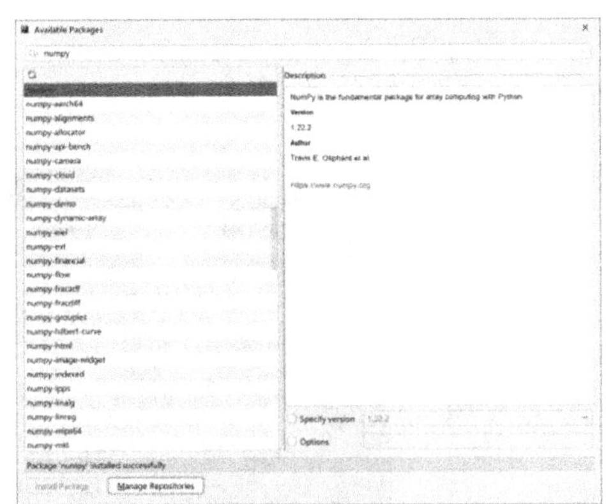

图 2－4　提示安装成功

2）Anaconda 安装第三方库的方法

（1）方法一：可视化安装

双击打开 Anaconda Navigator（如图 2－5 所示），选择 Environments 界面（如图 2-6 所示），进入第三方库浏览界面（如图 2-7 所示），从中选择需要安装的库（如图 2－8 所示），单击“Apply”按钮，即可进行安装.

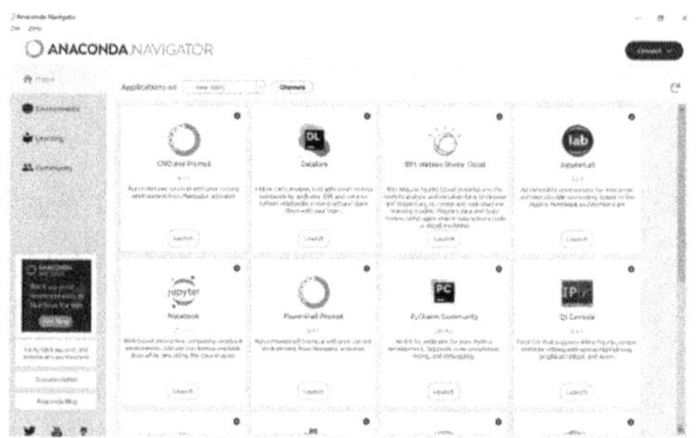

图 2－5　Anaconda Navigator 界面

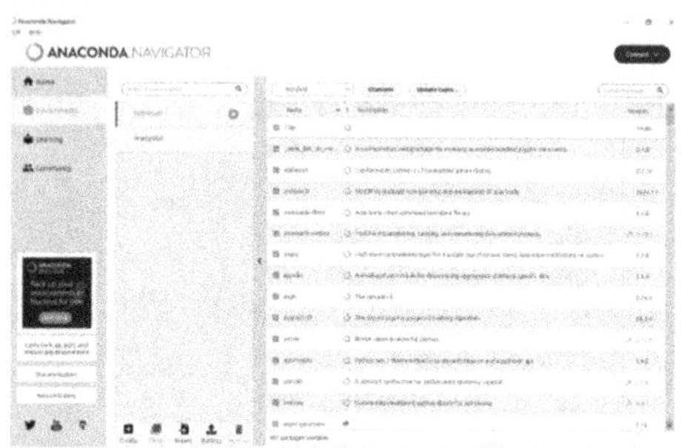

图 2－6　Environments 界面

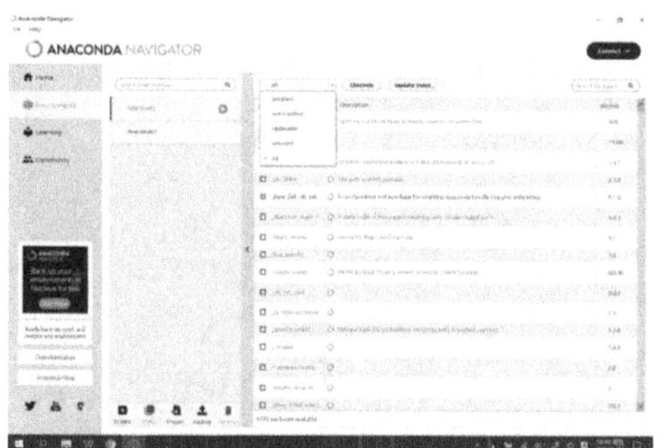

图 2－7　第三方库浏览界面

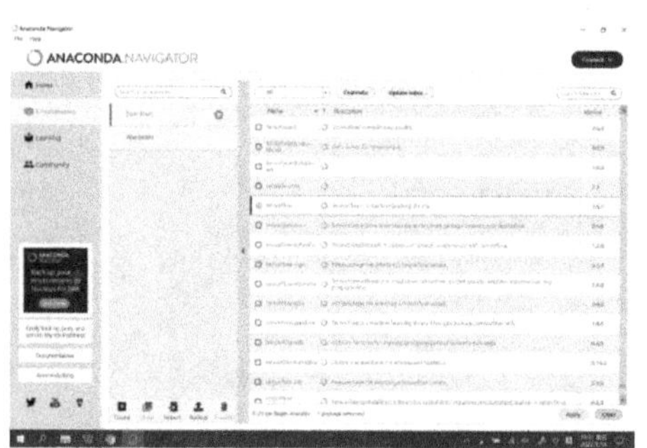

图 2－8　选择第三方库安装界面

（2）方法二：命令行安装

双击打开 Anaconda Prompt，输入 pip install (xxx)（括号内为要安装的第三方库名），回车即可完成安装（如图 2－9 所示）.

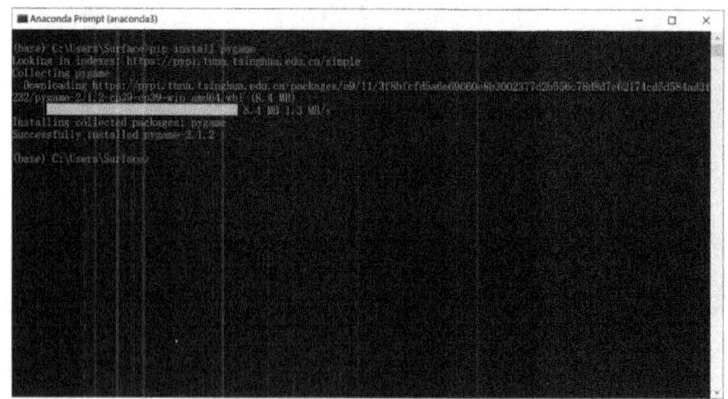

图 2－9　命令行安装第三方库

3）常用的第三方库

（1）网络爬虫

① requests：对 HTTP 协议进行高度封装，支持链接访问；

② bs4：BeautifulSoup4 库，用于解析和处理 html 和 xml；

③ scrapy：很强大的爬虫框架，用于抓取网站并从其页面中提取结构化数据；

④ crawley：高速爬取对应网站的内容，支持关系和非关系数据库，并且数据可以导出为 JSON，XML 等格式。

（2）自动化

① xlsxwriter：操作 Excel 工作表的文字、数字、公式、图表等；

② win32com：有关 Windows 系统操作、Office（Word、Excel 等）文件读写等综合应用库；

③ pymysql：操作 MySQL 数据库；

④ pymongo：把数据写入 MongoDB；

⑤ python-docx：一个处理 Microsoft Word 文档的 Python 第三方库，它支持读取、查询以及修改 doc，docx 等格式文件，并能够对 Word 常见样式进行编程设置.

（3）数据分析及可视化

① matplotlib：是一个 Python 2D 绘图库；

② numpy：是一个使用 Python 进行科学计算所需的基础包，用来存储和处理大型矩阵，如矩阵运算、矢量处理、n 维数据变换等；

③ pandas：一个强大的分析结构化数据的工具集，基于 numpy 扩展而来，提供了一批标准的数据模型和大量便捷处理数据的函数和方法；

④ scipy：基于 Python 的 MATLAB 实现，旨在实现 MATLAB 的所有功能，并在 numpy 库的基础上增加了众多数学及工程计算中常用的库函数；

⑤ plotly：提供的图形库可以进行在线 Web 交互，并提供具有出版品质的图形，支持线图、散点图、区域图、条形图、误差条、框图、直方图等众多图形；

⑥ wordcloud：词云生成器；

⑦ jieba：中文分词模块.

（4）机器学习

① NLTK：一个自然语言处理的第三方库，在 NLP 领域中常用，可建立词袋模型（单词计数），支持词频分析（单词出现次数）、模式识别、关联分析、情感分析（词频分析＋度量指标）、可视化（＋matploylib 做分析图）等；

② TensorFlow：谷歌的机器学习框架，是一个使用数据流图进行数值计算的开源软件库；

③ keras：是一个高级神经网络应用程序接口，使用 Python 语言编写，能够在 TensorFlow，CNTK 或 theano 之上运行；

④ Caffe:一个深度学习框架,主要用于计算机视觉,对图像识别分类具有很好的应用效果;

⑤ pytorch:一个以 Python 优先的深度学习框架,不仅能够实现强大的 GPU 加速,同时还支持动态神经网络;

⑥ theano:一个深度学习库,为执行深度学习中大规模神经网络算法的运算而设计,与 numpy 紧密集成,支持 GPU 计算、单元测试和自我验证,尤其擅长处理多维数组;

⑦ scikit-learn:也称为 sklearn,是一个简单且高效的数据挖掘和数据分析工具,基于 numpy,scipy 和 matplotlib 构建,其基本功能主要包括分类、回归、聚类、数据降维、模型选择和数据预处理.

2.2 Python 数据计算库

2.2.1 numpy 库

numpy 是 Python 的一个扩展程序库,支持大量的维度数组与矩阵运算,此外也针对数组运算提供大量的数学函数库.

numpy 支持的数据类型比 Python 内置的类型要多得多,基本上可以和 C 语言的数据类型相对应,其中部分类型对应为 Python 内置的类型.

numpy 最重要的一个特点是其 n 维数组对象为一系列同类型数据的集合,且以 0 下标为开始进行集合中元素的索引.

1) 数组对象创建

(1) 通过调用 array() 函数创建数组对象

格式如下:

```
numpy.array(object, dtype= None, copy= True, order=
None, subok= False, ndmin= 0)
```

其中,各参数含义如下:

object:数组或嵌套的数列;

dtype:数组元素的数据类型(可选);

copy:对象是否需要复制(可选);

order:创建数组的样式,C 为行方向,F 为列方向,A 为任意方向(默认);

subok:默认返回一个与基类类型一致的数组;

ndmin:指定生成数组的最小维度.

【例 2-1】创建一个二维数组示例.

【程序代码】

```
import numpy as np
a=np.array([[1,2], [3,4]])
print(a)
```

【运行结果】

```
[[1 2]
 [3 4]]
```

(2) 创建特殊数组

① 空数组:创建一个指定形状(shape)、数据类型(dtype)且未初始化的数组,格式为

```
numpy.empty(shape)
```

② 零数组:创建一个指定形式的数组,数组元素以 0 来填充,格式为

```
numpy.zeros(shape)
```

③ 单位数组:创建一个指定形状的数组,数组元素以 1 来填充,格式为

```
numpy.ones(shape)
```

(3) 通过已有的数组创建数组

格式如下:

```
numpy.asarray(a, dtype= None, order= None)
```

【例 2-2】 将列表转化为数组示例.

【程序代码】

```
import numpy as np
x=[10,20,30]
a=np.asarray(x)
print(a)
```

【运行结果】

```
[1  2  3]
```

(4) 通过数值范围创建数组

格式如下:

```
numpy.arange(start, stop, step, dtype)
```

其中,各参数含义如下:

start:起始值,默认为 0;

stop:终止值(不包含);

step:步长,默认为 1;

dtype:返回数组的数据类型,如果没有提供,则会使用输入数据的类型.

【例 2-3】 创建 10 到 20,步长为 2 的数组示例.

【程序代码】

```
import numpy as np
x=np.arange(10,20,2)
print(x)
```

【运行结果】

```
[10  12  14  16  18]
```

2）数组的访问

numpy 数组可以通过下标进行索引访问，也可以通过内置的 slice 函数，设置 start，stop 及 step 参数进行切片访问，从原数组中切割出一个新数组.

【例 2－4】 利用下标访问数组元素示例.

【程序代码 1】

```
import numpy as np
a=np.arange(100)
b=a[2:100:8]         # 从索引 2 开始到索引 100 停止，间隔为 8
print(b)
```

【运行结果 1】

```
[2 10 18 26 34 42 50 58 66 74 82 90 98]
```

【程序代码 2】

```
import numpy as np
a=np.arange(100)
s=slice(2,100,8)    # 从索引 2 开始到索引 100 停止，间隔为 8
print (a[s])
```

【运行结果 2】

```
[2 10 18 26 34 42 50 58 66 74 82 90 98]
```

numpy 数组还有整数数组索引、布尔索引及花式索引.其中，布尔索引通过布尔运算（如比较运算符）来获取符合指定条件的元素的数组.花式索引则以索引数组的值作为目标数组的某个轴的下标来取值.对于使用一维整数数组作为索引，如果目标是一维数组，索引的结果就是对应下标的行；如果目标是二维数组，索引的结果就是对应位置的元素.

【例 2－5】 整数数组索引示例.

【程序代码】

```
import numpy as np
x=np.array([[1,2,3],[4,5,6],[7,8,9]])
y=x[[0,1,2],[0,1,2]]  # 访问(0,0),(1,1),(2,2) 位置元素
print(x)
print(y)
```

【运行结果】

```
[[1 2 3]
 [4 5 6]
 [7 8 9]]
[1 5 9]
```

【例 2 - 6】布尔索引示例.

【程序代码】

```
import numpy as np
x= np.array([[0,1,2],[3,4,5],[6,7,8],[9,10,11]])
print('数组是:')
print(x)
print('大于 6 的元素是:')      # 输出大于 6 的元素
print(x[x > 6])
```

【运行结果】

```
数组是:
[[ 0  1  2]
 [ 3  4  5]
 [ 6  7  8]
 [ 9 10 11]]
大于 6 的元素是:
[ 7 8 9 10 11]
```

【例 2 - 7】利用一组数组进行花式索引示例.

【程序代码】

```
import numpy as np
x=np.arange(32).reshape((4,8))
print('原数组为:')
print(x)
print('访问结果为:')
print(x[[2,1]])
```

【运行结果】

```
原数组为:
[[ 0  1  2  3  4  5  6  7]
 [ 8  9 10 11 12 13 14 15]
 [16 17 18 19 20 21 22 23]
 [24 25 26 27 28 29 30 31]]
访问结果为:
[[16 17 18 19 20 21 22 23]
 [ 8  9 10 11 12 13 14 15]]
```

【例 2-8】利用二组数组进行花式索引示例.

【程序代码】

```
import numpy as np
x=np.arange(32).reshape((8,4))
print('原数组为:')
print(x)
print('访问结果为:')
print(x[np.ix_([1,5,7,2],[0,3,1,2])])
```

【运行结果】

```
原数组为:
[[ 0  1  2  3]
 [ 4  5  6  7]
 [ 8  9 10 11]
 [12 13 14 15]
 [16 17 18 19]
 [20 21 22 23]
 [24 25 26 27]
 [28 29 30 31]]
访问结果为:
[[ 4  7  5  6]
 [20 23 21 22]
 [28 31 29 30]
 [ 8 11  9 10]]
```

3) 数组的操作

numpy 中包含了一些函数用于处理数组,如修改数组行列、翻转数组、修改数组维度、连接数组、分割数组、添加与删除数组元素等.

(1) numpy.reshape()

该函数可以在不改变数据的条件下修改数组行列,格式如下:

```
numpy.reshape(arr, newshape)
```

其中,各参数说明如下:

arr:要修改行列的数组;

newshape:行列大小.

【例 2-9】修改数组的行列示例.

【程序代码】

```
import numpy as np
a=np.arange(8)
print ('原始数组:')
print (a)
```

```
b=a.reshape(2,4)
print ('修改后的数组:')
print (b)
```

【运行结果】

```
原始数组:
[0 1 2 3 4 5 6 7]
修改后的数组:
[[0 1 2 3]
 [4 5 6 7]]
```

(2) numpy.transpose()

该函数用于对换数组的维度,即数组转置,格式如下:

```
numpy.transpose(arr, axes)
```

其中,各参数说明如下:

arr:要操作的数组;

axes:整数列表,对应的是维度,通常所有维度都会对换.

【例 2-10】 数组转置示例.

【程序代码】

```
import numpy as np
a=np.arange(12).reshape(3,4)
print ('原数组:')
print (a )
print ('转置数组:')
print (np.transpose(a))
```

【运行结果】

```
原数组:
[[ 0  1  2  3]
 [ 4  5  6  7]
 [ 8  9 10 11]]
转置数组:
[[ 0  4  8]
 [ 1  5  9]
 [ 2  6 10]
 [ 3  7 11]]
```

4) 线性代数函数库 linalg

numpy 提供的 dot 函数、matmul 函数以及线性代数函数库 linalg,包含了线性代数所需的主要功能.

(1) numpy.dot():对于两个一维数组,计算的是这两个数组对应下标元素的乘积之和,即向量的内积;对于两个二维数组,计算的是这两个数组的矩阵乘积.其

格式为

```
numpy.dot(a, b)
```

其中,a,b 都表示数组.

(2) numpy.matmul():返回两个数组的矩阵乘积.

(3) numpy.linalg.det():计算输入矩阵的行列式.

(4) numpy.linalg.solve():给出矩阵形式线性方程组的解.

(5) numpy.linalg.inv():计算矩阵的逆矩阵.

【例 2-11】 计算矩阵乘积示例.

【程序代码】

```
import numpy.matlib
import numpy as np
a=[[1,2],[3,4]]
b=[[5,6],[7,8]]
print (np.matmul(a,b))
```

【运行结果】

```
[[19 22]
 [43 50]]
```

【例 2-12】 求矩阵的行列式示例.

【程序代码】

```
import numpy as np
b=np.array([[6,1,1], [4, -2,5], [2,8,7]])
print (b)
print (np.linalg.det(b))
```

【运行结果】

```
[[6  1  1]
 [4 -2  5]
 [2  8  7]]
-306.0
```

2.2.2 scipy 库

scipy 是一个 Python 开源库，主要用于数学和工程计算.scipy 库依赖于 numpy,它们一起可以运行在所有流行的操作系统上,并且安装简单,使用免费.现在,组合使用 numpy,scipy 和 matplotlib 替代 MATLAB 已经成为趋势. 而与 MATLAB 相比,Python 功能更强大,编程也更容易.

根据数据处理的不同领域进行分类,可将 scipy 分为各个不同的模块,例如 scipy.cluster(矢量量化),scipy.constants(物理和数学常数),scipy.fftpack(傅里叶变换), scipy.integrate(积分), scipy.interpolate(插值), scipy.io(输入输出) 和 scipy.linalg(线性代数) 等等.

1) scipy 特殊函数

scipy.special 模块中包含了一些特殊函数,例如经常使用的立方根函数、指数函数、对数函数、兰伯特函数、排列组合函数、γ 函数等.

【例 2-13】 求立方根示例.

【程序代码】

```
from scipy.special import cbrt
res=cbrt([1000, 27, 8, 125])
print (res)
```

【运行结果】

```
[10. 3. 2. 5.]
```

2) k 均值聚类

聚类是在一组未标记的数据中,通过某种方法将相似的数据(点)归到同一个类别.聚类属于无监督学习.

k-means 算法的原理如下:

① 随机选取 k 个点作为中心点;

② 遍历所有点,将每个点划分到最近的中心点,形成 k 个聚类;

③ 根据聚类中点之间的距离,重新计算各个聚类的中心点;

④ 重复步骤②和③,直到这 k 个中心点不再变化(收敛了),或达到最大迭代次数.

cluster 包已经很好地实现了 k-means 算法,我们可以直接使用它.

【例 2-14】 聚类示例.

【程序代码】

```
from scipy.cluster.vq import kmeans,vq,whiten
from numpy import vstack,array
from numpy.random import rand
# 具有 3 个特征值的样本数据生成
data= vstack((rand(100,3) +array([.5,.5,.5]),rand(100,3)))
# 计算 k=3 时的中心点
centroids, _= kmeans(data, 3)
print(centroids)
# 将样本数据中的每个值分配给一个中心点,形成 3 个聚类
# 返回值 clx 标出了对应索引样本的聚类,dist 表示对应索引样本与聚
类中心的距离
clx, dist= vq(data, centroids)
# 打印聚类
print(clx)
```

【运行结果】

```
[[1.07390992 1.03016811 1.15315316]
 [0.24433283 0.50168304 0.44746181]
 [0.82889236 0.7099617  0.62433371]]
[0 0 0 2 0 0 2 0 0 0 0 0 0 2 2 0 0 0 0 0 0 0 2 2 0 0 0 0 0 0 0 2 0 2 0 0 2
 2 0 2 0 0 0 0 0 0 0 0 0 2 0 0 0 2 0 2 0 0 0 0 0 0 0 2 2 0 0 2 0 2 0 0 2 0
 0 2 0 0 0 0 0 0 0 2 2 2 0 0 0 2 2 0 0 0 0 0 0 2 0 0 1 1 1 2 2 1 2 2 1 1 2
 2 1 2 1 1 1 2 2 1 1 1 2 2 2 1 2 1 2 2 2 1 2 1 1 1 2 1 2 2 2 1 2 1 1 1 2 1
 2 1 1 1 2 1 1 1 1 1 1 2 2 1 1 1 2 1 2 1 2 1 1 1 2 1 2 2 1 1 1 1 1 2 2 1
 1 2 1 2 1 2 1 1 2 1 1 2 1 1 2]
```

3）scipy 积分与求导

scipy 中的 integrate 模块提供了很多数值积分方法，包括一重积分、二重积分、三重积分、多重积分、高斯积分等等.我们常用的求定积分函数和求导函数分别为 quad() 和 diff().

【例 2-15】 计算定积分$\int_0^1 x^4 \mathrm{d}x$.

【程序代码】

```
import scipy.integrate
from numpy import exp
f=lambda x:x** 4
i=scipy.integrate.quad(f, 0, 1)
print(i)
```

【运行结果】

```
(0.2, 2.220446049250313e-15)
```

注意:quad() 函数返回两个值，第一个值是积分的值，第二个值是对积分值的绝对误差估计.

【例 2-16】 求 $z=x^2+y^2+xy+2$ 的偏导.

【程序代码】

```
from sympy import *
x, y=symbols('x, y')
z=x** 2+y** 2+x* y+2
print(z)
result=z.subs({x:1, y:2})        # 用数值分别对 x,y 进行替换
print(result)
dx=diff(z, x)                    # 对 x 求偏导
print(dx)
result=dx.subs({x:1, y:2})
print(result)
```

```
dy=diff(z, y)                    # 对 y 求偏导
print(dy)
result=dy.subs({x:1, y:2})
print(result)
```

【运行结果】

```
x** 2+x*y+y** 2+2
9
2* x+y
4
x+2* y
5
```

4) scipy 插值

所谓插值，是依据一系列的点(x_i，y_i)，通过一定的算法(一般要求其产生的误差最小)找到一个适当的函数来逼近这些点，反映出这些点的走势规律，然后根据走势规律求其他点值的过程.scipy 求插值的方法放在 scipy.interpolate 包里.

插值类型有很多种，例如：'linear'，'nearest'，'zero'，'slinear'，'quadratic'，'cubic' 等等.

【例 2－17】插值示例.

【程序代码】

```
import numpy as np
from scipy import interpolate as intp
import matplotlib.pyplot as plt
x=np.linspace(0, 4, 12)
y=np.cos(x** 2/3+4)
print(x)
print(y)
# 使用 interp1d 类创建拟合函数
f1=intp.interp1d(x, y, kind='linear')
# 使用 interp1d 类创建拟合函数
f2=intp.interp1d(x, y, kind='cubic')
xnew=np.linspace(0, 4, 30)
plt.plot(x, y,'o', xnew, f1(xnew), '-',
xnew, f2(xnew), '--')
plt.legend(['data', 'linear', 'cubic'], loc='best')
plt.show()
```

【运行结果】(生成的图形如图 2－10 所示)

```
[0.          0.36363636 0.72727273 1.09090909 1.45454545 1.81818182
 2.18181818 2.54545455 2.90909091 3.27272727 3.63636364 4.        ]
[-0.65364362 -0.61966189 -0.51077021 -0.31047698 -0.00715476
```

```
0.37976236  0.76715099  0.99239518  0.85886263  0.27994201
-0.52586509 -0.99582185]
```

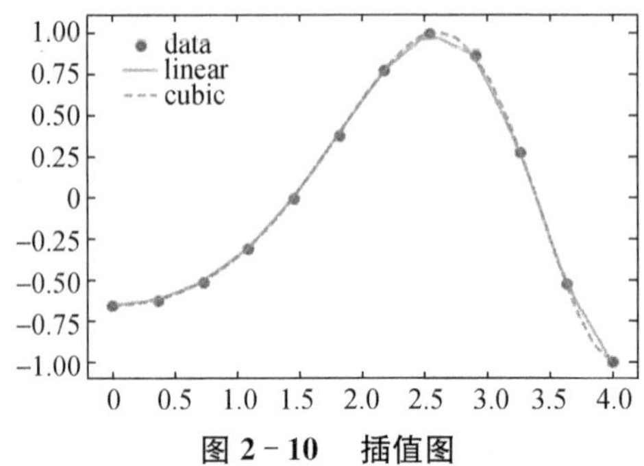

图 2-10　插值图

5）scipy 统计

scipy.stats 模块中包含了各种统计函数以及概率分析方法.

【例 2-18】模拟概率密度函数示例.

【程序代码】

```
    import numpy as np
    samples=np.random.normal(size=1000)
    bins=np.arange(-4, 5)
    histogram=np.histogram(samples, bins=bins,\
normed=True)[0]
    bins=0.5* (bins[1:]+bins[:-1])
    from scipy import stats
    pdf=stats.norm.pdf(bins)  # norm是一个分布对象
    import matplotlib.pyplot as plt
    plt.plot(bins,histogram)
    plt.plot(bins,pdf)
    plt.show()
```

【运行结果】(生成图形如图 2-11 所示)

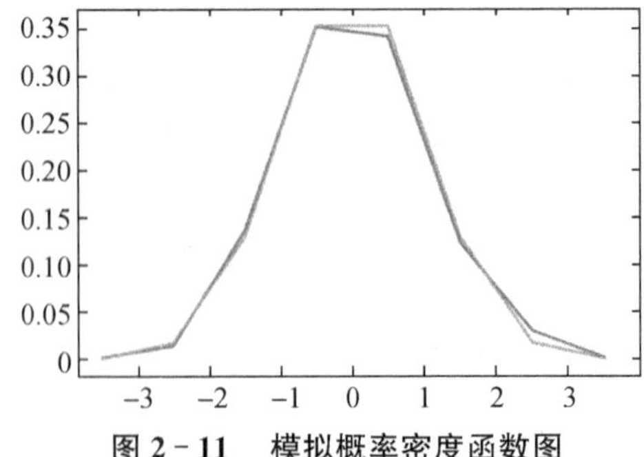

图 2-11　模拟概率密度函数图

【例 2－19】 平均值、中位数和百分位数示例.

np.mean(a)：计算平均值；

stats.scoreatpercentile(a, score)：根据百分位求对应值.

【程序代码】

```
import numpy as np
samples=[45,47,87,96,24,65,78,72,58,92,57]
print(np.mean(samples))
print(stats.scoreatpercentile(samples, 50))
print(stats.scoreatpercentile(samples, 90))
```

【运行结果】

```
65.54545454545455
65.0
92.0
```

2.2.3　pandas 库

pandas 是 Python 语言的一个扩展程序库，主要用于数据分析，它的基础也是 numpy(提供高性能的矩阵运算).pandas 可以从各种文件格式比如 CSV,JSON, SQL,Microsoft Excel 导入数据，然后对各种数据进行归并、再成形、选择等操作，并具有数据清洗和数据加工功能.pandas 现已广泛应用于金融学、统计学等各个数据分析领域.

pandas 的主要数据结构是 series（一维数据）与 dataframe(二维数据).数据结构 series 是一种类似于一维数组的对象，它由一组数据(各种 numpy 数据类型）以及一组与之相关的数据标签(即索引）组成.dataframe 是一种表格型的数据结构，既有行标签(index)，又有列标签(columns)，也被称异构数据表.所谓异构，指的是表格中每列的数据类型可以不同，比如可以是字符串、整型或者浮点型等.

1）pandas 处理 CSV

CSV(Comma-Separated Values)的中文全称为逗号分隔值，有时也称为字符分隔值(因为分隔字符也可以不是逗号)，其文件以纯文本形式存储表格数据(数字和文本).

【例 2－20】 现有一个 supplier_data.csv 文件，存放于 D 盘，其内容如下：

```
Supplier Name,Invoice Number,Part Number,Cost,Purchase Date
Supplier X,001-1001,2341,$ 500.00 ,1/20/2014
Supplier X,001-1001,2341,$ 500.00 ,1/20/2014
Supplier X,001-1001,5467,$ 750.00 ,1/20/2014
Supplier X,001-1001,5467,$ 750.00 ,1/20/2014
```

```
Supplier Y,50-9501,7009,$ 250.00 ,1/30/2014
Supplier Y,50-9501,7009,$ 250.00 ,1/30/2014
Supplier Y,50-9505,6650,$ 125.00 ,2/3/2014
Supplier Y,50-9505,6650,$ 125.00 ,2/3/2014
Supplier Z,920-4803,3321,$ 615.00 ,2/3/2014
Supplier Z,920-4804,3321,$ 615.00 ,2/10/2014
Supplier Z,920-4805,3321,$ 615.00 ,2/17/2014
Supplier Z,920-4806,3321,$ 615.00 ,2/24/2014
```

请筛选出供应商为 Supplier Z 或成本大于 ＄600.00 的行.

【程序代码】

```
from pandas import *
import sys
input_file='d:\supplier_data.csv'
output_file='d:\supplier_out.csv'
with open(input_file, 'r', newline='') as csv_in_file:
    with open(output_file, 'w', newline='') as csv_out_file:
        filereader=csv.reader(csv_in_file)
        filewriter=csv.writer(csv_out_file)
        header=next(filereader)
        filewriter.writerow(header)
        for row_list in filereader:
            supplier=str(row_list[0]).strip()
            cost= str(row_list[3]).strip('$').replace(',', '')
            if supplier== 'Supplier Z' or float(cost) > 600.0:
                filewriter.writerow(row_list)
```

【运行结果】

```
Supplier Name,Invoice Number,Part Number,Cost,Purchase Date
Supplier X,001-1001,5467,$ 750.00 ,1/20/2014
Supplier X,001-1001,5467,$ 750.00 ,1/20/2014
Supplier Z,920-4803,3321,$ 615.00 ,2/3/2014
Supplier Z,920-4804,3321,$ 615.00 ,2/10/2014
Supplier Z,920-4805,3321,$ 615.00 ,2/17/2014
Supplier Z,920-4806,3321,$ 615.00 ,2/24/2014
```

2）pandas 处理 JSON 文件

JSON(JavaScript Object Notation) 称为 JavaScript 对象表示法,是一种存储和交换文本信息的语法,类似于 XML.

【例 2-21】 JSON 文件处理示例.

【程序代码】

```
import pandas as pd
```

```
data=[
    {
      "id": "A001",
      "name": "南信院",
      "url": "www.njcit.cn",
    },
    {
      "id": "A002",
      "name": "百度",
      "url": "www.baidu.com",
    },
    {
      "id": "A003",
      "name": "淘宝",
      "url": "www.taobao.com",
    }
]
df=pd.DataFrame(data)
print(df)
```

【运行结果】

```
   id   name   url
0  A001  南信院   www.njcit.cn
1  A002  百度    www.baidu.com
2  A003  淘宝   www.taobao.com
```

2.3　图形库

2.3.1　matplotlib 库

matplotlib 是 Python 中的数据可视化软件包之一，支持跨平台运行.它也是 Python 常用的 2D 绘图库，同时还提供了一部分 3D 绘图接口.matplotlib 通常与 numpy，pandas 一起使用.

1）pyplot 模块

matplotlib 用于绘图的各种函数包含在 pyplot 模块中.

(1) 绘图类型

matplotlib 可绘制的图像风格多样，主要有以下类型：

① bar()：绘制条形图(柱状图)；

② barh()：绘制水平条形图；

③ boxplot():绘制箱线图;
④ hist():绘制直方图;
⑤ his2d():绘制 2D 直方图;
⑥ pie():绘制饼状图;
⑦ scatter():绘制 x 与 y 的散点图.
(2) image 函数
① imread():从文件中读取图像的数据并形成数组;
② imsave():将数组另存为图像文件;
③ imshow():在数轴区域内显示图像.
(3) axis 函数
① axes():在画布(figure) 中添加轴;
② text():向轴添加文本;
③ title():设置当前轴的标题;
④ xlabel():设置 x 轴标签;
⑤ ylabel():设置 y 轴的标签.
(4) figure 函数
① figtext():在画布上添加文本;
② figure():创建一个新画布;
③ show():显示数字;
④ savefig():保存当前画布;
⑤ close():关闭画布窗口.

2) 各类风格图像的绘制

(1) 柱状图

柱状图是一种用矩形柱来表示数据分类的图表,可以垂直绘制,也可以水平绘制,其高度与所表示的数值成正比关系.柱状图的语法格式如下:

```
ax.bar(x, height, width, bottom, align)
```

【例 2-22】 利用 bar() 绘制柱状图示例.

【程序代码】

```
import matplotlib.pyplot as plt
plt.rcParams["font.sans-serif"]=["SimHei"] # 设置字体
# 下面语句解决图像中的"-"号乱码问题
plt.rcParams["axes.unicode_minus"]=False
fig=plt.figure()          # 创建图形对象
# 添加子图区域,参数值表示[left, bottom, width, height ]
ax=fig.add_axes([0,0,1,1])
# 准备数据
```

```
langs=['数学', '语文','外语', '计算机', '机器人']
students=[34,23,17,35,29]
# 绘制柱状图
ax.bar(langs,students)
plt.show()
```

【运行结果】(生成图形如图 2-12 所示)

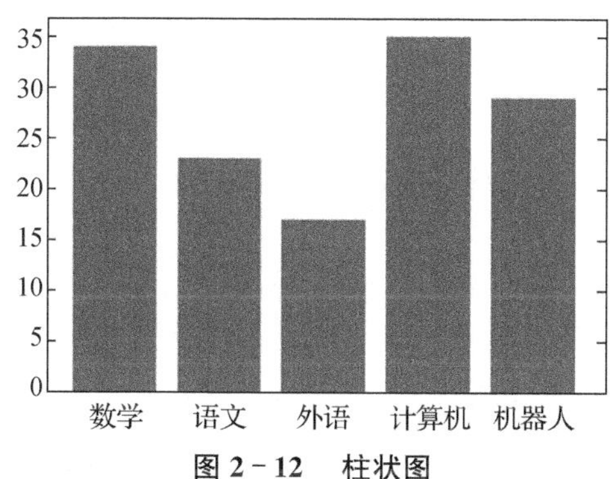

图 2-12　柱状图

(2) 饼状图

饼状图显示一个数据系列中各项目占项目总和的百分比.

【例 2-23】 利用 pie() 绘制饼状图示例.

【程序代码】

```
from matplotlib import pyplot as plt
import numpy as np
plt.rcParams["font.sans-serif"]=["SimHei"]
plt.rcParams["axes.unicode_minus"]=False
fig=plt.figure()
ax=fig.add_axes([0,0,1,1])
ax.axis('equal')          # 使得 X/Y 轴的间距相等
# 准备数据
langs=['数学', '语文','外语', '计算机', '机器人']
students=[34,23,17,35,29]
# 绘制饼状图
ax.pie(students, labels=langs,autopct='%1.2f%%')
plt.show()
```

【运行结果】(生成图形如图 2-13 所示)

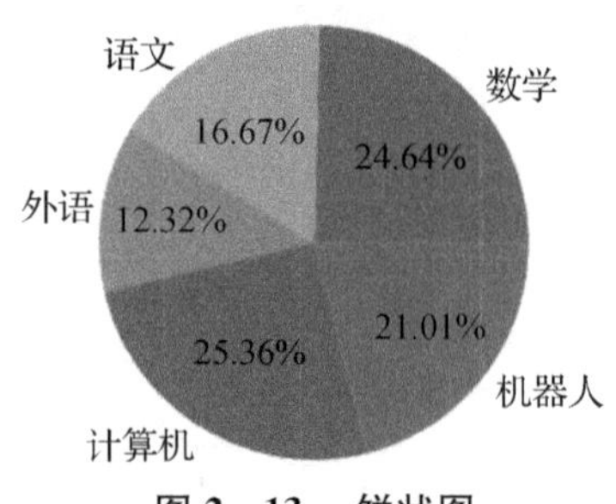

图 2-13　饼状图

(3) 折线图

matplotlib 并没有直接提供绘制折线图的函数，而是借助于散点函数来进行折线图的绘制.

【例 2-24】 绘制折线图示例.

【程序代码】

```
import matplotlib.pyplot as plt
plt.rcParams["font.sans-serif"]=["SimHei"]
plt.rcParams["axes.unicode_minus"]=False
x=["星期一", "星期二", "星期三", "星期四", "星期五","星期六",
"星期天"]
y=[47, 40, 56, 57, 42, 23, 59]
plt.plot(x, y, "g", marker= 'D', markersize= 5, label= "人数")
plt.xlabel("星期")
plt.ylabel("晚自习人数")
plt.title("晚自习情况统计")
plt.legend(loc="best")      # 显示图例
plt.show()
```

【运行结果】(生成图形如图 2-14 所示)

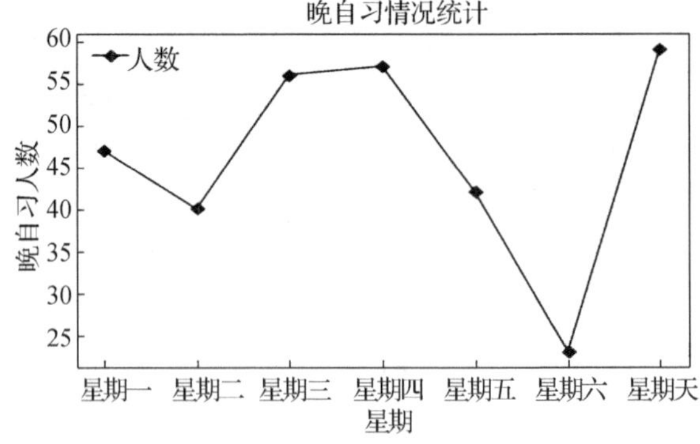

图 2-14　折线图

(4) 3D 图形

mpl_toolkits.mplot3d 是 matplotlib 在二维绘图的基础上扩建的简单的 3D 绘图程序包,通过调用该程序包中一些接口可以绘制 3D 散点图、3D 曲面图、3D 线框图等 3D 图形.

【例 2-25】 绘制 3D 散点图示例.

【程序代码】

```
from mpl_toolkits import mplot3d
import numpy as np
import matplotlib.pyplot as plt
fig=plt.figure()
ax=plt.axes(projection='3d')
z=np.linspace(0, 1, 100)
x=z*np.sin(20*z)
y=z*np.cos(20*z)
c=x**2+y**2
ax.scatter3D(x, y, z, c=c)
ax.set_title('3维散点图')
plt.show()
```

【运行结果】(生成图形如图 2-15 所示)

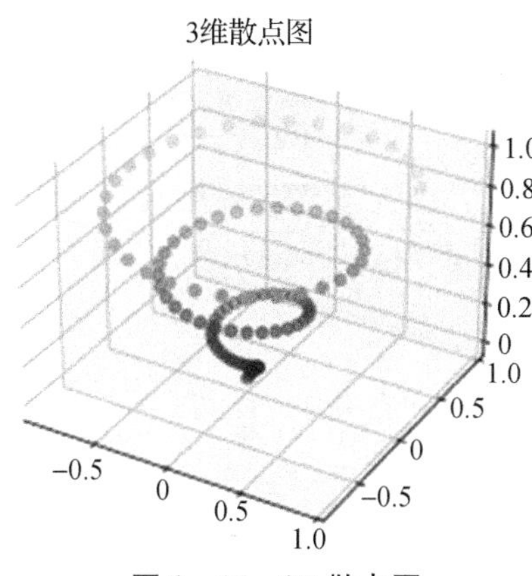

图 2-15　3D 散点图

2.3.2　seaborn 库

seaborn 是基于 matplotlib 的 Python 数据可视化库,实现了对 matplotlib 的二次封装.seaborn 中的很多图表接口和参数设置与 matplotlib 非常接近.

相比 matplotlib,seaborn 具有以下特点:

① 对 pandas 和 numpy 数据类型支持非常友好;

② 绘图接口更为集成，可通过少量参数设置实现大量封装绘图；

③ 多数图表具有统计学含义，例如分布、相关、回归等；

④ 在风格设置（如外观、绘图环境和颜色配置等）方面更为多样.

下面通过示例来进行说明.

【例 2-26】 利用 set_style( ) 设置图像风格示例.

seaborn 有 5 个预设好的风格，即 darkgrid，whitegrid，dark，white 和 ticks.

【程序代码】

```
import numpy as np
import matplotlib.pyplot as plt
import seaborn as sns
sns.set_style("whitegrid")
plt.plot(np.arange(1000))
plt.show()
```

【运行结果】（生成图形如图 2-16 所示）

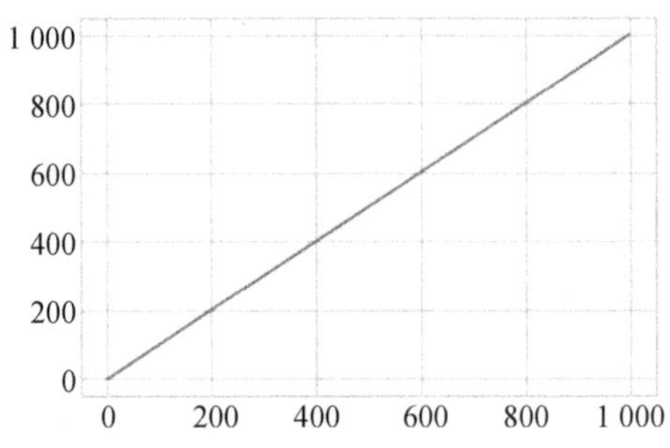

图 2-16　whitegrid 图像风格示意图

【例 2-27】 绘制 4 个不同风格的子图示例.

【程序代码】

```
import numpy as np
import seaborn as sns
import matplotlib.pyplot as plt
sns.set( palette="muted", color_codes=True)
rs=np.random.RandomState(100)
d=rs.normal(size=100)
f, axes= plt.subplots(2, 2, figsize= (10, 10))    #设置2×2个子图
sns.distplot(d, color="m", ax=axes[0, 0])
sns.distplot(d, hist=False, rug=True, color="r", ax=
axes[0, 1])
sns.distplot(d, hist=False, color="g", kde_kws=
{"shade": True}, ax=axes[1, 0])
sns.distplot(d, kde=False, color="b", ax=axes[1, 1])
```

```
plt.show()
```

【运行结果】(生成图形如图 2－17 所示)

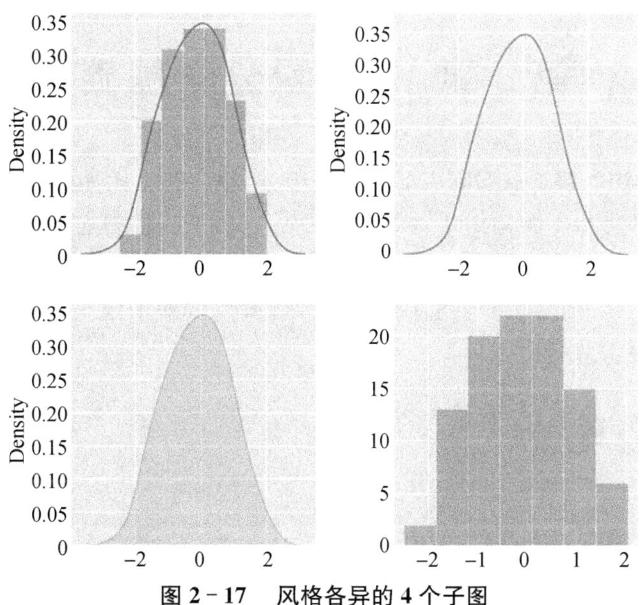

图 2－17　风格各异的 4 个子图

第二篇　人工智能算法的思维工具

第 3 章　微积分学基础

人工智能中许多理论及算法都是以微积分为基础的，比如最小二乘法、线性回归法、正向传播法与反向传播法、梯度下降法、牛顿迭代法等都要用到微积分的相关知识及运算，并且这些算法已渗透到从人工智能的各个角落.为了更好地在人工智能领域掌握和应用微积分方面的算法，本章重点讲解极限与连续、一元微积分、多元微积分等相关知识.

3.1　极限与连续

3.1.1　极限

极限是微积分的理论基础，是研究变量的变化趋势的一个基本工具.

1）数列的极限

对于数列$\{u_n\}$，如果当 n 无限增大时，通项 u_n 无限接近于某个确定的常数A，则称 A 为数列$\{u_n\}$ 的极限，或称数列$\{u_n\}$ 收敛于 A，记为

$$\lim_{n\to\infty} u_n = A \quad 或 \quad u_n \to A \quad (n\to\infty).$$

若数列$\{u_n\}$ 没有极限，则称该数列发散.

【例 3－1】编程求极限$\lim\limits_{n\to\infty}\dfrac{n}{\sqrt[n]{n!}}$.

【程序代码】

```
from sympy import *
n=symbols('n')
# python 里 oo 表示无穷大, factorial(n) 表示 n!
a=limit(n/(factorial(n) ** (1/n)), n, oo)
print(a)
```

【运行结果】

```
E
```

2）函数的极限

函数的极限研究在自变量的某一变化过程中函数的变化趋势.共分两种情形：

① 当自变量 x 的绝对值 $|x|$ 无限增大(记为 $x\to\infty$) 时，函数 $f(x)$ 的极限；

② 当自变量 x 无限接近于有限值 x_0(记为 $x \to x_0$) 时,函数 $f(x)$ 的极限.

(1) $x \to \infty$ 时函数 $f(x)$ 的极限

函数的自变量 $x \to \infty$ 是指 x 的绝对值无限增大,它包含以下两种情况:

① x 取正值,无限增大,记作 $x \to +\infty$;

② x 取负值,它的绝对值无限增大(即 x 无限减小),记作 $x \to -\infty$.

如果当 $x \to \infty$ (即 $|x|$ 无限增大) 时,函数 $f(x)$ 无限地趋近于一个确定的常数 A,则称 A 为函数 $f(x)$ 当 $x \to \infty$ 时的极限,记作 $\lim\limits_{x\to\infty} f(x)=A$;

如果当 $x \to +\infty$ 时,函数 $f(x)$ 无限地趋近于一个确定的常数 A,则称 A 为函数 $f(x)$ 当 $x \to +\infty$ 时的极限,记作 $\lim\limits_{x\to+\infty} f(x)=A$;

如果当 $x \to -\infty$ 时,函数 $f(x)$ 无限地趋近于一个确定的常数 A,则称 A 为函数 $f(x)$ 当 $x \to -\infty$ 时的极限,记作 $\lim\limits_{x\to-\infty} f(x)=A$.

显然,有如下重要的充要条件:

$\lim\limits_{x\to\infty} f(x)$ 存在的充要条件是 $\lim\limits_{x\to-\infty} f(x)$ 和 $\lim\limits_{x\to+\infty} f(x)$ 都存在且相等,即

$$\lim_{x\to\infty} f(x)=A \Leftrightarrow \lim_{x\to-\infty} f(x)=\lim_{x\to+\infty} f(x)=A.$$

(2) $x \to x_0$ 时函数 $f(x)$ 的极限

记号 $x \to x_0$ 表示 x 无限趋近于 x_0,包括 x 从小于 x_0 的方向和 x 从大于 x_0 的方向趋近于 x_0 两种情况:

① $x \to x_0^-$ 表示 x 从小于 x_0 的方向趋近于 x_0;

② $x \to x_0^+$ 表示 x 从大于 x_0 的方向趋近于 x_0.

设函数 $f(x)$ 在 x_0 的某一去心邻域 $\mathring{N}(x_0,\delta)$ 内有定义,如果当自变量 x 在 $\mathring{N}(x_0,\delta)$ 内无限趋近于 x_0 时,相应的函数值无限趋近于常数 A,则称 A 为函数 $f(x)$ 当 $x \to x_0$ 时的极限, 记作

$$\lim_{x\to x_0} f(x)=A \quad 或 \quad f(x)\to A \quad (x\to x_0).$$

如果当 $x \to x_0^-$ 时,函数 $f(x)$ 无限地趋近于一个确定的常数 A,则称 A 为函数 $f(x)$ 当 $x \to x_0$ 时的左极限,记作

$$\lim_{x\to x_0^-} f(x)=A \quad 或 \quad f(x_0^-)=A.$$

如果当 $x \to x_0^+$ 时,函数 $f(x)$ 无限地趋近于一个确定的常数 A,则称 A 为函数 $f(x)$ 当 $x \to x_0$ 时的右极限,记作

$$\lim_{x\to x_0^+} f(x)=A \quad 或 \quad f(x_0^+)=A.$$

显然,$\lim\limits_{x\to x_0} f(x)$ 存在的充要条件是 $\lim\limits_{x\to x_0^-} f(x)$ 和 $\lim\limits_{x\to x_0^+} f(x)$ 都存在且相等,即

$$\lim_{x\to x_0} f(x)=A \Leftrightarrow \lim_{x\to x_0^-} f(x)=\lim_{x\to x_0^+} f(x)=A.$$

【例 3－2】 求极限 $\lim_{x\to\infty}\left(\frac{3-x}{2-x}\right)^{x}$.

【程序代码】

```
from sympy import *
x=symbols('x')
a=limit(((3-x)/(2-x)) ** x, x, oo)
print(a)
```

【运行结果】

```
exp(-1)
```

【例 3－3】 求 $\lim_{x\to 0}\frac{\sin x}{x}$ 及 $\lim_{x\to\infty}\frac{\sin x}{x}$，并绘图.

【程序代码】

```
from sympy import *
x=symbols('x')
f=sin(x)/x                      # 定义函数式
result=limit(f,x,0)             # 求 x 趋于 0 时的极限
print('x--> 0,limit:',result)
result1=limit(f,x,oo)           # 求 x 趋于无穷时的极限
print('x--> oo,limit:',result1)
plot(f, (x, -100, 100))
```

【运行结果】（生成图形如图 3－1 所示）

```
x--> 0,limit: 1
x--> oo,limit: 0
```

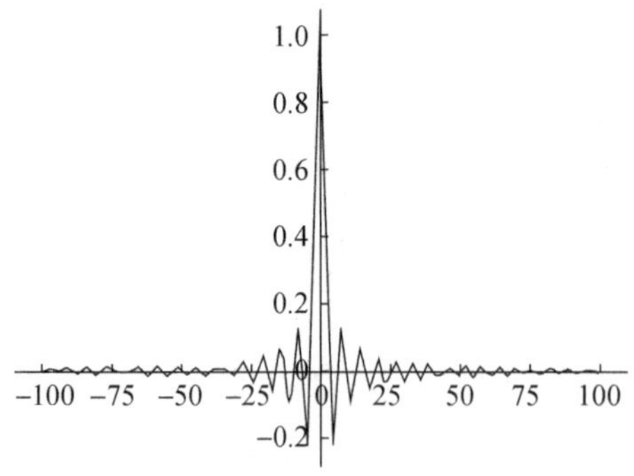

图 3－1　sin*x*/*x* 的图形

3.1.2　连续

设函数 $y=f(x)$ 在点 x_0 的某邻域内有定义，如果当自变量 x 在 x_0 处的增量 Δx 趋于零时，相应的函数增量 $\Delta y=f(x_0+\Delta x)-f(x_0)$ 也趋于零，即

$$\lim_{\Delta x \to 0} \Delta y = \lim_{\Delta x \to 0} [f(x_0 + \Delta x) - f(x_0)] = 0,$$

则称函数 $y = f(x)$ 在点 x_0 连续,也称点 x_0 为函数 $y = f(x)$ 的连续点.

根据函数增量的概念,函数 $y = f(x)$ 在点 x_0 连续的定义也可叙述如下:

设函数 $y = f(x)$ 在点 x_0 的某邻域内有定义,如果 $x \to x_0$ 时,相应的函数值 $f(x) \to f(x_0)$,即

$$\lim_{x \to x_0} f(x) = f(x_0),$$

则称函数 $y = f(x)$ 在点 x_0 连续,也称点 x_0 为函数 $y = f(x)$ 的连续点.

由此可见,函数 $y = f(x)$ 在点 x_0 连续必须同时满足以下三个条件:

① 函数 $y = f(x)$ 在点 x_0 的某个邻域内有定义;

② 极限 $\lim\limits_{x \to x_0} f(x)$ 存在;

③ 在点 x_0 处的极限值等于函数值,即 $\lim\limits_{x \to x_0} f(x) = f(x_0)$.

【例 3-4】 讨论函数 $f(x) = \begin{cases} x - 1, & x \leqslant 1, \\ x + 1, & x > 1 \end{cases}$ 在 $x = 1$ 处的连续性.

【解答】 显然 $f(x)$ 在 $x = 1$ 及其近旁有定义且 $f(1) = 0$,且

$$\lim_{x \to 1^-} f(x) = \lim_{x \to 1^-} (x - 1) = 0, \quad \lim_{x \to 1^+} f(x) = \lim_{x \to 1^+} (x + 1) = 2.$$

因为 $\lim\limits_{x \to 1^-} f(x) \neq \lim\limits_{x \to 1^+} f(x)$,所以 $\lim\limits_{x \to 1} f(x)$ 不存在,即 $f(x)$ 在 $x = 1$ 处不连续.

3.2　导数与微分

17 世纪,伟大的数学家牛顿、莱布尼茨在前人研究的基础之上,分别从物理和几何的角度开始系统地研究微积分,建立了一套微积分学体系.其中导数是微分学最基本的概念之一,研究的是函数相对于自变量的变化快慢的程度,即函数的变化率问题;微分则是反映自变量有微小变化时函数相应的变化情况.导数及微分在人工智能算法中常常被用到,特别是基于导数的参数优化、梯度、方向导数、极值、最值等方面更是应用广泛.

3.2.1　导数

1) 导数的含义

设函数 $y = f(x)$ 在点 x_0 的某个邻域 $N(x_0, \delta)$ 内有定义,当自变量在 x_0 处有增量 Δx 时,相应的函数有增量 $\Delta y = f(x_0 + \Delta x) - f(x_0)$.如果 $\Delta x \to 0$ 时,增量比 $\Delta y / \Delta x$ 的极限存在,则称函数 $y = f(x)$ 在点 x_0 处可导,并称此极限值为函数 $y = f(x)$ 在点 x_0 处的导数,记作

$$f'(x_0), \quad y'\Big|_{x = x_0}, \quad \frac{\mathrm{d}y}{\mathrm{d}x}\Big|_{x = x_0} \quad 或 \quad \frac{\mathrm{d}f}{\mathrm{d}x}\Big|_{x = x_0},$$

即 $f'(x_0)=\lim\limits_{\Delta x\to 0}\dfrac{\Delta y}{\Delta x}=\lim\limits_{\Delta x\to 0}\dfrac{f(x_0+\Delta x)-f(x_0)}{\Delta x}$.

若令 $x_0+\Delta x=x$,则有

$$\Delta x=x-x_0,\ \Delta y=f(x)-f(x_0),$$

当 $\Delta x\to 0$ 时,$x\to x_0$,从而导数的定义式又可以写成

$$f'(x_0)=\lim_{x\to x_0}\frac{f(x)-f(x_0)}{x-x_0}$$

根据单侧极限与极限的关系,有如下充要条件:函数 $f(x)$ 在点 x_0 处可导的充要条件是 $f(x)$ 在点 x_0 处既左可导又右可导,且 $f'_-(x_0)=f'_+(x_0)$.

显然,函数增量与自变量增量之比 $\Delta y/\Delta x$ 是 $y=f(x)$ 在以 x_0 与 $x_0+\Delta x$ 为端点的区间上的平均变化率,而导数 $f'(x_0)$ 则是函数在点 x_0 处的变化率,反映了在此点函数随自变量的变化而变化的快慢程度.

如果函数 $y=f(x)$ 在开区间 I 内的每一点都可导,则称 $f(x)$ 在 I 内可导.这时对每一个 $x\in I$,都有导数 $f'(x)$ 与之相对应,从而在 I 内确定了一个函数,称为 $y=f(x)$ 的导函数,简称为导数,记作

$$f'(x),\ y',\ \frac{\mathrm{d}y}{\mathrm{d}x}\ \text{或}\ \frac{\mathrm{d}f}{\mathrm{d}x}.$$

在导数的定义式中把 x_0 换成 x,即得导函数的定义式:

$$f'(x)=\lim_{\Delta x\to 0}\frac{f(x+\Delta x)-f(x)}{\Delta x},\ x\in I,$$

于是有

$$f'(x_0)=f'(x)\Big|_{x=x_0}.$$

函数 $y=f(x)$ 在点 x_0 处的导数 $f'(x_0)$ 的几何意义是曲线 $y=f(x)$ 在点 $P(x_0,y_0)$ 处切线的斜率.

物理学上,变速直线运动物体的速度 $v(t)$ 就是路程函数 $s=s(t)$ 对时间 t 的导数,即 $v(t)=s'(t)$;而质量非均匀分布细杆的密度 $\mu(x)$ 就是质量分布函数 $m=m(x)$ 对长度 x 的导数,即 $\mu(x)=m'(x)$.

一般地,设 $y=f(x)$ 在 x 的某个定义域 D 上可导,其导数为 $f'(x)$,如果函数 $y=f(x)$ 的导数仍是 x 的可导函数,就称 $y'=f'(x)$ 的导数为函数 $y=f(x)$ 的二阶导数,记作

$$y'',\ f''(x)\ \text{或}\ \frac{\mathrm{d}^2y}{\mathrm{d}x^2},$$

即

$$y''=(y')'=f''(x)\ \text{或}\ \frac{\mathrm{d}^2y}{\mathrm{d}x^2}=\frac{\mathrm{d}}{\mathrm{d}x}\left(\frac{\mathrm{d}y}{\mathrm{d}x}\right).$$

类似地,二阶导数的导数叫做三阶导数,三阶导数的导数叫做四阶导数,…,$n-1$ 阶导数的导数叫做 n 阶导数,分别记作

$$y''',y^{(4)},\cdots,y^{(n)} \quad 或 \quad f'''(x),f^{(4)}(x),\cdots,f^{(n)}(x) \quad 或 \quad \frac{d^3y}{dx^3},\frac{d^4y}{dx^4},\cdots,\frac{d^ny}{dx^n}.$$

二阶及二阶以上的导数统称为高阶导数.

【例 3-5】 设 $f(x)=2x^2+x\cdot\sin x+e^x$,求 $f'(x)$ 及 $f'(1)$.

【程序代码】

```
import sympy
from sympy import *
x=symbols('x')
f=2*x**2+x*sin(x)+exp(x)
print(f.diff())
print(f.diff().evalf(subs={x:1}))
```

【运行结果】

```
x*cos(x)+4* x+exp(x)+sin(x)
8.10005511913508
```

【例 3-6】 求 $y=5x^4+\sin x$ 的二阶导数.

【程序代码】

```
import sympy
from sympy import *
x=symbols('x')
f=5*x**4+sin(x)
print(f.diff(x,2))
```

【运行结果】

```
60*x**2-sin(x)
```

2）隐函数的导数

由 $y=f(x)$ 表示的函数,称为显函数.而由方程 $F(x,y)=0$ 可确定 y 是 x 的函数,称该函数为隐函数.此时,将 x 看作是自变量,y 看作是中间变量,可利用复合函数求导法则求隐函数的导数.

【例 3-7】 设 $y=y(x)$ 是由方程 $e^y+xy-y^2=0$ 所确定的隐函数,求$\frac{dy}{dx}$.

【程序代码】

```
import sympy
from sympy import *
x,y=symbols('x y')
F=exp(y)+x*y-y**2
dydx=idiff(F, y, x)
```

```
    print(dydx)
```

【运行结果】

```
    -y/(x-2*y+exp(y))
```

3）微分

导数表示的是函数 $y=f(x)$ 在点 x 处函数的增量 Δy 与自变量的增量 Δx 之比当 $\Delta x\to 0$ 时的极限.在实际问题中,还会遇到另外一类问题,即当函数 $y=f(x)$ 在点 x 处自变量有一个微小的增量 Δx 时,需要计算函数 $y=f(x)$ 相应的增量 Δy.而计算 Δy 一般是比较困难的,此时通常可用微分 $\mathrm{d}y$ 来近似表示 Δy.

设函数 $y=f(x)$ 在某区间有定义,且 x_0 及 $x_0+\Delta x$ 在这个区间内,如果函数的增量

$$\Delta y=f(x_0+\Delta x)-f(x_0) \quad \text{可表示为} \quad \Delta y=A\Delta x+o(\Delta x),$$

其中 A 是不依赖于 Δx 的常数,而 $o(\Delta x)$ 是比 Δx 更高阶的无穷小,那么称函数 $y=f(x)$ 在点 x_0 处是可微的.$A\Delta x$ 称为函数 $y=f(x)$ 在点 x_0 处相应于自变量增量 Δx 的微分,记作 $\mathrm{d}y\Big|_{x=x_0}$,即

$$\mathrm{d}y\Big|_{x=x0}=A\Delta x.$$

函数 $y=f(x)$ 在点 x_0 处可微的充分必要条件是函数 $y=f(x)$ 在点 x_0 处可导,且 $f'(x_0)=A$.从而有

$$\mathrm{d}y\Big|_{x=x_0}=f'(x_0)\Delta x.$$

函数在任意点 x 处的微分称为函数的微分,记作 $\mathrm{d}y$,即

$$\mathrm{d}y=f'(x)\Delta x.$$

特别地,对于函数 $y=x$ 来说,由于 $(x)'=1$,则

$$\mathrm{d}x=(x)'\Delta x=\Delta x,$$

所以我们规定自变量的微分等于自变量的增量.这样,函数 $y=f(x)$ 的微分可以写成 $\mathrm{d}y=f'(x)\mathrm{d}x$,从而有

$$\frac{\mathrm{d}y}{\mathrm{d}x}=f'(x).$$

即函数的微分与自变量的微分之商等于函数的导数,因此导数又有微商之称.

综上可知,求微分的本质就是求导数.

3.2.2　偏导数及全微分

多元函数的偏导数与一元函数的导数无论在定义的形式上,还是在求导公式方面都是相同的.

1）偏导数

设函数 $z=f(x,y)$ 在点 $P_0(x_0,y_0)$ 的某邻域 D 内有定义，点 $P(x_0+\Delta x,y_0)$ 也为 D 内的一点，如果极限

$$\lim_{\Delta x\to 0}\frac{\Delta z_x}{\Delta x}=\lim_{\Delta x\to 0}\frac{f(x_0+\Delta x,y_0)-f(x_0,y_0)}{\Delta x}$$

存在，则称此极限值为函数 $z=f(x,y)$ 在点 $P_0(x_0,y_0)$ 处对 x 的偏导数，记为

$$\left.\frac{\partial z}{\partial x}\right|_{\substack{x=x_0\\y=y_0}},\ \left.\frac{\partial f}{\partial x}\right|_{\substack{x=x_0\\y=y_0}},\ z'_x(x_0,y_0)\ \text{或}\ f'_x(x_0,y_0).$$

类似地，若点 $P(x_0,y_0+\Delta y)$ 也为 D 内的一点，如果极限

$$\lim_{\Delta y\to 0}\frac{\Delta z_y}{\Delta y}=\lim_{\Delta y\to 0}\frac{f(x_0,y_0+\Delta y)-f(x_0,y_0)}{\Delta y}$$

存在，则称此极限值为函数 $z=f(x,y)$ 在点 $P_0(x_0,y_0)$ 处对 y 的偏导数，记为

$$\left.\frac{\partial z}{\partial y}\right|_{\substack{x=x_0\\y=y_0}},\ \left.\frac{\partial f}{\partial y}\right|_{\substack{x=x_0\\y=y_0}},\ z'_y(x_0,y_0)\ \text{或}\ f'_y(x_0,y_0).$$

当函数 $z=f(x,y)$ 在点 $P_0(x_0,y_0)$ 处有偏导数 $f'_x(x_0,y_0)$ 和 $f'_y(x_0,y_0)$ 时，称 $f(x,y)$ 在点 $P_0(x_0,y_0)$ 处可导.如果函数 $z=f(x,y)$ 在区域 D 内的每一点均可导时，称 $f(x,y)$ 在区域 D 上可导.此时，对应于 D 内的每一点 (x,y)，函数 $z=f(x,y)$ 必有偏导数 $f'_x(x,y)$ 和 $f'_y(x,y)$，其值随点 (x,y) 的确定而确定，因此它们是 x,y 的二元函数，分别称为 $f(x,y)$ 对 x 和对 y 的偏导函数，简称为偏导数，并记为

$$\frac{\partial z}{\partial x},\frac{\partial f}{\partial x},z'_x,f'_x(x,y)\ \text{及}\ \frac{\partial z}{\partial y},\frac{\partial f}{\partial y},z'_y,f'_y(x,y),$$

且

$$f'_x(x,y)=\lim_{\Delta x\to 0}\frac{f(x+\Delta x,y)-f(x,y)}{\Delta x},$$

$$f'_y(x,y)=\lim_{\Delta y\to 0}\frac{f(x,y+\Delta y)-f(x,y)}{\Delta y}.$$

由偏导数的定义可以看出，如果要求函数 $z=f(x,y)$ 对 x 的偏导数 $\frac{\partial z}{\partial x}$，只需将 y 看成常数，用一元函数的求导公式和求导法则对 x 求导即可；同样，要求函数 $z=f(x,y)$ 对 y 的偏导数 $\frac{\partial z}{\partial y}$，只需将 x 看成常数，用一元函数的求导公式和求导法则对 y 求导即可.而函数在点 (x_0,y_0) 处的偏导数即为函数的偏导函数在点 (x_0,y_0) 处的函数值.

应当注意的是，多元函数偏导数的记号与一元函数导数的记号是不同的，两者不能混淆.偏导数的记号，如 $\frac{\partial z}{\partial x},\frac{\partial z}{\partial y}$ 是一个整体，不能分割，而导数 $\frac{\mathrm{d}y}{\mathrm{d}x}$ 则可以看作

是两个微分之商.对于二元函数来说,一阶偏导数还可以继续求偏导得二阶偏导数.二阶偏导数共有四个,分别记为$\frac{\partial^2 z}{\partial x^2}$,$\frac{\partial^2 z}{\partial x\partial y}$,$\frac{\partial^2 z}{\partial y\partial x}$,$\frac{\partial^2 z}{\partial y^2}$.其中,$\frac{\partial^2 z}{\partial x\partial y}$,$\frac{\partial^2 z}{\partial y\partial x}$称为二阶混合偏导数,当它们在区域 D 内连续时,有$\frac{\partial^2 z}{\partial x\partial y}=\frac{\partial^2 z}{\partial y\partial x}$.

【例 3-8】 设 $f(x,y)=\mathrm{e}^{-2x}\cos(x+2y)$,求 $f'_x\left(0,\frac{\pi}{4}\right)$,$f'_y\left(0,\frac{\pi}{4}\right)$.

【程序代码】

```
import sympy
from sympy import *
x,y=symbols('x y')
F=exp(-2*x)*cos(x+2*y)
dFdx=F.diff(x)
print(dFdx)
print(dFdx.evalf(subs={x:0,y:pi/4}))
dFdy=F.diff(y)
print(dFdy)
print(dFdy.evalf(subs={x:0,y:pi/4}))
```

【运行结果】

```
-exp(-2*x)*sin(x+2*y)-2*exp(-2*x)*cos(x+2*y)
-1.00000000000000
-2*exp(-2*x)*sin(x+2*y)
-2.00000000000000
```

2)全微分

设函数 $z=f(x,y)$ 在点(x_0,y_0)的某邻域 D 内有定义,$P(x_0+\Delta x,y_0+\Delta y)$为该邻域内的任意一点,$\Delta z=f(x_0+\Delta x,y_0+\Delta y)-f(x_0,y_0)$,若全增量 Δz 可表示为

$$\Delta z=A\Delta x+B\Delta y+o(\rho),$$

其中A,B与Δx,Δy无关,而仅与x_0,y_0有关,$\rho=\sqrt{(\Delta x)^2+(\Delta y)^2}$,$o(\rho)$是$\rho$的高阶无穷小量,则称 $A\Delta x+B\Delta y$ 为 $f(x,y)$ 在点(x_0,y_0)处的全微分,记为

$$\mathrm{d}z\Big|_{\substack{x=x_0\\y=y_0}} \quad \text{或} \quad \mathrm{d}f(x_0,y_0).$$

由上可知,若函数 $z=f(x,y)$ 在点(x_0,y_0)可微,则此函数在该点必连续,即连续是可微的必要条件,或者说不连续必不可微.

如果函数 $z=f(x,y)$ 在区域 D 内的每一点(x,y)都可微分,则称 $f(x,y)$ 在区域 D 内可微分,且

$$\mathrm{d}z=\frac{\partial z}{\partial x}\mathrm{d}x+\frac{\partial z}{\partial y}\mathrm{d}y=f'_x(x,y)\mathrm{d}x+f'_y(x,y)\mathrm{d}y.$$

【例 3-9】 求函数 $z=x^2y^2$ 在点 $(2,-1)$ 处，当 $\Delta x=0.02$，$\Delta y=-0.01$ 时的全增量与全微分.

【解答】 全增量为

$$\Delta z=(2+0.02)^2(-1-0.01)^2-2^2\cdot(-1)^2=0.1624.$$

又 $\frac{\partial z}{\partial x}=2xy^2$，$\frac{\partial z}{\partial y}=2x^2y$，所以

$$\left.\frac{\partial z}{\partial x}\right|_{\substack{x=2\\y=-1}}=4,\quad \left.\frac{\partial z}{\partial y}\right|_{\substack{x=2\\y=-1}}=-8,$$

因此 $dz=4\times0.02+(-8)\times(-0.01)=0.16$.

3）方向导数与梯度

方向导数及其梯度在人工智能领域特别是神经网络中应用较多，它主要描述的是函数按什么方向变化速度最快.

设 $z=f(x,y)$ 在点 $P_0(x_0,y_0)$ 某邻域 $U(P_0)$ 内有定义，以 P_0 点为起点引方向射线 $\boldsymbol{l}$，任取 $P_0(x_0+\Delta x,y_0+\Delta y)\in\boldsymbol{l}$，如果

$$\lim_{\rho\to0}\frac{f(x_0+\Delta x,y_0+\Delta y)-f(x_0,y_0)}{\rho}\quad（其中\ \rho=|P_0P|）$$

存在，则称此极限为 $z=f(x,y)$ 在 P_0 点沿 $\boldsymbol{l}$ 的方向导数，记为 $\frac{\partial f}{\partial \boldsymbol{l}}$.即

$$\left.\frac{\partial f}{\partial \boldsymbol{l}}\right|_{P_0}=\lim_{\rho\to0}\frac{f(x_0+\Delta x,y_0+\Delta y)-f(x_0,y_0)}{\rho}.$$

一般地，有 $\left.\frac{\partial f}{\partial \boldsymbol{l}}\right|_{(x,y)}=\lim\limits_{\rho\to0}\frac{f(x+\Delta x,y+\Delta y)-f(x,y)}{\rho}$.

两个偏导数 $\frac{\partial z}{\partial x}$，$\frac{\partial z}{\partial y}$ 是特殊的方向导数.

根据定义，设 $z=f(x,y)$ 在点 $P(x,y)$ 处可微，则 $f(x,y)$ 在 P 点沿任意方向 $\boldsymbol{l}$ 的方向导数均存在，且 $\left.\frac{\partial f}{\partial \boldsymbol{l}}\right|_P=\left.\frac{\partial f}{\partial x}\right|_P\cos\alpha+\left.\frac{\partial f}{\partial y}\right|_P\sin\alpha$，其中

$$(\cos\alpha,\sin\alpha)=\left(\frac{\Delta x}{\rho},\frac{\Delta y}{\rho}\right)=\boldsymbol{l}^0\quad（\alpha\ 为\ x\ 轴到\ \boldsymbol{l}\ 的转角）.$$

【例 3-10】 求 $z=xe^{2y}$ 在点 $P(1,0)$ 处沿点 $P(1,0)$ 到点 $Q(2,-1)$ 的方向导数.

【解答】 方向 $\boldsymbol{l}=\overrightarrow{PQ}=\{1,-1\}$，因此 x 轴到方向 $\boldsymbol{l}$ 的转角 $\alpha=-\frac{\pi}{4}$.又

$$\frac{\partial z}{\partial x}=e^{2y},\quad \frac{\partial z}{\partial y}=2xe^{2y},$$

所以 $\left.\frac{\partial z}{\partial \boldsymbol{l}}\right|_{(1,0)}=1\cdot\cos\left(-\frac{\pi}{4}\right)+2\cdot\sin\left(-\frac{\pi}{4}\right)=-\frac{\sqrt{2}}{2}$.

与方向导数有关联的一个重要概念是梯度.对于二元函数 $z=f(x,y)$,称向量 $\frac{\partial z}{\partial x}\boldsymbol{i}+\frac{\partial z}{\partial y}\boldsymbol{j}=\left(\frac{\partial z}{\partial x},\frac{\partial z}{\partial y}\right)$ 为 $z=f(x,y)$ 在 (x,y) 处的梯度,记为 $\mathbf{grad}f(x,y)$,即

$$\mathbf{grad}f(x,y)=\left(\frac{\partial z}{\partial x},\frac{\partial z}{\partial y}\right).$$

同理,对于 n 元实函数 $f(x_1,x_2,\cdots,x_n)$,若 $f(x_1,x_2,\cdots,x_n)$ 对每一个分量 $x_i(i=1,2,\cdots,n)$ 均可导,则称向量 $\left(\frac{\partial f}{\partial x_1},\frac{\partial f}{\partial x_2},\cdots,\frac{\partial f}{\partial x_n}\right)$ 为函数 $f(x_1,x_2,\cdots,x_n)$ 的梯度,记为 $\mathbf{grad}f(x_1,x_2,\cdots,x_n)$ 或 $\nabla f(x_1,x_2,\cdots,x_n)$,即

$$\mathbf{grad}f(x_1,x_2,\cdots,x_n)=\nabla f(x_1,x_2,\cdots,x_n)=\left(\frac{\partial f}{\partial x_1},\frac{\partial f}{\partial x_2},\cdots,\frac{\partial f}{\partial x_n}\right).$$

函数在某点沿梯度方向的方向导数一定是该点方向导数的最大值,即某点的梯度方向是函数 $z=f(x,y)$ 在该点增长最快的方向.

函数在某点的梯度是这样一个向量:它的方向与取得最大方向导数的方向一致,而它的模为方向导数的最大值.

【例 3-11】 利用梯度下降法求 $y=x^2+1$ 的极值.

【程序代码】

```
def func_1d(x):
    return x**2+1
def grad_1d(x):
    """
     目标函数的梯度
    :param x: 自变量,标量
    :return:因变量,标量
    """
    return x*2
def gradient_descent_1d(grad,cur_x=0.1, learning_rate=
0.01, precision=0.0001, max_iters=10000):
    for i in range(max_iters):
        grad_cur=grad(cur_x)
        if abs(grad_cur) < precision:
            break  # 当梯度趋近为 0 时,视为收敛
        cur_x=cur_x-grad_cur* learning_rate
        print("第", i, "次迭代:x 值为 ", cur_x)
    print("局部最小值 x=", cur_x)
    return cur_x
if __name__=='__main__':
    gradient_descent_1d(grad_1d,cur_x=10, learning_rate
=0.2, precision=0.000001, max_iters=10000)
```

【运行结果】

```
第 0 次迭代:x 值为 6.0
第 1 次迭代:x 值为 3.5999999999999996
第 2 次迭代:x 值为 2.1599999999999997
第 3 次迭代:x 值为 1.2959999999999998
第 4 次迭代:x 值为 0.7775999999999998
第 5 次迭代:x 值为 0.46655999999999986
第 6 次迭代:x 值为 0.2799359999999999
......
```

【例 3-12】利用梯度下降法求 $f(x,y)=-e^{-(x^2+y^2)}$ 的极值.

【程序代码】

```
import math
importnumpy as np
def func_2d(x):
    return-math.exp(-(x[0]**2+x[1]**2))
def grad_2d(x):
    deriv0=2*x[0]*math.exp(-(x[0]**2+x[1]**2))
    deriv1=2*x[1]*math.exp(-(x[0]**2+x[1]**2))
    return np.array([deriv0, deriv1])
def gradient_descent_2d(grad,cur_x=np.array([0.1, 0.1]),
learning_rate=0.01, precision=0.0001, max_iters=10000):
    print(cur_x,"作为初始值开始迭代...")
    for i in range(max_iters):
        grad_cur=grad(cur_x)
        if np.linalg.norm(grad_cur, ord=2)<precision:
            break  # 当梯度趋近为 0 时,视为收敛
        cur_x=cur_x-grad_cur*learning_rate
        print("第", i, "次迭代:x 值为 ", cur_x)
    print("局部最小值 x=", cur_x)
    return cur_x
if__name__=='__main__':
    gradient_descent_2d(grad_2d,cur_x=np.array([1, -1]),
learning_rate=0.2, precision=0.000001, max_iters=10000)
```

【运行结果】

```
[1 -1] 作为初始值开始迭代...
第 0 次迭代:x 值为 [0.94586589 -0.94586589]
第 1 次迭代:x 值为 [0.88265443 -0.88265443]
第 2 次迭代:x 值为 [0.80832661 -0.80832661]
第 3 次迭代:x 值为 [0.72080448 -0.72080448]
第 4 次迭代:x 值为 [0.61880589 -0.61880589]
```

第 5 次迭代:x 值为 [0.50372222 -0.50372222]

……

4) 线性回归

回归分析是人工智能算法之一,常用于预测.回归分析是确定两种或两种以上变量间相互依赖的定量关系的一种统计分析方法,按照自变量的多少,可分为一元回归分析和多元回归分析;按照因变量的多少,可分为简单回归分析和多重回归分析;按照自变量和因变量之间的关系类型,可分为线性回归分析和非线性回归分析.我们最常用的是线性回归.

线性回归应用场景是自变量与因变量之间存在一定的线性相关,即近似满足一个多元一次方程.当自变量为一个时,回归方程假设为 $y=wx+b$,问题是寻找最优的参数 w,b,使得预测值与真实值间的损失最小,即损失函数

$$L=\sum_{i=1}^{n}(\hat{y}_i-y_i)^2$$

最小.要使参数 w,b 最优,也即所得的回归最接近于它们的内在规律,主要有以下两种方法.

(1) 最小二乘法:得到 w,b 的最优解析式

令 $L(w,b)=\sum_{i=1}^{n}(wx_i+b-y_i)^2$,由

$$\begin{cases}\dfrac{\partial L}{\partial w}=2\left(w\sum_{i=1}^{n}x_i^2+\sum_{i=1}^{n}x_i(b-y_i)\right)=0,\\ \dfrac{\partial L}{\partial b}=2\left(nb+\sum_{i=1}^{n}(wx_i-y_i)\right)=0,\end{cases}$$

解得 $$\begin{cases}w=\dfrac{\sum_{i=1}^{n}x_iy_i-\dfrac{1}{n}\sum_{i=1}^{n}x_i\sum_{i=1}^{n}y_i}{\sum_{i=1}^{n}x_i^2-\dfrac{1}{n}\left(\sum_{i=1}^{n}x_i\right)^2},\\ b=\dfrac{1}{n}\sum_{i=1}^{n}(y_i-wx_i).\end{cases}$$

(2) 梯度下降法:通过不断逼近,求得最优解

梯度下降法的核心内容是对自变量进行不断地更新迭代(对 w 和 b 求偏导),使得目标函数不断逼近最小值(该过程称为学习).迭代公式为

$$\begin{cases}w\leftarrow w-\beta\dfrac{\partial L}{\partial w},\\ b\leftarrow b-\beta\dfrac{\partial L}{\partial b},\end{cases}$$ 其中 β 在人工智能算法中称为学习效率.

【例 3-13】 梯度下降法实现线性回归示例.

【程序代码】

```
import numpy as np
import matplotlib.pyplot as plt
X=np.array([1, 2, 3, 4, 5, 6, 7, 8, 9, 10])
Y=np.array([3, 5, 9, 9,11,13,16,17,19,21])
learning_rate=0.015
m=1
c=2
gues=[]
for xi,yi in zip(X, Y):
    guess=m* xi+c
    error=guess-yi
    m=m-error* xi* learning_rate
    c=c-error* learning_rate
    gues.append(guess)
t=np.array(gues)
y_hat=m* X+c
plt.figure(figsize=(10,5))
plt.plot(X, y_hat, c='red')
plt.scatter(X, Y)
plt.plot(X, t)
plt.show()
```

【运行结果】（生成图形如图 3-2 所示）

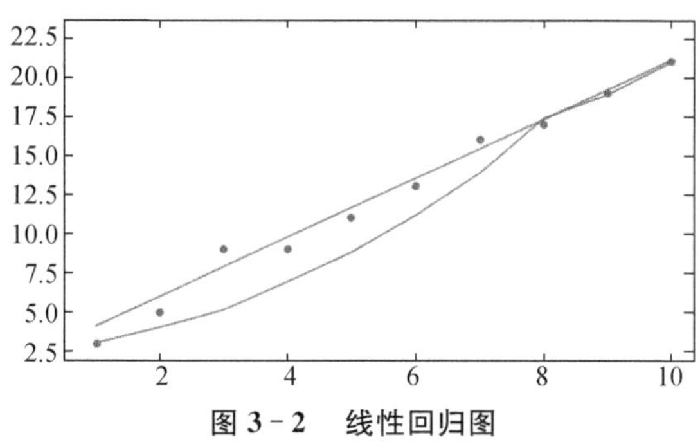

图 3-2　线性回归图

3.3　函数性质研究

在人工智能算法中，常常借助导数来研究函数单调性、凹凸性、极值和基于梯度的寻优算法等.

3.3.1 单调性

设函数 $y=f(x)$ 在$[a,b]$上连续,在(a,b)内可导,那么

(1) 在(a,b)内 $f'(x)>0$,则 $y=f(x)$ 在$[a,b]$上单调增加;

(2) 在(a,b)内 $f'(x)<0$,则 $y=f(x)$ 在$[a,b]$上单调减少.

【例 3-14】 求函数 $f(x)=2x^3-6x^2-18x+7$ 的单调区间和极值点.

【程序代码】

```
from sympy import*
x=symbols('x')
f=2*(x**3)-6*(x**2)-18*x+7
plot(f,(x, -10, 10))
dfdx=f.diff(x)
print(dfdx)
plot(dfdx,(x, -10, 10))
root=solve(dfdx, x)
print('导数为 0 的 x 值为', root)
```

【运行结果】(生成的原函数及导函数图形分别如图 3-3 和图 3-4 所示)

```
6* x** 2-12* x-18
导数为 0 的 x 值为 [-1, 3]
```

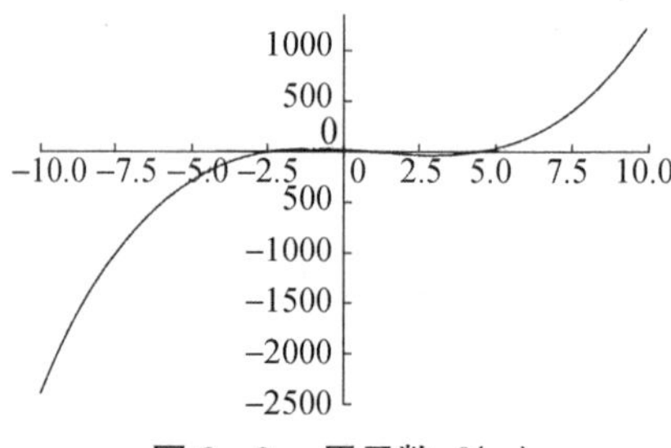

图 3-3 原函数 $f(x)$

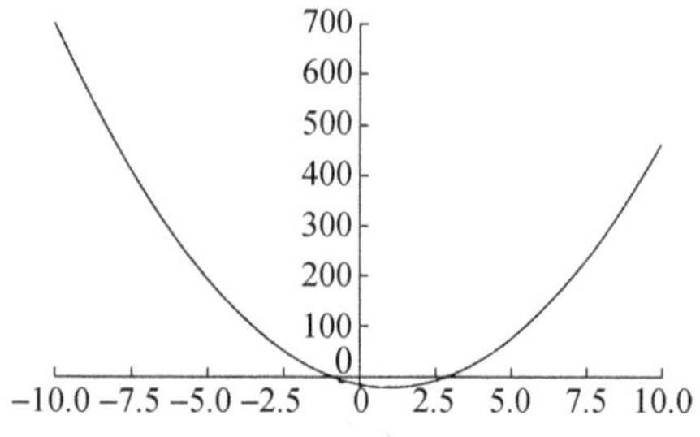

图 3-4 $f(x)$ 的导函数

运行结果显示:单调增区间为$(-\infty,-1]$,$[3,+\infty)$;单调减区间为$[-1,3]$.

3.3.2 凹凸性

设函数 $f(x)$ 在$[a,b]$上连续,在(a,b)内具有一阶和二阶导数,那么

(1) 在(a,b)内,$f''(x)>0$,则 $f(x)$ 在$[a,b]$上的图形是凹的;

(2) 在(a,b)内,$f''(x)<0$,则 $f(x)$ 在$[a,b]$上的图形是凸的.

【例 3-15】 判断函数 $f(x)=x^3-3x^2-1$ 的凹凸性.

【程序代码】

```
from sympy import *
x=symbols('x')
```

```
f=x**3-3*x** 2-1
plot(f,(x,-2, 2))
dfdx2=f.diff(x,2)
print(dfdx2)
plot(dfdx2,(x,-2, 2))
root=solve(dfdx2, x)
print('拐点横坐标为:', root)
```

【运行结果】(生成的原函数及二阶导函数图形分别如图 3-5 和图 3-6 所示)

```
6* (x-1)
拐点横坐标为:[1]
```

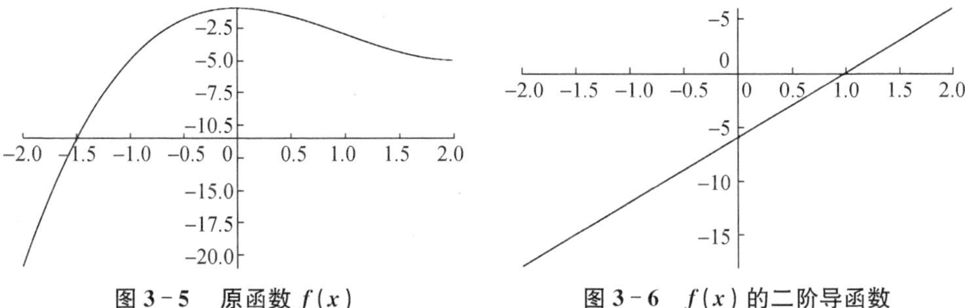

图 3-5　原函数 $f(x)$　　**图 3-6　$f(x)$ 的二阶导函数**

运行结果显示:凸区间为$(-\infty,1]$,凹区间为$[1,+\infty)$.

3.3.3　一元函数极值

1) 判定极值的方法一

设 $f(x)$ 在 x_0 的某去心邻域内可导,在 x_0 点连续,且 x_0 是驻点或 $f'(x_0)$ 不存在.如果

(1) 当 x 取 x_0 左侧邻近的值时 $f'(x)>0$,当 x 取 x_0 右侧邻近的值时 $f'(x)<0$,那么函数 $f(x)$ 在 x_0 处取极大值;

(2) 当 x 取 x_0 左侧邻近的值时 $f'(x)<0$,当 x 取 x_0 右侧邻近的值时 $f'(x)>0$,那么函数 $f(x)$ 在 x_0 处取极小值;

(3) 当 x 在 x_0 的左右两侧邻近取值时 $f'(x)$ 的符号不改变,则 $f(x)$ 在 x_0 处不取极值.

2) 判定极值的方法二

设 $x=x_0$ 为函数 $f(x)$ 的一个驻点,且该点处函数的二阶导数存在.如果

(1) $f''(x_0)>0$,则 $f(x_0)$ 为极小值;

(2) $f''(x_0)<0$,则 $f(x_0)$ 为极大值;

(3) $f''(x_0)=0$,则无法判定 $f(x_0)$ 是否为极值.

【例 3-16】 求函数 $y=x^3-6x^2+9x+5, x\in[0,5]$ 的极值和最值.

【程序代码】

```
from scipy import optimize
fun1=lambda x: x** 3-6*x** 2+9* x+5
fun2=lambda x: -(x** 3-6* x** 2+9* x+5)
xmin=optimize.minimize(fun1, 0)
xmax=optimize.minimize(fun2, 0)
print('极小值点和极小值为', xmin.x[0], xmin.fun)
print('极大值点和极大值为', xmax.x[0], -xmax.fun)
print('最小值为', min(fun1(0), xmin.fun, -xmax.fun, fun1(5)))
print('最大值为', max(fun1(0), xmin.fun, -xmax.fun, fun1(5)))
```

【运行结果】

```
极小值点和极小值为 3.0000000143151397 4.9999999999999964
极大值点和极大值为 1.0000000050689755 9.0
最小值为 4.9999999999999964
最大值为 25
```

3.3.4 二元函数极值

设函数 $z=f(x,y)$ 在点 $P_0(x_0,y_0)$ 的某个邻域内连续且有连续的一阶和二阶偏导数,又 $P_0(x_0,y_0)$ 为 $f(x,y)$ 的驻点,即 $f'_x(x_0,y_0)=0,f'_y(x_0,y_0)=0$.记

$$A=f''_{xx}(x_0,y_0),\ B=f''_{xy}(x_0,y_0),\ C=f''_{yy}(x_0,y_0).$$

(1) 当 $B^2-AC<0$ 时,$f(x_0,y_0)$ 为 $f(x,y)$ 的极值,且 $A<0$ 时为极大值,$A>0$ 时为极小值;

(2) 当 $B^2-AC>0$ 时,$f(x_0,y_0)$ 不为 $f(x,y)$ 的极值;

(3) 当 $B^2-AC=0$ 时,$f(x_0,y_0)$ 可能是 $f(x,y)$ 的极值,也可能不是.

【例 3-17】 求函数 $f(x,y)=x^3-y^3+3x^2+3y^2-9x$ 的极值.

【解答】 由于

$$f'_x(x,y)=3x^2+6x-9,\ f'_y(x,y)=-3y^2+6y,$$

令 $f'_x(x,y)=0,f'_y(x,y)=0$,解方程组

$$\begin{cases}3x^2+6x-9=0,\\-3y^2+6y=0,\end{cases}$$

求得 $f(x,y)$ 的驻点为(1,0),(1,2),(−3,0),(−3,2).又

$$f''_{xx}(x,y)=6x+6,\ f''_{xy}(x,y)=0,\ f''_{yy}(x,y)=-6y+6.$$

在点(1,0)处,$A=12,B=0,C=6$,可得

$$B^2-AC=0-12\times6<0\ \text{且}\ A=12>0,$$

所以点(1,0)为函数 $f(x,y)$ 的极小值点,极小值为 $f(1,0)=-5$;

在点(1,2)处,$A=12,B=0,C=-6$,可得 $B^2-AC=0-12\times(-6)>0$,所以

点(1,2) 不是函数 $f(x,y)$ 的极值点；

在点(−3,0) 处，$A=-12$，$B=0$，$C=6$，可得 $B^2-AC=0-(-12)\times 6>0$，所以点(−3,0) 不是函数 $f(x,y)$ 的极值点；

在点(−3,2) 处，$A=-12$，$B=0$，$C=-6$，$B^2-AC=0-(-12)\times(-6)<0$，且 $A=-12<0$，所以点(−3,2) 为 $f(x,y)$ 的极大值点，极大值为 $f(-3,2)=31$.

3.4　积分

在人工智能的许多应用领域中常常会遇到这样的问题：已知一个函数的导数，求原来的函数.该问题正好是求导的逆问题，即积分问题.

3.4.1　不定积分

设函数 $f(x)$ 是定义在某区间上的已知函数，若存在 $F(x)$ 使得

$$F'(x)=f(x) \quad 或 \quad \mathrm{d}F(x)=f(x)\mathrm{d}x,$$

则称 $F(x)$ 为 $f(x)$ 的一个原函数.

一般地，若 $F(x)$ 是 $f(x)$ 的一个原函数，则 $F(x)+C$ 是 $f(x)$ 的所有原函数.即若一个函数存在原函数，则它一定存在无数多个原函数，这些原函数之间相差常数 C.我们把这无数个原函数称为 $f(x)$ 的不定积分，记作 $\int f(x)\mathrm{d}x$，即

$$\int f(x)\mathrm{d}x=F(x)+C \quad (C\text{ 为任意常数}).$$

常见的不定积分公式如下：

(1) $\int k\mathrm{d}x=kx+C$；　(2) $\int x^{\mu}\mathrm{d}x=\frac{1}{\mu+1}x^{\mu+1}+C(\mu\neq -1)$；

(3) $\int \frac{1}{x}\mathrm{d}x=\ln|x|+C$；　(4) $\int \frac{1}{1+x^2}\mathrm{d}x=\arctan x+C$；

(5) $\int \frac{1}{a^2+x^2}\mathrm{d}x=\frac{1}{a}\arctan\frac{x}{a}+C$；(6) $\int \frac{1}{x^2-a^2}\mathrm{d}x=\frac{1}{2a}\ln\left|\frac{x-a}{x+a}\right|+C$；

(7) $\int \frac{1}{\sqrt{1-x^2}}\mathrm{d}x=\arcsin x+C$；　(8) $\int \frac{1}{\sqrt{a^2-x^2}}\mathrm{d}x=\arcsin\frac{x}{a}+C(a>0)$；

(9) $\int a^x\mathrm{d}x=\frac{a^x}{\ln a}+C$；　(10) $\int \mathrm{e}^x\mathrm{d}x=\mathrm{e}^x+C$；

(11) $\int \sin x\mathrm{d}x=-\cos x+C$；　(12) $\int \cos x\mathrm{d}x=\sin x+C$；

(13) $\int \tan x\mathrm{d}x=-\ln|\cos x|+C$；　(14) $\int \cot x\mathrm{d}x=\ln|\sin x|+C$；

(15) $\int \sec x \mathrm{d}x = \ln|\sec x + \tan x| + C$;(16) $\int \csc x \mathrm{d}x = \ln|\csc x - \cot x| + C$;

(17) $\int \sec^2 x \mathrm{d}x = \tan x + C$;　　(18) $\int \csc^2 x \mathrm{d}x = -\cot x + C$;

(19) $\int \sec x \tan x \mathrm{d}x = \sec x + C$;　　(20) $\int \csc x \cot x \mathrm{d}x = -\csc x + C$.

同时,还需掌握以下积分性质:

(1) $\left(\int f(x)\mathrm{d}x\right)' = f(x)$;　　(2) $\mathrm{d}\left(\int f(x)\mathrm{d}x\right) = f(x)\mathrm{d}x$;

(3) $\int f'(x)\mathrm{d}x = f(x) + C$;　　(4) $\int \mathrm{d}(f(x)) = f(x) + C$;

(5) $\int kf(x)\mathrm{d}x = k\int f(x)\mathrm{d}x \ (k \neq 0)$;

(6) $\int [f(x) \pm g(x)]\mathrm{d}x = \int f(x)\mathrm{d}x \pm \int g(x)\mathrm{d}x$.

主要的积分方法有直接积分分、第一类和第二类换元积分法、分部积分法.

【例 3-18】 求不定积分$\int \left(4x^3 - 2^x + 3\sin x + \frac{2}{x^2} - \frac{1}{\sqrt{x}}\right)\mathrm{d}x$.

【解答】

$$\int \left(4x^3 - 2^x + 3\sin x + \frac{2}{x^2} - \frac{1}{\sqrt{x}}\right)\mathrm{d}x$$
$$= \int 4x^3\mathrm{d}x - \int 2^x\mathrm{d}x + 3\int \sin x\mathrm{d}x + 2\int \frac{1}{x^2}\mathrm{d}x - \int \frac{1}{\sqrt{x}}\mathrm{d}x$$
$$= x^4 - \frac{2^x}{\ln 2} - 3\cos x - \frac{2}{x} - 2\sqrt{x} + C.$$

【程序代码】

```
import sympy
from sympy import *
x=symbols('x')
fx=4* x** 3-2** x+3* sin(x)+2/(x** 2)-1/sqrt(x)
Fx=integrate(fx ,x)
Fx=simplify(Fx)
print(Fx)
```

【运行结果】

```
-2** x/log(2)-2* sqrt(x)+x** 4-3* cos(x)-log(4)/(x* log(2))
```

注意:运行结果中没有任意常数,请自行添加.

【例 3-19】 求不定积分$\int \mathrm{e}^x \sin 2x \mathrm{d}x$.

【程序代码】

```
import sympy
```

```
from sympy import*
x=symbols('x')
fx=exp(x)* sin(2* x)
Fx=integrate(fx ,x)
Fx=simplify(Fx)
print(Fx)
```

【运行结果】

```
(sin(2* x)-2* cos(2* x))* exp(x)/5
```

【例 3-20】 求不定积分$\int (x+1)\ln x \, dx$.

【程序代码】

```
import sympy
from sympy import *
x=symbols('x')
fx=(x+1)* log(x)
Fx=integrate(fx ,x)
Fx=simplify(Fx)
print(Fx)
```

【运行结果】

```
x* (-x+2* (x+2)* log(x)-4)/4
```

3.4.2　定积分

设函数 $f(x)$ 在区间$[a,b]$上有定义,任取分点

$$a=x_0<x_1<x_2<\cdots<x_{n-1}<x_n=b$$

把区间$[a,b]$分割成 n 个小区间$[x_{i-1},x_i]$,第 i 个小区间的长度为

$$\Delta x_i=x_i-x_{i-1}\quad(i=1,2,\cdots,n),\qquad 记\quad \lambda=\max_{1\leqslant i\leqslant n}\{\Delta x_i\}.$$

在每个小区间$[x_{i-1},x_i]$上任取一点 $\xi_i(i=1,2,\cdots,n)$ 作和式$\sum_{i=1}^{n} f(\xi_i)\Delta x_i$,如果不论怎样分割,也不论如何取点,只要当$\lambda\to 0$时,$\lim_{\lambda\to 0}\sum_{i=1}^{n} f(\xi_i)\Delta x_i$ 总存在(这个极限值与区间$[a,b]$的分法及点 ξ_i 的取法无关)的话,则称函数 $f(x)$ 在$[a,b]$上可积,并称这个极限为函数 $f(x)$ 在区间$[a,b]$上的定积分,记作$\int_a^b f(x)\mathrm{d}x$,即

$$\int_a^b f(x)\mathrm{d}x=\lim_{\lambda\to 0}\sum_{i=1}^{n} f(\xi_i)\Delta x_i.$$

若函数 $f(x)$ 在$[a,b]$上连续,且 $F(x)$ 是 $f(x)$ 的一个原函数,则

$$\int_a^b f(x)\mathrm{d}x=F(b)-F(a),$$

即

$$\int_a^b f(x)\mathrm{d}x = F(x)\Big|_a^b = F(b)-F(a).$$

由此可见,求解定积分最终归结为求不定积分.

【例 3-21】 计算$\int_0^4 \frac{x+2}{\sqrt{2x+1}}\mathrm{d}x$.

【解答】 设$\sqrt{2x+1}=t$,则 $x=0$ 时 $t=1$,$x=4$ 时 $t=3$,且

$$x=\frac{1}{2}(t^2-1),\quad \mathrm{d}x=t\mathrm{d}t,$$

则

$$\text{原式}=\int_1^3 \frac{\frac{t^2-1}{2}+2}{t}\cdot t\mathrm{d}t=\int_1^3\left(\frac{1}{2}t^2+\frac{3}{2}\right)\mathrm{d}t=\left(\frac{1}{6}t^3+\frac{3}{2}t\right)\Big|_1^3$$

$$=\frac{1}{6}\times 27+\frac{9}{2}-\frac{1}{6}-\frac{3}{2}=\frac{22}{3}.$$

【程序代码】

```
import sympy
from sympy import *
x=symbols('x')
fx=(x+2)/sqrt(2* x+1)
Fx=integrate(fx ,(x,0,4))
print(Fx)
```

【运行结果】

```
22/3
```

3.4.3 反常积分

设函数 $f(x)$ 在区间$[a,+\infty)$ 上连续,取 $b>a$,若极限 $\lim\limits_{b\to+\infty}\int_a^b f(x)\mathrm{d}x$ 存在,则称此极限为函数 $f(x)$ 在 $[a,+\infty)$ 上的反常积分,记作$\int_a^{+\infty} f(x)\mathrm{d}x$,即

$$\int_a^{+\infty} f(x)\mathrm{d}x = \lim_{b\to+\infty}\int_a^b f(x)\mathrm{d}x,$$

此时也称反常积分$\int_a^{+\infty} f(x)\mathrm{d}x$ 收敛;若该极限不存在,就称$\int_a^{+\infty} f(x)\mathrm{d}x$ 发散.

类似地,定义 $f(x)$ 在区间$(-\infty,b]$ 上的反常积分为

$$\int_{-\infty}^b f(x)\mathrm{d}x = \lim_{a\to-\infty}\int_a^b f(x)\mathrm{d}x.$$

函数 $f(x)$ 在$(-\infty,+\infty)$ 上的反常积分定义为

$$\int_{-\infty}^{+\infty} f(x)\mathrm{d}x = \int_{-\infty}^{a} f(x)\mathrm{d}x + \int_{a}^{+\infty} f(x)\mathrm{d}x,$$

其中 a 为任意实数.当且仅当上式右端两个积分均收敛时称其收敛,否则称其发散.

反常积分的计算类似于定积分的计算.

【例 3-22】 计算反常积分$\int_{0}^{+\infty} x\mathrm{e}^{-x}\mathrm{d}x$.

【程序代码】

```
import sympy
from sympy import *
x=symbols('x')
fx=x* exp(-x)
Fx=integrate(fx ,(x,0,oo))
print(Fx)
```

【运行结果】

```
1
```

3.4.4 二重积分

设 D 为平面上的有界闭区域,$z=f(x,y)$ 是定义在 D 上的一个二元函数.将 D 任意分割成 n 个小区域 $\Delta\sigma_1,\Delta\sigma_2,\cdots,\Delta\sigma_n$,并用 $\Delta\sigma_i(i=1,2,\cdots,n)$ 表示其面积.在每个小区域 $\Delta\sigma_i$ 上任取一点$(\xi_i,\eta_i)(i=1,2,\cdots,n)$,作和式$\sum_{i=1}^{n} f(\xi_i,\eta_i)\Delta\sigma_i$,如果不论怎样分割,也不论怎样取介点,只要当细度 $\lambda\to 0$ 时(λ 表示 $\Delta\sigma_1,\Delta\sigma_2,\cdots,\Delta\sigma_n$ 中直径的最大值,而$\Delta\sigma_i$ 的直径是指$\Delta\sigma_i$ 中任意两点间的距离的最大值),上述和式总趋于某一确定值 A 的话,则称 $f(x,y)$ 在 D 上可积,此极限值 A 为 $f(x,y)$ 在区域 D 上的二重积分,记为$\iint\limits_D f(x,y)\mathrm{d}\sigma$,即

$$\iint\limits_D f(x,y)\mathrm{d}\sigma = \lim_{\lambda\to 0}\sum_{i=1}^{n} f(\xi_i,\eta_i)\Delta\sigma_i.$$

二重积分的几何意义:当被积函数 $f(x,y)\geqslant 0$ 时,$\iint\limits_D f(x,y)\mathrm{d}\sigma$ 表示以 D 为下底,$f(x,y)$ 为上底的曲顶柱体的体积.

【例 3-23】 求$\iint\limits_D y\mathrm{d}x\mathrm{d}y$,其中 D 是曲线 $x=y^2+1$,直线 $x=0$,$y=0$ 与 $y=1$ 所围成的区域.

【程序代码】

```
import sympy
from sympy import *
```

```
x,y=symbols('x y')
z=y
Fx=integrate(z ,(x,0,y** 2+1),(y,0,1))
print(Fx)
```

【运行结果】

```
3/4
```

3.4.5 三重积分

设函数 $f(x,y,z)$ 在空间有界闭区域 Ω 上有定义,将 Ω 任意分割成 n 个子域,记作 $\Delta V_i(i=1,2,\cdots,n)$,且以 ΔV_i 表示第 i 个子域的体积.现在 ΔV_i 中任取一介点 (ξ_i,η_i,ζ_i),作和式 $\sum_{i=1}^{n} f(\xi_i,\eta_i,\zeta_i)\Delta V_i$.若不论怎样分割,也不论怎样取介点,只要当分割细度 $\lambda\to 0$ 时,该和式的极限总存在的话,则称 $f(x,y,z)$ 在 Ω 上可积.此极限值为 $f(x,y,z)$ 在空间闭区域 Ω 上的三重积分,记作 $\iiint\limits_{\Omega} f(x,y,z)\mathrm{d}V$,即

$$\iiint\limits_{\Omega} f(x,y,z)\mathrm{d}V=\lim_{\lambda\to 0}\sum_{i=1}^{n} f(\xi_i,\eta_i,\zeta_i)\Delta V_i.$$

由上述三重积分的概念可知,空间立体 Ω 的质量 m 就是该立体的密度函数 $\mu(x,y,z)$ 在 Ω 上的三重积分,即 $m=\iiint\limits_{\Omega}\mu(x,y,z)\mathrm{d}V$.

特别地,如果 $f(x,y,z)=1$,则 $\iiint\limits_{\Omega}\mathrm{d}V$ 表示空间立体 Ω 的体积 V.

由于三重积分的定义与定积分、二重积分的定义十分相似,不同的只是一个为一元函数在一维区间上进行运算,一个为二元函数在二维平面区域上进行运算,一个为三元函数在三维空间区域上进行运算而已,故它们都有类似的性质及计算方法.

【例 3-24】 计算三重积分 $\iiint\limits_{\Omega} xy\mathrm{d}V$,其中 Ω 是由三个坐标面与平面 $x+y+z=1$ 所围成的空间区域.

【程序代码】

```
import sympy
from sympy import *
x,y,z=symbols('x y z')
f=x*y
Fx=integrate(f ,(z,0,1-x-y),(y,0,1-x),(x,0,1))
print(Fx)
```

【运行结果】

```
1/120
```

第 4 章　线性代数

在人工智能领域，经常需要研究多个变量之间的线性转换关系，而线性代数正是解决这类问题的有力工具.本章主要介绍人工智能数学建模中需要用到的线性代数知识，包括行列式、矩阵、向量、线性方程组等基本概念及运算.Python 中处理线性代数问题所使用的函数基本上是在 numpy 库的 linalg 模块中.

4.1　行列式

行列式是由行、列个数相同的数表所构成的算式，分为二阶行列式、三阶行列式及 n 阶行列式.在判定向量组的线性相关性、线性方程组解的情况、矩阵的可逆性、矩阵的正定性以及求矩阵的特征值等方面都会用到行列式，它是线性代数的基础.

求行列式的值通常用 Python 命令：

```
numpy.linalg.det(a)
```

其中参数 a 为表示需要求解的行列式，类型为 array.注意：此方法无默认值.

4.1.1　行列式定义

行列式的本质是一个数，是一个行和列个数相等的数构成的算式.

称 $D=\begin{vmatrix} a & b \\ c & d \end{vmatrix}=ad-bc$ 为二阶行列式，即主对角线两元素之积与次对角线两元素之积的差.

称 $D=\begin{vmatrix} a_{11} & a_{12} & a_{13} \\ a_{21} & a_{22} & a_{23} \\ a_{31} & a_{32} & a_{33} \end{vmatrix}$ 为三阶行列式，其值的计算用降阶法来表示(将求高阶行列式的值降为求低阶行列式的值)：

$$
\begin{aligned}
D &= \begin{vmatrix} a_{11} & a_{12} & a_{13} \\ a_{21} & a_{22} & a_{23} \\ a_{31} & a_{32} & a_{33} \end{vmatrix} \\
&=(-1)^{1+1}a_{11}\begin{vmatrix} a_{22} & a_{23} \\ a_{32} & a_{33} \end{vmatrix}+(-1)^{1+2}a_{12}\begin{vmatrix} a_{21} & a_{23} \\ a_{31} & a_{33} \end{vmatrix}+(-1)^{1+3}a_{13}\begin{vmatrix} a_{21} & a_{22} \\ a_{31} & a_{32} \end{vmatrix} \\
&=a_{11}(a_{22}a_{33}-a_{23}a_{32})-a_{12}(a_{21}a_{33}-a_{23}a_{31})+a_{13}(a_{21}a_{32}-a_{22}a_{31}) \\
&=a_{11}a_{22}a_{33}-a_{11}a_{23}a_{32}-a_{12}a_{21}a_{33}+a_{12}a_{23}a_{31}+a_{13}a_{21}a_{32}-a_{13}a_{22}a_{31}.
\end{aligned}
$$

也可表示成

$$D=(-1)^{1+1}a_{11}M_{11}+(-1)^{1+2}a_{12}M_{12}+(-1)^{1+3}a_{13}M_{13},$$

其中 $M_{11}=\begin{vmatrix}a_{22} & a_{23}\\ a_{32} & a_{33}\end{vmatrix}$，$M_{12}=\begin{vmatrix}a_{21} & a_{23}\\ a_{31} & a_{33}\end{vmatrix}$，$M_{13}=\begin{vmatrix}a_{21} & a_{22}\\ a_{31} & a_{32}\end{vmatrix}$ 分别称为元素 a_{11}，a_{12}，a_{13} 的余子式，是将元素 a_{ij} 所在的行和列划去之后剩余元素构成的二阶行列式.

或表示成 $D=a_{11}A_{11}+a_{12}A_{12}+a_{13}A_{13}$，其中，$A_{ij}=(-1)^{i+j}M_{ij}$ 称为元素 a_{ij} 的代数余子式.即三阶行列式的值等于第一行的元素与其代数余子式之积的和.

称 $D=\begin{vmatrix}a_{11} & a_{12} & \cdots & a_{1n}\\ a_{21} & a_{22} & \cdots & a_{2n}\\ \vdots & \vdots & & \vdots\\ a_{n1} & a_{n2} & \cdots & a_{nn}\end{vmatrix}$ 为 n 阶行列式.类似于三阶行列式，其值为

$$D=a_{11}A_{11}+a_{12}A_{12}+\cdots+a_{1n}A_{1n}=\sum_{j=1}^{n}a_{1j}A_{1j}.$$

【例 4－1】 求行列式 $\begin{vmatrix}1 & 2 & 4\\ 3 & 1 & 5\\ -2 & 2 & 7\end{vmatrix}$.

【解答】

$$\begin{vmatrix}1 & 2 & 4\\ 3 & 1 & 5\\ -2 & 2 & 7\end{vmatrix}=1\cdot\begin{vmatrix}1 & 5\\ 2 & 7\end{vmatrix}-2\cdot\begin{vmatrix}3 & 5\\ -2 & 7\end{vmatrix}+4\cdot\begin{vmatrix}3 & 1\\ -2 & 2\end{vmatrix}$$

$$=-3-62+32=-33.$$

【程序代码】

```
import numpy as np
D=np.array([[1,2,4],[3,1,5],[-2,2,7]])
print(np.linalg.det(D))
```

【运行结果】

```
-32.99999999999986
```

【例 4－2】 求行列式 $\begin{vmatrix}5 & 4 & 2 & 1\\ 2 & 1 & 4 & 2\\ 3 & 5 & 8 & 6\\ 1 & -1 & 0 & 1\end{vmatrix}$.

【程序代码】

```
import numpy as np
D=np.array([[5,4,2,1],[2,1,4,2],[3,5,8,6],[1,-1,0,1]])
print(np.linalg.det(D))
```

【运行结果】

```
-121.99999999999991
```

4.1.2　行列式性质

性质1　行列式 D 与它的转置行列式 D^{T} 相等，即 $D=D^{\mathrm{T}}$.

行列式中行与列的地位是一样的，凡是对行成立的性质，对列同样也成立.

性质2　如果将行列式的任意两行(或列)互换，那么行列式的值改变符号，即

$$\begin{vmatrix} a_{11} & a_{12} & \cdots & a_{1n} \\ \vdots & \vdots & & \vdots \\ a_{i1} & a_{i2} & \cdots & a_{in} \\ \vdots & \vdots & & \vdots \\ a_{j1} & a_{j2} & \cdots & a_{jn} \\ \vdots & \vdots & & \vdots \\ a_{n1} & a_{n2} & \cdots & a_{nn} \end{vmatrix} = -\begin{vmatrix} a_{11} & a_{12} & \cdots & a_{1n} \\ \vdots & \vdots & & \vdots \\ a_{j1} & a_{j2} & \cdots & a_{jn} \\ \vdots & \vdots & & \vdots \\ a_{i1} & a_{i2} & \cdots & a_{in} \\ \vdots & \vdots & & \vdots \\ a_{n1} & a_{n2} & \cdots & a_{nn} \end{vmatrix}.$$

性质3　行列式中任一行(或列)的公因子可以提到行列式记号的外面，即

$$\begin{vmatrix} a_{11} & a_{12} & \cdots & a_{1n} \\ \vdots & \vdots & & \vdots \\ ka_{i1} & ka_{i2} & \cdots & ka_{in} \\ \vdots & \vdots & & \vdots \\ a_{n1} & a_{n2} & \cdots & a_{nn} \end{vmatrix} = k\begin{vmatrix} a_{11} & a_{12} & \cdots & a_{1n} \\ \vdots & \vdots & & \vdots \\ a_{i1} & a_{i2} & \cdots & a_{in} \\ \vdots & \vdots & & \vdots \\ a_{n1} & a_{n2} & \cdots & a_{nn} \end{vmatrix}.$$

推论1　如果行列式中有一行(或列)的元素都是零，则该行列式的值为零.

性质4　如果行列式中两行(或列)对应元素全部相同，则行列式的值为零，即

$$\begin{array}{r} \\ \\ i\text{行} \\ \\ j\text{行} \\ \\ \\ \end{array}\begin{vmatrix} a_{11} & a_{12} & \cdots & a_{1n} \\ \vdots & \vdots & & \vdots \\ a_{i1} & a_{i2} & \cdots & a_{in} \\ \vdots & \vdots & & \vdots \\ a_{i1} & a_{i2} & \cdots & a_{in} \\ \vdots & \vdots & & \vdots \\ a_{n1} & a_{n2} & \cdots & a_{nn} \end{vmatrix} = 0.$$

推论2　如果行列式中两行(或列)对应元素成比例，则行列式的值为零.

性质5　如果行列式中一行(或列)的每一个元素可以写成两数之和，即若

$$a_{ij}=b_{ij}+c_{ij}\quad (j=1,2,\cdots,n),$$

那么该行列式等于两个行列式之和，这两个行列式的第 i 行的元素分别是 b_{i1},b_{i2}，$\cdots,b_{in}$ 和 $c_{i1},c_{i2},\cdots,c_{in}$，其他各行(或列)的元素与原行列式相应各行(或列)的元

素相同,即

$$\begin{vmatrix} a_{11} & \cdots & a_{1n} \\ \vdots & & \vdots \\ b_{i1}+c_{i1} & \cdots & b_{in}+c_{in} \\ \vdots & & \vdots \\ a_{n1} & \cdots & a_{nn} \end{vmatrix} = \begin{vmatrix} a_{11} & a_{12} & \cdots & a_{1n} \\ \vdots & \vdots & & \vdots \\ b_{i1} & b_{i2} & \cdots & b_{in} \\ \vdots & \vdots & & \vdots \\ a_{n1} & a_{n2} & \cdots & a_{nn} \end{vmatrix} + \begin{vmatrix} a_{11} & a_{12} & \cdots & a_{1n} \\ \vdots & \vdots & & \vdots \\ c_{i1} & c_{i2} & \cdots & c_{in} \\ \vdots & \vdots & & \vdots \\ a_{n1} & a_{n2} & \cdots & a_{nn} \end{vmatrix}.$$

性质 6 在行列式中,把某一行(或列)的倍数加到另一行(或列)对应的元素上去,那么行列式的值不变,即

$$\begin{vmatrix} a_{11} & a_{12} & \cdots & a_{1n} \\ \vdots & \vdots & & \vdots \\ a_{i1} & a_{i2} & \cdots & a_{in} \\ \vdots & \vdots & & \vdots \\ a_{j1}+ka_{i1} & a_{j2}+ka_{i2} & \cdots & a_{jn}+ka_{in} \\ \vdots & \vdots & & \vdots \\ a_{n1} & a_{n2} & \cdots & a_{nn} \end{vmatrix} = \begin{vmatrix} a_{11} & a_{12} & \cdots & a_{1n} \\ \vdots & \vdots & & \vdots \\ a_{i1} & a_{i2} & \cdots & a_{in} \\ \vdots & \vdots & & \vdots \\ a_{j1} & a_{j2} & \cdots & a_{jn} \\ \vdots & \vdots & & \vdots \\ a_{n1} & a_{n2} & \cdots & a_{nn} \end{vmatrix}.$$

性质7 行列式D等于它的任意一行(或列)中所有元素与它们各自的代数余子式乘积之和,即

$$D=\sum_{k=1}^{n} a_{ik}A_{ik} \quad 或 \quad D=\sum_{k=1}^{n} a_{kj}A_{kj}.$$

由以上性质,计算行列式的值时,可先对行列式进行若干次变形,生成尽可能多的零元素,然后按零较多的行或列展开降阶,从而快速求出行列式的值.

【例 4-3】 求行列式$\begin{vmatrix} 3 & 4 & 5 & 11 \\ 2 & 5 & 4 & 9 \\ 5 & 3 & 2 & 12 \\ 14 & -11 & 21 & 29 \end{vmatrix}$.

【解答】

$$\begin{vmatrix} 3 & 4 & 5 & 11 \\ 2 & 5 & 4 & 9 \\ 5 & 3 & 2 & 12 \\ 14 & -11 & 21 & 29 \end{vmatrix} = \begin{vmatrix} 1 & -1 & 1 & 2 \\ 2 & 5 & 4 & 9 \\ 5 & 3 & 2 & 12 \\ 14 & -11 & 21 & 29 \end{vmatrix} = \begin{vmatrix} 1 & 0 & 0 & 0 \\ 2 & 7 & 2 & 5 \\ 5 & 8 & -3 & 2 \\ 14 & 3 & 7 & 1 \end{vmatrix}$$

$$= \begin{vmatrix} 7 & 2 & 5 \\ 8 & -3 & 2 \\ 3 & 7 & 1 \end{vmatrix} = \begin{vmatrix} -8 & -33 & 0 \\ 2 & -17 & 0 \\ 3 & 7 & 1 \end{vmatrix}$$

$$= \begin{vmatrix} -8 & -33 \\ 2 & -17 \end{vmatrix} = 202.$$

4.1.3　克莱姆法则

对于由 n 个方程构成的 n 元线性方程组

$$\begin{cases} a_{11}x_1+a_{12}x_2+\cdots+a_{1n}x_n=b_1, \\ a_{21}x_1+a_{22}x_2+\cdots+a_{2n}x_n=b_2, \\ \vdots \\ a_{n1}x_1+a_{n2}x_2+\cdots+a_{nn}x_n=b_n, \end{cases}$$

记

$$D=\begin{vmatrix} a_{11} & a_{12} & \cdots & a_{1n} \\ a_{21} & a_{22} & \cdots & a_{2n} \\ \vdots & \vdots & & \vdots \\ a_{n1} & a_{n2} & \cdots & a_{nn} \end{vmatrix},$$

$$D_j=\begin{vmatrix} a_{11} & \cdots & b_1 & \cdots & a_{1n} \\ \vdots & & \vdots & & \vdots \\ a_{j1} & \cdots & b_j & \cdots & a_{jn} \\ \vdots & & \vdots & & \vdots \\ a_{n1} & \cdots & b_n & \cdots & a_{nn} \end{vmatrix} \quad (j=1,2,\cdots,n),$$

若线性方程组的系数行列式 $D\neq 0$，则方程组有唯一解

$$x_j=\frac{D_j}{D} \quad (j=1,2,\cdots,n).$$

【例 4－4】解线性方程组

$$\begin{cases} x_1+x_2+x_3=5, \\ 2x_1+x_2-x_3+x_4=1, \\ x_1+2x_2-x_3+x_4=2, \\ x_2+2x_3+3x_4=3. \end{cases}$$

【分析】利用行列式求解线性方程组，可使用 numpy 库中 linalg 模块的 solve 函数实现，其语法如下：

```
numpy.linalg.solve(a,b)
```

其中，参数 a 表示需要求解的线性方程组的系数行列式，参数 b 表示常数列.

【程序代码】

```
import numpy as np
a=np.array([[1,1,1,0],[2,1,-1,1],[1,2,-1,1],[0,1,2,3]])
b=np.array([5,1,2,3])
np.linalg.solve(a,b)
```

【运行结果】

```
array([ 1., 2., 2., -1.])
```

注意:还可以用 numpy.linalg.det( ) 分别求出 D,D_1,D_2,D_3,D_4,然后由克莱姆法则分别求出 x_1,x_2,x_3,x_4.

4.2 矩阵

矩阵是由一系列数排成若干行和若干列构成的一个数表,该数表的行数与列数可以相等也可以不等.矩阵和行列式是两个完全不同的两个概念,但它们之间又有一定的联系.在人工智能领域,矩阵的应用是无处不在的.例如,在全连接神经网络系统中,各神经元之间的关系就可以用线性变换来描述,其数学模型本质就是矩阵的变换;在图像处理过程中,图像的平移、镜像、转置、缩放本质也是矩阵变换.

4.2.1 矩阵的概念

由 $m\times n$ 个元素 $a_{ij}(i=1,2,\cdots,m;j=1,2,\cdots,n)$ 排列成的一个 m 行、n 列有序数表,称为 m 行 n 列矩阵,简称 $m\times n$ 矩阵.一般用方括号来标记矩阵,即

$$\begin{bmatrix} a_{11} & a_{12} & \cdots & a_{1n} \\ a_{21} & a_{22} & \cdots & a_{2n} \\ \vdots & \vdots & & \vdots \\ a_{m1} & a_{m2} & \cdots & a_{mn} \end{bmatrix}.$$

矩阵通常用大写黑体字母 $\boldsymbol{A}$,$\boldsymbol{B}$,$\boldsymbol{C}$,… 表示,例如上述矩阵可以记为 $\boldsymbol{A}$ 或 $\boldsymbol{A}_{m\times n}$,也可记为

$$\boldsymbol{A}=(a_{ij})_{m\times n}.$$

特别地,当 $m=n$ 时,称 $\boldsymbol{A}$ 为 n 阶矩阵或 n 阶方阵.在 n 阶方阵中,从左上角到右下角的对角线称为主对角线,从右上角到左下角的对角线称为次对角线.

Python 创建矩阵有两种不同的方法:

(1) np.mat() 方法,例如:

```
import numpy as np
A1=np.mat('1 2 3 4;3 4 5 6 ;5 6 7 8;7 8 9 0')
print(A1)
```

(2) np.matrix() 方法,例如:

```
import numpy as np
A2=np.matrix([[1,2,3,4],[3,4,5,6],[5,6,7,8],[7,8,9,0]])
print(A2)
```

创建零矩阵的方法为

```
numpy.zeros(shape,dtype,order= 'C')
```

创建单位矩阵的方法为

```
numpy.eye(N,M=None,k=0,dtype)
```

其中 N 表示大小;k 表示对角线的索引,默认为 0.

创建对角阵的方法为

```
numpy.diag(v,k=0)
```

4.2.2　矩阵的运算

1) 矩阵的和差

设 $\boldsymbol{A}=(a_{ij})$,$\boldsymbol{B}=(b_{ij})$ 是两个 $m\times n$ 矩阵,规定

$$\boldsymbol{A}+\boldsymbol{B}=(a_{ij}+b_{ij})_{m\times n}=\begin{bmatrix} a_{11}+b_{11} & a_{12}+b_{12} & \cdots & a_{1n}+b_{1n} \\ a_{21}+b_{21} & a_{22}+b_{22} & \cdots & a_{2n}+b_{2n} \\ \vdots & \vdots & & \vdots \\ a_{m1}+b_{m1} & a_{m2}+b_{m2} & \cdots & a_{mn}+b_{mn} \end{bmatrix},$$

称矩阵 $\boldsymbol{A}+\boldsymbol{B}$ 为 $\boldsymbol{A}$ 与 $\boldsymbol{B}$ 的和.

设 $\boldsymbol{A}=(a_{ij})$,$\boldsymbol{B}=(b_{ij})$ 是两个 $m\times n$ 矩阵,规定

$$\boldsymbol{A}-\boldsymbol{B}=\boldsymbol{A}+(-\boldsymbol{B})=(a_{ij}-b_{ij})_{m\times n},$$

称矩阵 $\boldsymbol{A}-\boldsymbol{B}$ 为 $\boldsymbol{A}$ 与 $\boldsymbol{B}$ 的差.

即对两个同型矩阵,$\boldsymbol{A}+\boldsymbol{B}$ 是由两矩阵元素之和构成的矩阵,$\boldsymbol{A}-\boldsymbol{B}$ 是由两矩阵元素之差构成的矩阵.

2) 矩阵的数乘

设 λ 是任意一个实数,$\boldsymbol{A}=(a_{ij})$ 是一个 $m\times n$ 矩阵,规定

$$\lambda\boldsymbol{A}=(\lambda a_{ij})_{m\times n}=\begin{bmatrix} \lambda a_{11} & \lambda a_{12} & \cdots & \lambda a_{1n} \\ \lambda a_{21} & \lambda a_{22} & \cdots & \lambda a_{2n} \\ \vdots & \vdots & & \vdots \\ \lambda a_{m1} & \lambda a_{m1} & \cdots & \lambda a_{mn} \end{bmatrix},$$

称矩阵 $\lambda\boldsymbol{A}$ 为数 λ 与矩阵 $\boldsymbol{A}$ 的数量乘积,或简称为矩阵的数乘.

3) 矩阵的乘积

设 $\boldsymbol{A}$ 是一个 $m\times s$ 矩阵,$\boldsymbol{B}$ 是一个 $s\times n$ 矩阵,$\boldsymbol{C}$ 是一个 $m\times n$ 矩阵,即

$$\boldsymbol{A}=\begin{bmatrix} a_{11} & a_{12} & \cdots & a_{1s} \\ a_{21} & a_{22} & \cdots & a_{2s} \\ \vdots & \vdots & & \vdots \\ a_{m1} & a_{m2} & \cdots & a_{ms} \end{bmatrix},\boldsymbol{B}=\begin{bmatrix} b_{11} & b_{12} & \cdots & b_{1n} \\ b_{21} & b_{22} & \cdots & b_{2n} \\ \vdots & \vdots & & \vdots \\ b_{s1} & b_{s2} & \cdots & b_{sn} \end{bmatrix},\boldsymbol{C}=\begin{bmatrix} c_{11} & c_{12} & \cdots & c_{1n} \\ c_{21} & c_{22} & \cdots & c_{2n} \\ \vdots & \vdots & & \vdots \\ c_{m1} & c_{m2} & \cdots & c_{mn} \end{bmatrix},$$

如果

$$
\begin{aligned}
c_{ij} &= a_{i1}b_{1j} + a_{i2}b_{2j} + \cdots + a_{is}b_{sj} \\
&= \sum_{k=1}^{s} a_{ik}b_{kj} \quad (i = 1,2,\cdots,m; j - 1,2,\cdots,n),
\end{aligned}
$$

则矩阵 $\boldsymbol{C}$ 称为矩阵 $\boldsymbol{A}$ 与 $\boldsymbol{B}$ 的乘积，记为 $\boldsymbol{AB}=\boldsymbol{C}$.

在矩阵的乘法定义中，要求左矩阵的列数与右矩阵的行数相等，否则不能进行乘法运算.乘积矩阵 $\boldsymbol{C}=\boldsymbol{AB}$ 中的第 i 行第 j 列元素等于 $\boldsymbol{A}$ 的第 i 行元素与 $\boldsymbol{B}$ 的第 j 列对应元素的乘积之和，该法则简称为行乘列法则.

实现矩阵乘积的方法有两种：

(1) numpy.dot(a,b,out= None);

(2) a*b.

【例 4-5】 已知 $\boldsymbol{A}=\begin{bmatrix}1 & 0 & 3 & -1\\ 2 & 1 & 0 & 2\end{bmatrix}$, $\boldsymbol{B}=\begin{bmatrix}4 & 1 & 0\\ -1 & 1 & 3\\ 2 & 0 & 1\\ 1 & 3 & 4\end{bmatrix}$，求 $3\boldsymbol{AB}$.

【程序代码 1】

```
from numpy import *
a1=mat([[1,0,3,-1],[2,1,0,2]])
a2=mat([[4,1,0],[-1,1,3],[2,0,1],[1,3,4]])
a3=(3* a1) * a2
print(a3)
```

【程序代码 2】

```
import numpy as np
a1=mat([[1,0,3,-1],[2,1,0,2]])
a2=mat([[4,1,0],[-1,1,3],[2,0,1],[1,3,4]])
a3=np.dot(3* a1,a2)
print(a3)
```

【运行结果】

```
[[27  -6  -3]
 [27  27  33]]
```

【例 4-6】 卷积运算示例.

在数字图像处理领域，卷积是一种常见的运算，可用于图像的去噪、增强、边缘检测等问题，还可以用于提取图像的特征.其方法是用一个称为卷积核的矩阵自上而下、自左向右在图像上滑动，将卷积核矩阵中各个元素与它在图像上覆盖的对应位置的元素相乘，然后求和，得到输出值.假设给定一矩阵 $\boldsymbol{A}$ 及卷积核 $\boldsymbol{K}$：

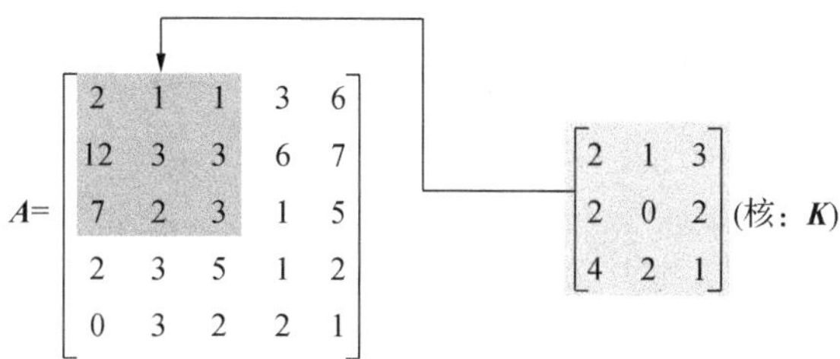

则卷积后矩阵为

$$\boldsymbol{B}=\begin{bmatrix}73 & 45 & 62\\75 & 56 & 73\\47 & 36 & 49\end{bmatrix}.$$

【程序代码】

```
import numpy as np
input=\
np.array([[2,1,1,3,6],[12,3,3,6,7],[7,2,3,1,5],[2,3,5,1,
2],[0,3,2,2,1]])
kernel=np.array([[2,1,3],[2,0,2],[4,2,1]])
print(input.shape,kernel.shape)
def my_conv(input,kernel):
    output_size=(len(input)-len(kernel)+1)
    res=np.zeros([output_size,output_size],np.float32)
    for i in range(len(res)):
        for j in range(len(res)):
            res[i][j]=compute_conv(input,kernel,i,j)
    return res
def compute_conv(input,kernel,i,j):
    res=0
    for kk in range(3):
        for k in range(3):
            res+=input[i+kk][j+k]*kernel[kk][k]
    return res
print("卷积后的矩阵为:\n",my_conv(input,kernel))
```

【运行结果】

```
(5, 5) (3, 3)
卷积后的矩阵为:
[[73. 45. 62.]
 [75. 56. 73.]
 [47. 36. 49.]]
```

4）矩阵的转置

将矩阵 $\boldsymbol{A}$ 的行与列按顺序互换所得到的矩阵称为 $\boldsymbol{A}$ 的转置矩阵，记为 $\boldsymbol{A}^{\mathrm{T}}$，即

$$\boldsymbol{A}=\begin{bmatrix} a_{11} & a_{12} & \cdots & a_{1n} \\ a_{21} & a_{22} & \cdots & a_{2n} \\ \vdots & \vdots & & \vdots \\ a_{m1} & a_{m2} & \cdots & a_{mn} \end{bmatrix},\ \boldsymbol{A}^{\mathrm{T}}=\begin{bmatrix} a_{11} & a_{21} & \cdots & a_{m1} \\ a_{12} & a_{22} & \cdots & a_{m2} \\ \vdots & \vdots & & \vdots \\ a_{1n} & a_{2n} & \cdots & a_{mn} \end{bmatrix}.$$

转置矩阵的表示：A.T.

5）矩阵的逆

对于矩阵 $\boldsymbol{A}$，若存在矩阵 $\boldsymbol{B}$，满足

$$\boldsymbol{AB}=\boldsymbol{BA}=\boldsymbol{E},$$

则称矩阵 $\boldsymbol{A}$ 为可逆矩阵，简称 $\boldsymbol{A}$ 可逆.称 $\boldsymbol{B}$ 为 $\boldsymbol{A}$ 的逆矩阵，记为 $\boldsymbol{A}^{-1}$，即 $\boldsymbol{A}^{-1}=\boldsymbol{B}$.

注意：有些矩阵是可逆的，有些矩阵不可逆.只有当 $|\boldsymbol{A}|\neq 0$ 时，$\boldsymbol{A}$ 才可逆，且 $\boldsymbol{A}$ 的逆矩阵是唯一的.求 $\boldsymbol{A}$ 的逆矩阵的方法有多种，如初等行变换法、伴随矩阵法等，当然也可调用 Python 中的矩阵运算函数直接求解.

矩阵的逆有两种表示：

(1) a.I；

(2) numpy.linalg.inv(a).

【例 4-7】 设 $\boldsymbol{A}=\begin{bmatrix} 1 & 2 & -2 \\ 2 & -3 & 2 \\ -2 & -1 & 1 \end{bmatrix}$，求 $(\boldsymbol{A}^{-1})^{\mathrm{T}}$.

【程序代码 1】

```
from numpy import *
a=mat([[1,2,-2],[2,-3,2],[-2,-1,1]])
a1=a.I          # 求逆
a2=a1.T         # 求转置
print(a2)
```

【程序代码 2】

```
import numpy as np
a=mat([[1,2,-2],[2,-3,2],[-2,-1,1]])
a1=np.linalg.inv(a)          # 求逆
a2=a1.T                      # 求转置
print(a2)
```

【运行结果】

```
[[-0.33333333  -2.          -2.66666667]
 [ 0.          -1.          -1.        ]
 [-0.66666667  -2.          -2.33333333]]
```

4.2.3　矩阵的初等变换

在求解线性方程组时，需要对方程组做同解变形，主要包括互换两个方程的位置、某方程扩大或缩小数倍、某方程数倍加到另一方程上去.将这些变换对应到矩阵，得到矩阵的初等变换.

对矩阵施行的下列三种行变换，统称为矩阵的初等行变换：

(1) 互换变换：将矩阵的两行互换位置；

(2) 倍乘变换：以非零常数 k 乘矩阵某一行的所有元素；

(3) 倍加变换：把矩阵某一行的所有元素乘同一非常数 k，再加到另一行对应的元素上去.

如果矩阵 $\boldsymbol{A}$ 经过若干次初等行变换变成矩阵 $\boldsymbol{B}$，则称矩阵 $\boldsymbol{A}$ 与 $\boldsymbol{B}$ 是等价矩阵，记为 $\boldsymbol{A}\sim\boldsymbol{B}$.

注意：由于矩阵的初等行变换改变了矩阵的元素，初等行变换前后的矩阵是不相等的，因此矩阵经过初等行变换后，两矩阵的关系应该用"→"或"～"连接而不可用"="连接.通过对矩阵不断地进行初等行变换，可以达到简化矩阵的目的.

如果将线性方程组的系数矩阵及常数列抽象为一个增广矩阵，对增广矩阵进行初等行变换，相当于对原方程组进行同解变形.增广矩阵变换得越简单，原方程组的解越容易求解.

利用初等行变换还可以求方阵的逆，方法如下：将矩阵 $\boldsymbol{A}$ 后接同型的单位阵 $\boldsymbol{E}$，然后进行初等行变换，当前一部分 $\boldsymbol{A}$ 变形为单位阵 $\boldsymbol{E}$ 时，后一部分为 $\boldsymbol{A}^{-1}$.即

$$(\boldsymbol{A}\,\vdots\,\boldsymbol{E})\xrightarrow{\text{初等行变换}}(\boldsymbol{E}\,\vdots\,\boldsymbol{A}^{-1}).$$

【例 4-8】设 $\boldsymbol{A}=\begin{bmatrix}1&0&1\\2&1&0\\-3&2&-5\end{bmatrix}$，求 $\boldsymbol{A}^{-1}$.

【解答】因为

$$(\boldsymbol{A}\,\vdots\,\boldsymbol{E})=\left[\begin{array}{ccc:ccc}1&0&1&1&0&0\\2&1&0&0&1&0\\-3&2&-5&0&0&1\end{array}\right]\to\left[\begin{array}{ccc:ccc}1&0&1&1&0&0\\0&1&-2&-2&1&0\\0&2&-2&3&0&1\end{array}\right]$$

$$\to\left[\begin{array}{ccc:ccc}1&0&1&1&0&0\\0&1&-2&-2&1&0\\0&0&2&7&-2&1\end{array}\right]\to\left[\begin{array}{ccc:ccc}1&0&0&-\frac{5}{2}&1&-\frac{1}{2}\\0&1&0&5&-1&1\\0&0&2&7&-2&1\end{array}\right]$$

$$\rightarrow \left[\begin{array}{ccc:ccc} 1 & 0 & 0 & -\frac{5}{2} & 1 & -\frac{1}{2} \\ 0 & 1 & 0 & 5 & -1 & 1 \\ 0 & 0 & 1 & \frac{7}{2} & -1 & \frac{1}{2} \end{array}\right],$$

于是有 $\boldsymbol{A}^{-1}=\begin{bmatrix} -\frac{5}{2} & 1 & -\frac{1}{2} \\ 5 & -1 & 1 \\ \frac{7}{2} & -1 & \frac{1}{2} \end{bmatrix}$.

在一个 $m\times n$ 矩阵$\boldsymbol{A}$ 中,任取k 行与k 列($k\leqslant m,k\leqslant n$),位于这些行列交叉处的 k^2 个元素,按原位置次序而得的 k 阶行列式,称为矩阵 $\boldsymbol{A}$ 的 k 阶子式.

设在矩阵$\boldsymbol{A}$ 中有一个不等于0的r 阶子式D,且所有$r+1$阶子式(如果存在的话)全等于0,则称数 r 为矩阵 $\boldsymbol{A}$ 的秩,记作 $R(\boldsymbol{A})$.

对矩阵 $\boldsymbol{A}$ 进行初等行变换不改变矩阵的秩,因而求矩阵的秩相当于对矩阵 $\boldsymbol{A}$ 进行初等行变换,当变换到一个阶梯形矩阵时,非零行的个数即为矩阵的秩.

求矩阵的秩,主要用到的方法如下:

```
numpy.linalg.matrix_rank(M,tol= None)
```

【例 4-9】 求矩阵 $\boldsymbol{A}=\begin{bmatrix} 1 & 3 & -2 & 2 \\ 0 & 2 & -1 & 3 \\ -2 & 0 & 1 & 5 \end{bmatrix}$ 的秩 $R(\boldsymbol{A})$.

【解答】 因为

$$\boldsymbol{A}=\begin{bmatrix} 1 & 3 & -2 & 2 \\ 0 & 2 & -1 & 3 \\ -2 & 0 & 1 & 5 \end{bmatrix}\rightarrow\begin{bmatrix} 1 & 3 & -2 & 2 \\ 0 & 2 & -1 & 3 \\ 0 & 6 & -3 & 9 \end{bmatrix}\rightarrow\begin{bmatrix} 1 & 3 & -2 & 2 \\ 0 & 2 & -1 & 3 \\ 0 & 0 & 0 & 0 \end{bmatrix},$$

所以 $R(\boldsymbol{A})=2$.

【程序代码】

```
import numpy as np
a=np.mat([[1,3,-2,2],[0,2,-1,3],[-2,0,1,5]])
r=np.linalg.matrix_rank(a)
print(" 矩阵的秩为: ",r)
```

【运行结果】

```
矩阵的秩为: 2
```

4.3　线性方程组

4.3.1　*n* 元线性方程组

设 n 元非齐次线性方程组为

$$\begin{cases} a_{11}x_1+a_{12}x_2+\cdots+a_{1n}x_n=b_1, \\ a_{21}x_1+a_{22}x_2+\cdots+a_{2n}x_n=b_2, \\ \vdots \\ a_{m1}x_1+a_{m2}x_2+\cdots+a_{mn}x_n=b_m. \end{cases} \tag{1}$$

若该方程有解，则称其是相容的；若无解，则称其是不相容的.

(1) 式可以用矩阵形式简写为

$$\boldsymbol{Ax}=\boldsymbol{b}. \tag{2}$$

其中，$\boldsymbol{A}=(a_{ij})_{m\times n}$ 是方程组(1) 的系数矩阵，$\boldsymbol{x}=(x_1,x_2,\cdots,x_n)^{\mathrm{T}}$，$\boldsymbol{b}=(b_1,b_2,\cdots,b_m)^{\mathrm{T}}$.称矩阵 $\widetilde{\boldsymbol{A}}=(\boldsymbol{A},\boldsymbol{b})$ 为线性方程组(1) 或方程(2) 的增广矩阵.利用系数矩阵 $\boldsymbol{A}$ 和增广矩阵 $\widetilde{\boldsymbol{A}}$ 的秩，可以很简便地讨论线性方程组(1) 或方程(2) 的相容性.

定理 1　若方程(2) 的增广矩阵 $\widetilde{\boldsymbol{A}}=(\boldsymbol{A},\boldsymbol{b})$ 经过初等行变换化为$(\boldsymbol{C},\boldsymbol{d})$，则方程 $\boldsymbol{Cx}=\boldsymbol{d}$ 与(2) 同解.

定理 2　n 元线性方程组(1) 相容的充分必要条件是其系数矩阵 $\boldsymbol{A}$ 与增广矩阵 $\widetilde{\boldsymbol{A}}$ 的秩相等，即 $R(\boldsymbol{A})=R(\widetilde{\boldsymbol{A}})$，且 $R(\boldsymbol{A})=R(\widetilde{\boldsymbol{A}})<n$ 时方程组(1) 有无穷多个解，$R(\boldsymbol{A})=R(\widetilde{\boldsymbol{A}})=n$ 时方程组(1) 有唯一解.

推论 1　齐次线性方程组

$$\begin{cases} a_{11}x_1+a_{12}x_2+\cdots+a_{1n}x_n=0, \\ a_{21}x_1+a_{22}x_2+\cdots+a_{2n}x_n=0, \\ \vdots \\ a_{m1}x_1+a_{m2}x_2+\cdots+a_{mn}x_n=0 \end{cases}$$

有非零解的充分必要条件是 $R(\boldsymbol{A})<n$.

4.3.2　*n* 维向量

1) *n* 维向量的定义

由 n 个数 $a_1,a_2,\cdots,a_n$ 组成的 n 元有序数组叫做 n 维向量，记作 $\boldsymbol{\alpha}$，即

$$\boldsymbol{\alpha}=(a_1,a_2,\cdots,a_n) \quad 或 \quad \boldsymbol{\alpha}=\begin{bmatrix} a_1 \\ a_2 \\ \vdots \\ a_n \end{bmatrix},$$

其中数 $a_i(i=1,2,\cdots,n)$ 叫做向量 $\boldsymbol{\alpha}$ 的分量(或坐标),并将 n 维向量 $\boldsymbol{\alpha}=(a_1,a_2,\cdots,a_n)$ 叫做行向量,n 维向量 $\boldsymbol{\alpha}=\begin{bmatrix}a_1\\a_2\\\vdots\\a_n\end{bmatrix}$ 叫做列向量.故 n 维行向量可以看作 $1\times n$ 矩阵,n 维列向量可以看作 $n\times 1$ 矩阵,且

$$\boldsymbol{\alpha}^{\mathrm{T}}=(a_1,a_2,\cdots,a_n)^{\mathrm{T}}=\begin{bmatrix}a_1\\a_2\\\vdots\\a_n\end{bmatrix}.$$

分量全为零的向量叫做零向量,记作 $\mathbf{0}=(0,0,\cdots,0)$.

由矩阵的线性运算可以定义向量的线性运算如下:

设 $\boldsymbol{\alpha}=(a_1,a_2,\cdots,a_n)$,$\boldsymbol{\beta}=(b_1,b_2,\cdots,b_n)$,则

(1) $\boldsymbol{\alpha}=\boldsymbol{\beta}\Leftrightarrow a_i=b_i(i=1,2,\cdots,n)$;

(2) $\boldsymbol{\alpha}\pm\boldsymbol{\beta}=(a_1\pm b_1,a_2\pm b_2,\cdots,a_n\pm b_n)$;

(3) $k\boldsymbol{\alpha}=(ka_1,ka_2,\cdots,ka_n)$($k$ 是常数).

另外,$\mathbf{A}=(a_{ij})_{m\times n}$ 的每一行也可以看作是一个 n 维向量.若记

$$\boldsymbol{\alpha}_i=(a_{i1},a_{i2},\cdots,a_{in})\quad(i=1,2,\cdots,m),$$

则 $\mathbf{A}$ 可表示为

$$\mathbf{A}=\begin{bmatrix}\boldsymbol{\alpha}_1\\\boldsymbol{\alpha}_2\\\vdots\\\boldsymbol{\alpha}_m\end{bmatrix}=\begin{bmatrix}a_{11}&a_{12}&\cdots&a_{1n}\\a_{21}&a_{22}&\cdots&a_{2n}\\\vdots&\vdots&&\vdots\\a_{m1}&a_{m2}&\cdots&a_{mn}\end{bmatrix}.$$

即矩阵 $\mathbf{A}$ 可以看作由其 m 个行向量 $\boldsymbol{\alpha}_i=(a_{i1},a_{i2},\cdots,a_{in})(i=1,2,\cdots,m)$ 构成.反之,给定 m 个向量 $\boldsymbol{\alpha}_i=(a_{i1},a_{i2},\cdots,a_{in})(i=1,2,\cdots,m)$ 可构成矩阵 $\mathbf{A}$,这时称矩阵 $\mathbf{A}$ 为向量 $\boldsymbol{\alpha}_1,\boldsymbol{\alpha}_2,\cdots,\boldsymbol{\alpha}_m$ 的对应矩阵,其中 $\boldsymbol{\alpha}_i$ 叫做矩阵 $\mathbf{A}$ 的第 i 个行向量.

上述非齐次线性方程组(1)还可表示为

$$\begin{bmatrix}a_{11}\\a_{21}\\\vdots\\a_{m1}\end{bmatrix}x_1+\begin{bmatrix}a_{12}\\a_{22}\\\vdots\\a_{m2}\end{bmatrix}x_2+\cdots+\begin{bmatrix}a_{1n}\\a_{2n}\\\vdots\\a_{mn}\end{bmatrix}x_n=\begin{bmatrix}b_1\\b_2\\\vdots\\b_n\end{bmatrix},$$

若记 $\boldsymbol{\alpha}_1=\begin{bmatrix}a_{11}\\a_{21}\\\vdots\\a_{m1}\end{bmatrix}$,$\boldsymbol{\alpha}_2=\begin{bmatrix}a_{12}\\a_{22}\\\vdots\\a_{m2}\end{bmatrix}$,$\cdots$,$\boldsymbol{\alpha}_n=\begin{bmatrix}a_{1n}\\a_{2n}\\\vdots\\a_{mn}\end{bmatrix}$,$\boldsymbol{\beta}=\begin{bmatrix}b_1\\b_2\\\vdots\\b_n\end{bmatrix}$,则

$$\boldsymbol{\alpha}_1 x_1 + \boldsymbol{\alpha}_2 x_2 + \cdots + \boldsymbol{\alpha}_n x_n = \boldsymbol{\beta}. \tag{3}$$

方程(3) 叫做方程组(1) 的向量方程.显然,方程组(1) 是否有解等价于向量 $\boldsymbol{\beta}$ 关于向量 $\boldsymbol{\alpha}_1,\boldsymbol{\alpha}_2,\cdots,\boldsymbol{\alpha}_n$ 是否有(3) 式成立.这就是向量的线性相关性问题.

2) n 维向量组的线性相关性

给定 n 维向量组 $\boldsymbol{\beta},\boldsymbol{\alpha}_1,\boldsymbol{\alpha}_2,\cdots,\boldsymbol{\alpha}_m$,若存在一组数 $k_1,k_2,\cdots,k_m$,使得

$$\boldsymbol{\beta} = k_1\boldsymbol{\alpha}_1 + k_2\boldsymbol{\alpha}_2 + \cdots + k_m\boldsymbol{\alpha}_m,$$

则向量 $\boldsymbol{\beta}$ 叫做向量组 $\boldsymbol{\alpha}_1,\boldsymbol{\alpha}_2,\cdots,\boldsymbol{\alpha}_m$ 的线性组合,或称向量 $\boldsymbol{\beta}$ 可由向量组 $\boldsymbol{\alpha}_1,\boldsymbol{\alpha}_2,\cdots,\boldsymbol{\alpha}_m$ 线性表示.

显然,零向量可由任何向量组线性表示.

另外,任何一个 n 维向量 $\boldsymbol{\alpha}=(a_1,a_2,\cdots,a_n)$ 都可由向量组

$$\boldsymbol{\varepsilon}_1=(1,0,0,\cdots,0),\quad \boldsymbol{\varepsilon}_2=(0,1,0,\cdots,0),\quad \cdots,\quad \boldsymbol{\varepsilon}_n=(0,0,0,\cdots,1)$$

线性表示,其中向量组 $\boldsymbol{\varepsilon}_1,\boldsymbol{\varepsilon}_2,\cdots,\boldsymbol{\varepsilon}_n$ 叫做 n 维单位向量组.

n 维向量 $\boldsymbol{\beta}$ 可由 n 维向量组 $\boldsymbol{\alpha}_1,\boldsymbol{\alpha}_2,\cdots,\boldsymbol{\alpha}_m$ 线性表示的充分必要条件是矩阵 $\boldsymbol{A}=(\boldsymbol{\alpha}_1,\boldsymbol{\alpha}_2,\cdots,\boldsymbol{\alpha}_m)$ 的秩等于矩阵 $\boldsymbol{B}=(\boldsymbol{\alpha}_1,\boldsymbol{\alpha}_2,\cdots,\boldsymbol{\alpha}_m,\boldsymbol{\beta})$ 的秩.

设 $\boldsymbol{\alpha}_1,\boldsymbol{\alpha}_2,\cdots,\boldsymbol{\alpha}_m$ 为 m 个 n 维向量,若存在一组不全为零的数 $k_1,k_2,\cdots,k_m$,使得

$$k_1\boldsymbol{\alpha}_1 + k_2\boldsymbol{\alpha}_2 + \cdots + k_m\boldsymbol{\alpha}_m = \boldsymbol{0}$$

成立,则称向量组 $\boldsymbol{\alpha}_1,\boldsymbol{\alpha}_2,\cdots,\boldsymbol{\alpha}_m$ 线性相关;否则称向量组 $\boldsymbol{\alpha}_1,\boldsymbol{\alpha}_2,\cdots,\boldsymbol{\alpha}_m$ 线性无关,即上式成立当且仅当 $k_1,k_2,\cdots,k_m$ 全为零.

n 维向量组 $\boldsymbol{\alpha}_i=(a_{i1},a_{i2},\cdots,a_{in})^{\mathrm{T}}(i=1,2,\cdots,m)$ 线性相关的充分必要条件是其对应矩阵 $\boldsymbol{A}=(\boldsymbol{\alpha}_1,\boldsymbol{\alpha}_2,\cdots,\boldsymbol{\alpha}_m)$ 的秩小于 m.

由矩阵秩的唯一性可得到如下推论:

推论 2　n 维向量组 $\boldsymbol{\alpha}_1=(a_{11},a_{12},\cdots,a_{1n}),\boldsymbol{\alpha}_2=(a_{21},a_{22},\cdots,a_{2n}),\cdots,\boldsymbol{\alpha}_m=(a_{m1},a_{m2},\cdots,a_{mn})(m\geqslant 2)$ 线性相关的充分必要条件是对应矩阵

$$\boldsymbol{A}=\begin{bmatrix} a_{11} & a_{12} & \cdots & a_{1n} \\ a_{21} & a_{22} & \cdots & a_{2n} \\ \vdots & \vdots & & \vdots \\ a_{m1} & a_{m2} & \cdots & a_{mn} \end{bmatrix}$$

的秩小于 m.

若向量组 $\boldsymbol{\alpha}_i=(a_{i1},a_{i2},\cdots,a_{in})(i=1,2,\cdots,m)$ 线性无关,则对 $\boldsymbol{\alpha}_i$ 添加一个分量 $a_{i,n+1}$ 后得到的 $n+1$ 维向量组

$$\boldsymbol{\beta}_i=(a_{i1},a_{i2},\cdots,a_{in},a_{i,n+1})\quad(i=1,2,\cdots,m)$$

也线性无关.

向量组 $\boldsymbol{\alpha}_1,\boldsymbol{\alpha}_2,\cdots,\boldsymbol{\alpha}_m(m\geqslant 2)$ 线性相关的充分必要条件是其中有一个向量可由其余的 $m-1$ 个向量线性表示.

设向量组$\boldsymbol{\alpha}_1,\boldsymbol{\alpha}_2,\cdots,\boldsymbol{\alpha}_m$线性无关,而$\boldsymbol{\beta},\boldsymbol{\alpha}_1,\boldsymbol{\alpha}_2,\cdots,\boldsymbol{\alpha}_m$线性相关,则向量$\boldsymbol{\beta}$可由$\boldsymbol{\alpha}_1,\boldsymbol{\alpha}_2,\cdots,\boldsymbol{\alpha}_m$线性表示,且表示式是唯一的.

设向量组$\boldsymbol{\beta}_1,\boldsymbol{\beta}_2,\cdots,\boldsymbol{\beta}_l$线性无关,且向量组$\boldsymbol{\beta}_1,\boldsymbol{\beta}_2,\cdots,\boldsymbol{\beta}_l$中的每一个向量都可由向量组$\boldsymbol{\alpha}_1,\boldsymbol{\alpha}_2,\cdots,\boldsymbol{\alpha}_s$线性表示,则$l \leqslant s$.

由此结论直接得到下面的推论:

推论3 若向量组$\boldsymbol{\alpha}_1,\boldsymbol{\alpha}_2,\cdots,\boldsymbol{\alpha}_s$及$\boldsymbol{\beta}_1,\boldsymbol{\beta}_2,\cdots,\boldsymbol{\beta}_l$都是线性无关的向量组,且向量组$\boldsymbol{\alpha}_1,\boldsymbol{\alpha}_2,\cdots,\boldsymbol{\alpha}_s$中每一个向量可由向量组$\boldsymbol{\beta}_1,\boldsymbol{\beta}_2,\cdots,\boldsymbol{\beta}_l$线性表示,同时向量组$\boldsymbol{\beta}_1,\boldsymbol{\beta}_2,\cdots,\boldsymbol{\beta}_l$中的每一个向量也可由向量组$\boldsymbol{\alpha}_1,\boldsymbol{\alpha}_2,\cdots,\boldsymbol{\alpha}_s$线性表示,则$s=l$.

3) 向量组的最大无关组与向量组的秩

若向量组 Ⅰ:$\boldsymbol{\alpha}_1,\boldsymbol{\alpha}_2,\cdots,\boldsymbol{\alpha}_m$的一个部分组 Ⅱ:$\boldsymbol{\alpha}_{i1},\boldsymbol{\alpha}_{i2},\cdots,\boldsymbol{\alpha}_{is}$($s \leqslant m$)满足:

(1) 向量组 Ⅱ 线性无关;

(2) 向量组 Ⅰ 中任一个向量可由向量组 Ⅱ 线性表示,

则称向量组 Ⅱ 是向量组 Ⅰ 的一个最大线性无关组,简称最大无关组,而数s叫做向量组 Ⅰ 的秩.

若全体n维向量的集合记为$\mathbf{R}^n$,则n维单位向量组$\boldsymbol{\varepsilon}_1,\boldsymbol{\varepsilon}_2,\cdots,\boldsymbol{\varepsilon}_n$是$\mathbf{R}^n$的一个最大无关组,而且$\mathbf{R}^n$中的任意$n$个线性无关的向量都构成它的一个最大无关组.

4.3.3 齐次线性方程组

齐次线性方程组

$$\begin{cases} a_{11}x_1+a_{12}x_2+\cdots+a_{1n}x_n=0, \\ a_{21}x_1+a_{22}x_2+\cdots+a_{2n}x_n=0, \\ \vdots \\ a_{m1}x_1+a_{m2}x_2+\cdots+a_{mn}x_n=0 \end{cases} \tag{4}$$

的向量方程为

$$\mathbf{A}\boldsymbol{x}=\mathbf{0}, \tag{5}$$

其中

$$\mathbf{A}=\begin{bmatrix} a_{11} & a_{12} & \cdots & a_{1n} \\ a_{21} & a_{22} & \cdots & a_{2n} \\ \vdots & \vdots & & \vdots \\ a_{m1} & a_{m2} & \cdots & a_{mn} \end{bmatrix},\ \boldsymbol{x}=\begin{bmatrix} x_1 \\ x_2 \\ \vdots \\ x_n \end{bmatrix}.$$

若$x_1=a_1,x_2=a_2,\cdots,x_n=a_n$是方程组(4)的解,则$\boldsymbol{x}=(a_1,a_2,\cdots,a_n)^{\mathrm{T}}$是向量方程(5)的解,也叫做方程组(4)的解向量.

显然,n维零向量$\mathbf{0}=(0,0,\cdots,0)^{\mathrm{T}}$是(4)的一个解向量,即是(5)的一个解.当方程组(4)有非零解时需要研究解的性质,以便求出它的全部解(也叫做通解).

向量方程(5)的解有如下性质:

性质 1　若 $\boldsymbol{\xi}_1,\boldsymbol{\xi}_2$ 是方程(5) 的任意两个解,则 $\boldsymbol{X}=\boldsymbol{\xi}_1+\boldsymbol{\xi}_2$ 也是(5) 的解.

性质 2　若 $\boldsymbol{\xi}$ 是方程(5) 的解,k 为实数,则 $\boldsymbol{X}=k\boldsymbol{\xi}$ 也是(5) 的解.

综合性质1和2可得:若 $\boldsymbol{\xi}_1,\boldsymbol{\xi}_2,\cdots,\boldsymbol{\xi}_r$ 是方程(5) 的任意 r 个非零解,则对实数 $k_1,k_2,\cdots,k_r,k_1\boldsymbol{\xi}_1+k_2\boldsymbol{\xi}_2+\cdots+k_r\boldsymbol{\xi}_r$ 也是(5) 的解.这表明:如果 $\boldsymbol{\xi}_1,\boldsymbol{\xi}_2,\cdots,\boldsymbol{\xi}_r$ 是方程组(4) 的任意 r 个非零解向量,则它们的任意线性组合 $k_1\boldsymbol{\xi}_1+k_2\boldsymbol{\xi}_2+\cdots+k_r\boldsymbol{\xi}_r$ 也是(4) 的解向量.即齐次线性方程组(4) 如果有非零解,则它就有无穷多个解,这无穷多个解构成一个 n 维向量组,若能求出这个向量组的一个最大无关组,就可以用它的线性组合来表示方程组(4) 的全部解.

若向量组 $\boldsymbol{\xi}_1,\boldsymbol{\xi}_2,\cdots,\boldsymbol{\xi}_r$ 是齐次线性方程组(4) 的解向量组的一个最大无关组,则向量组 $\boldsymbol{\xi}_1,\boldsymbol{\xi}_2,\cdots,\boldsymbol{\xi}_r$ 叫做方程组(4) 的一个基础解系.

如果齐次线性方程组(4) 的系数矩阵 $\boldsymbol{A}$ 的秩 $R(\boldsymbol{A})=r<n$,则方程组(4) 的基础解系存在,并且基础解系中含有解向量的个数为 $n-r$.

4.3.4　非齐次线性方程组

前面已有介绍,非齐次线性方程组

$$\begin{cases}a_{11}x_1+a_{12}x_2+\cdots+a_{1n}x_n=b_1,\\ a_{21}x_1+a_{22}x_2+\cdots+a_{2n}x_n=b_2,\\ \vdots\\ a_{m1}x_1+a_{m2}x_2+\cdots+a_{mn}x_n=b_m\end{cases}\tag{6}$$

若有解,则称该方程组是相容的;若无解,则称该方程组不相容.

方程组(6) 的向量方程为

$$\boldsymbol{Ax}=\boldsymbol{b},\tag{7}$$

其中 $\boldsymbol{A}=(a_{ij})_{m\times n}$, $\boldsymbol{x}=(x_1,x_2,\cdots,x_n)^{\mathrm{T}}$, $\boldsymbol{b}=(b_1,b_2,\cdots,b_m)^{\mathrm{T}}$.方程(7) 的解有如下性质:

性质 3　若 $\boldsymbol{\xi}_1,\boldsymbol{\xi}_2$ 是方程(7) 的两个任意解,则 $\boldsymbol{x}=\boldsymbol{\xi}_1-\boldsymbol{\xi}_2$ 是齐次方程 $\boldsymbol{Ax}=\boldsymbol{0}$ 的解.

性质 4　若 $\boldsymbol{\eta}_0$ 是方程(7) 的一个解,$\boldsymbol{\xi}$ 是方程 $\boldsymbol{Ax}=\boldsymbol{0}$ 的通解,则 $\boldsymbol{\eta}=\boldsymbol{\xi}+\boldsymbol{\eta}_0$ 是方程(7) 的通解.

即设 $\boldsymbol{\xi}_1,\boldsymbol{\xi}_2,\cdots,\boldsymbol{\xi}_{n-r}$ 是方程 $\boldsymbol{Ax}=\boldsymbol{0}$ 的基础解系,则

$$\boldsymbol{\xi}=k_1\boldsymbol{\xi}_1+k_2\boldsymbol{\xi}_2+\cdots+k_{n-r}\boldsymbol{\xi}_{n-r}\quad(k_1,k_2,\cdots,k_{n-r}\text{ 为任意实数}),$$

从而

$$\boldsymbol{x}=k_1\boldsymbol{\xi}_1+k_2\boldsymbol{\xi}_2+\cdots+k_{n-r}\boldsymbol{\xi}_{n-r}+\boldsymbol{\eta}_0$$

是方程(7) 的通解,也就是方程组(6) 的通解,而 $\boldsymbol{\eta}_0$ 叫做非齐次方程组(6) 或向量方程(7) 的特解.

4.4 特征值问题及二次型

矩阵的变形与分解在人工智能算法中有着广泛的应用，其中常见有矩阵的三角分解、特征提取、对角化等等，这些运算是以矩阵的等价、合同和相似为基础的.

4.4.1 特征值与特征向量

人工智能领域很多问题如振动问题、稳定性问题等，常可归结为求一个方程的特征值和特征向量的问题，在方阵的对角化及解微分方程组等问题中也都要用到特征值的理论.

设 $\boldsymbol{A}$ 为 n 阶方阵，λ 是一个数，如果方程

$$\boldsymbol{Ax}=\lambda\boldsymbol{x}$$

存在非零解向量，则称 λ 为方阵 $\boldsymbol{A}$ 的一个特征值，非零向量 $\boldsymbol{x}$ 称为方阵 $\boldsymbol{A}$ 的对应于特征值 λ 的特征向量.

上面定义中的 $\boldsymbol{Ax}=\lambda\boldsymbol{x}$ 又可以写成

$$(\lambda\boldsymbol{I}-\boldsymbol{A})\boldsymbol{x}=\boldsymbol{0},$$

这是一个 n 元齐次线性方程组，此方程组存在非零解的充要条件是 $|\lambda\boldsymbol{I}-\boldsymbol{A}|=0$. 而 $|\lambda\boldsymbol{I}-\boldsymbol{A}|=0$ 是一个关于 λ 的 n 次多项式方程，又称为 $\boldsymbol{A}$ 的特征多项式方程.从而得到求特征值、特征向量的步骤：

(1) 先求出方程 $|\lambda\boldsymbol{I}-\boldsymbol{A}|=0$ 的根，即得 $\boldsymbol{A}$ 的特征值；

(2) 再求齐次线性方程组 $(\lambda\boldsymbol{I}-\boldsymbol{A})\boldsymbol{x}=\boldsymbol{0}$ 对应于特征值的非零解 $\boldsymbol{x}$，即为特征向量(一般只要求得该方程组的基础解系即可得所有特征向量).

【例 4-10】 求矩阵 $\boldsymbol{A}=\begin{bmatrix}-1&1&0\\-4&3&0\\1&0&2\end{bmatrix}$ 的特征值和特征向量.

【解答】 特征方程为

$$|\lambda\boldsymbol{I}-\boldsymbol{A}|=\begin{vmatrix}\lambda+1&-1&0\\4&\lambda-3&0\\-1&0&\lambda-2\end{vmatrix}=0,$$

化简有 $(\lambda-2)(\lambda-1)^2=0$，得特征根为 $\lambda_1=2,\lambda_2=\lambda_3=1$.

当 $\lambda=2$ 时，对应的齐次线性方程组为

$$\begin{cases}3x_1-x_2=0,\\4x_1-x_2=0,\\-x_1=0,\end{cases}$$

其基础解系为 $\begin{bmatrix}0\\0\\1\end{bmatrix}$，对应的全部特征向量为 $k\begin{bmatrix}0\\0\\1\end{bmatrix}$（$k$ 为不为零的任意实数）；

当 $\lambda=1$ 时，对应的齐次线性方程组为

$$\begin{cases}2x_1-x_2=0,\\2x_1-x_2=0,\\-x_1-x_3=0,\end{cases}$$

其基础解系为 $\begin{bmatrix}1\\2\\-1\end{bmatrix}$，对应的全部特征向量为 $k\begin{bmatrix}1\\2\\-1\end{bmatrix}$（$k$ 为不为零的任意实数）.

【程序代码】

```
import numpy as np
A=np.array([[-1,1,0],[-4,3,0],[1,0,2]])
print('打印 A:\n{}'.format(A))
a, b=np.linalg.eig(A)
print('打印特征值 a:\n{}'.format(a))
print('打印特征向量 b:\n{}'.format(b))
```

【运行结果】

```
打印 A:
[[-1  1  0]
 [-4  3  0]
 [ 1  0  2]]
打印特征值 a:
[2. 1. 1.]
打印特征向量 b:
[[ 0.          0.40824829  0.40824829]
 [ 0.          0.81649658  0.81649658]
 [ 1.         -0.40824829 -0.40824829]]
```

注意：特征向量不能由特征值唯一确定；反过来，对应于不同特征值的特征向量是线性无关的.

4.4.2　相似矩阵

设 $\boldsymbol{A},\boldsymbol{B}$ 都是 n 阶方阵，若有可逆方阵 $\boldsymbol{P}$，使得

$$\boldsymbol{P}^{-1}\boldsymbol{A}\boldsymbol{P}=\boldsymbol{B},$$

则称 $\boldsymbol{B}$ 是 $\boldsymbol{A}$ 的相似矩阵，或说矩阵 $\boldsymbol{A}$ 与 $\boldsymbol{B}$ 相似. 可逆矩阵 $\boldsymbol{P}$ 称为把 $\boldsymbol{A}$ 变成 $\boldsymbol{B}$ 的相似变换矩阵.

若 n 阶方阵 $\boldsymbol{A}$ 与 $\boldsymbol{B}$ 相似，则 $\boldsymbol{A}$ 与 $\boldsymbol{B}$ 的特征多项式相同，从而 $\boldsymbol{A}$ 与 $\boldsymbol{B}$ 的特征值亦

相同.

推论 若 n 阶方阵 $\boldsymbol{A}$ 与对角阵

$$\boldsymbol{\Lambda}=\begin{bmatrix}\lambda_1 & & & \\ & \lambda_2 & & \\ & & \ddots & \\ & & & \lambda_n\end{bmatrix}$$

相似,则 $\lambda_1,\lambda_2,\cdots,\lambda_n$ 是 $\boldsymbol{A}$ 的 n 个特征值.

对 n 阶方阵 $\boldsymbol{A}$,寻求相似变换矩阵 $\boldsymbol{P}$,使 $\boldsymbol{P}^{-1}\boldsymbol{AP}=\boldsymbol{\Lambda}$ 为对角阵,称为把方阵 $\boldsymbol{A}$ 对角化.假设已经找到可逆矩阵 $\boldsymbol{P}$,使 $\boldsymbol{P}^{-1}\boldsymbol{AP}=\boldsymbol{\Lambda}$ 为对角阵,下面讨论 $\boldsymbol{P}$ 应满足什么关系.

把 $\boldsymbol{P}$ 用其列向量表示为

$$\boldsymbol{P}=(\boldsymbol{p}_1,\boldsymbol{p}_2,\cdots,\boldsymbol{p}_n),$$

由 $\boldsymbol{P}^{-1}\boldsymbol{AP}=\boldsymbol{\Lambda}$ 得 $\boldsymbol{AP}=\boldsymbol{P\Lambda}$,即

$$\boldsymbol{A}(\boldsymbol{p}_1,\boldsymbol{p}_2,\cdots,\boldsymbol{p}_n)=(\boldsymbol{p}_1,\boldsymbol{p}_2,\cdots,\boldsymbol{p}_n)\boldsymbol{\Lambda}=(\lambda_1\boldsymbol{p}_1,\lambda_2\boldsymbol{p}_2,\cdots,\lambda_n\boldsymbol{p}_n),$$

于是有

$$\boldsymbol{Ap}_i=\lambda_i\boldsymbol{p}_i\quad(i=1,2,\cdots,n).$$

可见 λ_i 是 $\boldsymbol{A}$ 的特征值,而 $\boldsymbol{P}$ 的列向量 $\boldsymbol{p}_i$ 就是 $\boldsymbol{A}$ 的对应于特征值 λ_i 的特征向量.

由此可得将一矩阵对角化的一般步骤如下:

(1) 求出 $\boldsymbol{A}$ 的特征方程 $|\lambda\boldsymbol{I}-\boldsymbol{A}|=0$ 的所有解,即得特征根;

(2) 求出特征根对应的特征向量;

(3) 以特征向量作为列向量构成矩阵 $\boldsymbol{P}$,即可得到 $\boldsymbol{P}^{-1}\boldsymbol{AP}=\boldsymbol{\Lambda}$,而 $\boldsymbol{\Lambda}$ 即为以特征值作为对角元素的对角矩阵.

【例 4-11】 已知 $\boldsymbol{A}=\begin{bmatrix}1 & 4 & -2\\ 0 & -1 & 0\\ 1 & 2 & -2\end{bmatrix}$,求可逆矩阵 $\boldsymbol{P}$,化 $\boldsymbol{A}$ 为对角矩阵.

【解答】 特征方程为

$$|\lambda\boldsymbol{I}-\boldsymbol{A}|=\begin{vmatrix}\lambda-1 & -4 & 2\\ 0 & \lambda+1 & 0\\ -1 & -2 & \lambda+2\end{vmatrix}=(\lambda+1)(\lambda^2+\lambda)=0,$$

于是 $\boldsymbol{A}$ 的特征根为 -1(二重),0.

当 $\lambda=-1$ 时,解齐次方程组 $(-\boldsymbol{I}-\boldsymbol{A})\boldsymbol{x}=\boldsymbol{0}$,由

$$\begin{bmatrix}-2 & -4 & 2\\ 0 & 0 & 0\\ -1 & -2 & 1\end{bmatrix}\rightarrow\begin{bmatrix}1 & 2 & -1\\ 0 & 0 & 0\\ 0 & 0 & 0\end{bmatrix},$$

得到特征向量 $\boldsymbol{\alpha}_1=(-2,1,0)^{\mathrm{T}}$,$\boldsymbol{\alpha}_2=(1,0,1)^{\mathrm{T}}$;

当 $\lambda=0$ 时，解齐次方程组 $\boldsymbol{A}\boldsymbol{x}=\boldsymbol{0}$，由

$$\begin{bmatrix}1 & 4 & -2\\0 & -1 & 0\\1 & 2 & -2\end{bmatrix}\rightarrow\begin{bmatrix}1 & 4 & -2\\0 & 1 & 0\\0 & 0 & 0\end{bmatrix},$$

得到特征向量 $\boldsymbol{\alpha}_3=(2,0,1)^{\mathrm{T}}$.

令 $\boldsymbol{P}=(\boldsymbol{\alpha}_1,\boldsymbol{\alpha}_2,\boldsymbol{\alpha}_3)=\begin{bmatrix}-2 & 1 & 2\\1 & 0 & 0\\0 & 1 & 1\end{bmatrix}$，则

$$\boldsymbol{P}^{-1}\boldsymbol{A}\boldsymbol{P}=\boldsymbol{\Lambda}=\begin{bmatrix}-1 & & \\ & -1 & \\ & & 0\end{bmatrix}.$$

4.4.3　二次型

1) 二次型的定义

称含有 n 个变量的二次齐次多项式

$$\begin{aligned}f(x_1,x_2,\cdots,x_n)=&a_{11}x_1^2+a_{22}x_2^2+\cdots+a_{nn}x_n^2+2a_{12}x_1x_2\\&+2a_{13}x_1x_3+\cdots+2a_{n-1,n}x_{n-1}x_n\end{aligned}$$

称为二次型.

取 $a_{ji}=a_{ij}$，则 $2a_{ij}x_ix_j=a_{ij}x_ix_j+a_{ji}x_ix_j$，于是 $f(x_1,x_2,\cdots,x_n)$ 可写成

$$\begin{aligned}f=&a_{11}x_1^2+a_{12}x_1x_2+\cdots+a_{1n}x_1x_n\\&+a_{21}x_2x_1+a_{22}x_2^2+\cdots+a_{2n}x_2x_n\\&+\cdots+a_{n1}x_nx_1+a_{n2}x_nx_2+\cdots+a_{nn}x_n^2\\=&\sum_{i,j=1}^{n}a_{ij}x_ix_j\quad(a_{ij}=a_{ji}).\end{aligned}$$

如果记

$$\boldsymbol{A}=\begin{bmatrix}a_{11} & a_{12} & \cdots & a_{1n}\\a_{21} & a_{22} & \cdots & a_{2n}\\\vdots & \vdots & & \vdots\\a_{n1} & a_{n2} & \cdots & a_{nn}\end{bmatrix},\quad\boldsymbol{x}=\begin{bmatrix}x_1\\x_2\\\vdots\\x_n\end{bmatrix},$$

这里 $a_{ij}=a_{ji}$，即 $\boldsymbol{A}$ 是对称矩阵，那么二次型 $f(x_1,x_2,\cdots,x_n)$ 可记为

$$f=\boldsymbol{x}^{\mathrm{T}}\boldsymbol{A}\boldsymbol{x}.$$

因此任给一个二次型，就唯一确定一个对称矩阵；反之，任给一个对称矩阵，也可唯一确定一个二次型.于是二次型与对称矩阵之间就确定一一对应关系，把对称矩阵 $\boldsymbol{A}$ 叫做二次型 $f(x_1,x_2,\cdots,x_n)$ 的矩阵，也把 $f(x_1,x_2,\cdots,x_n)$ 叫做对称矩阵 $\boldsymbol{A}$ 的二次型，对称矩阵 $\boldsymbol{A}$ 的秩就叫做二次型 $f(x_1,x_2,\cdots,x_n)$ 的秩.

在解析几何中，为了确定二次方程

$$ax^2+2bxy+cy^2=d$$

所表示的曲线性质，通常利用转轴公式

$$\begin{cases}x=x'\cos\theta-y'\sin\theta,\\ y=x'\sin\theta+y'\cos\theta,\end{cases}$$

选择适当的 θ，可使原方程化为

$$a'(x')^2+b'(y')^2=d',$$

从而得到原方程表示某种二次曲线.

更一般地，对二次型 $f(x_1,x_2,\cdots,x_n)$，要讨论的主要问题是通过 $y_1,y_2,\cdots,y_n$ 到 $x_1,x_2,x_3,\cdots,x_n$ 的线性变换

$$\begin{cases}x_1=c_{11}y_1+c_{12}y_2+\cdots+c_{1n}y_n,\\ x_2=c_{21}y_1+c_{22}y_2+\cdots+c_{2n}y_n,\\ \vdots\\ x_n=c_{n1}y_1+c_{n2}y_2+\cdots+c_{nn}y_n,\end{cases}$$

将原二次型变为只含平方项，即

$$f=k_1y_1^2+k_2y_2^2+\cdots+k_ny_n^2.$$

这种只含平方项的二次型，称为二次型的标准形.

使用矩阵记号

$$\boldsymbol{C}=\begin{bmatrix}c_{11}&c_{12}&\cdots&c_{1n}\\ c_{21}&c_{22}&\cdots&c_{2n}\\ \vdots&\vdots&&\vdots\\ c_{n1}&c_{n2}&\cdots&c_{nn}\end{bmatrix},\ \boldsymbol{x}=\begin{bmatrix}x_1\\ x_2\\ \vdots\\ x_n\end{bmatrix},\ \boldsymbol{y}=\begin{bmatrix}y_1\\ y_2\\ \vdots\\ y_n\end{bmatrix},$$

线性变换可记为

$$\boldsymbol{x}=\boldsymbol{Cy}.$$

设 n 阶矩阵 $\boldsymbol{A},\boldsymbol{B}$，如果有可逆矩阵 $\boldsymbol{C}$，使得

$$\boldsymbol{B}=\boldsymbol{C}^{\mathrm{T}}\boldsymbol{AC},$$

那么称矩阵 $\boldsymbol{A}$ 与 $\boldsymbol{B}$ 合同.

显然，一个变量为 $x_1,x_2,\cdots,x_n$ 的二次型 $f=\boldsymbol{x}^{\mathrm{T}}\boldsymbol{Ax}$，经过可逆线性变换 $\boldsymbol{x}=\boldsymbol{Cy}$，可化为变量 $y_1,y_2,\cdots,y_n$ 的二次型 $f=\boldsymbol{y}^{\mathrm{T}}\boldsymbol{By}$，即

$$f=(\boldsymbol{Cy})^{\mathrm{T}}\boldsymbol{A}(\boldsymbol{Cy})=\boldsymbol{y}^{\mathrm{T}}\boldsymbol{C}^{\mathrm{T}}\boldsymbol{ACy}=\boldsymbol{y}^{\mathrm{T}}\boldsymbol{By},$$

故 $\boldsymbol{B}=\boldsymbol{C}^{\mathrm{T}}\boldsymbol{AC}$.

从而，二次型 $\boldsymbol{x}^{\mathrm{T}}\boldsymbol{Ax}$ 经可逆线性变换 $\boldsymbol{x}=\boldsymbol{Cy}$ 化为二次型 $\boldsymbol{y}^{\mathrm{T}}\boldsymbol{By}$ 等价于 $\boldsymbol{A}$ 与 $\boldsymbol{B}$ 合同，即 $\boldsymbol{B}=\boldsymbol{C}^{\mathrm{T}}\boldsymbol{AC}$.

对于矩阵 $\boldsymbol{C}$，若 $\boldsymbol{CC}^{\mathrm{T}}=\boldsymbol{I}$，则称 $\boldsymbol{C}$ 为正交矩阵.对于正交矩阵 $\boldsymbol{C}$，有 $\boldsymbol{C}^{\mathrm{T}}=\boldsymbol{C}^{-1}$，即正交矩阵的逆等于其转置.

2）用正交变换化实二次型为标准形

任给实二次型 $f=\sum_{i,j=1}^{n} a_{ij}x_ix_j(a_{ij}=a_{ji})$，一定存在正交变换 $\boldsymbol{x}=\boldsymbol{C}\boldsymbol{y}$，使 f 化为标准形

$$f=\lambda_1 y_1^2+\lambda_2 y_2^2+\cdots+\lambda_n y_n^2,$$

其中 $\lambda_1,\lambda_2,\cdots,\lambda_n$ 是 f 的矩阵 $\boldsymbol{A}=(a_{ij})$ 的特征值.

将实二次型 $f=\sum_{i,j=1}^{n} a_{ij}x_ix_j(a_{ij}=a_{ji})$ 转化为标准形的一般步骤如下：

(1) 写出 f 的矩阵 $\boldsymbol{A}=(a_{ij})$，其中 $a_{ij}=a_{ji}$；

(2) 求出 $\boldsymbol{A}$ 的特征值及对应的特征向量；

(3) 对重根对应的特征向量作 Schmidt 正交化（不同特征值对应的特征向量已正交）；

(4) 全体特征向量单位化，得 $\boldsymbol{p}_1^0,\boldsymbol{p}_2^0,\cdots,\boldsymbol{p}_n^0$；

(5) 将正交单位特征向量合并成正交阵 $\boldsymbol{C}$，即 $\boldsymbol{C}=(\boldsymbol{p}_1^0,\boldsymbol{p}_2^0,\cdots,\boldsymbol{p}_n^0)$；

(6) 令 $\boldsymbol{x}=\boldsymbol{C}\boldsymbol{y}$，即可得 $\boldsymbol{x}^{\mathrm{T}}\boldsymbol{A}\boldsymbol{x}=\lambda_1 y_1^2+\lambda_2 y_2^2+\cdots+\lambda_n y_n^2$，其中 $\lambda_1,\lambda_2,\cdots,\lambda_n$ 为对称矩阵 $\boldsymbol{A}$ 的特征根.

【例 4-12】 将二次型 $f(x_1,x_2,x_3)=6x_1x_2-8x_2x_3$ 化为标准形.

【解答】 二次型 f 的矩阵为

$$\boldsymbol{A}=\begin{bmatrix}0&3&0\\3&0&-4\\0&-4&0\end{bmatrix},$$

由

$$|\lambda\boldsymbol{I}-\boldsymbol{A}|=\begin{vmatrix}\lambda&-3&0\\-3&\lambda&4\\0&4&\lambda\end{vmatrix}=\lambda(\lambda-5)(\lambda+5),$$

知 $\boldsymbol{A}$ 的特征值为

$$\lambda_1=5,\ \lambda_2=-5,\ \lambda_3=0,$$

所以二次型 f 的一个标准形为 $5y_1^2-5y_2^2$.

【例 4-13】 用正交变换化实二次型

$$f(x_1,x_2,x_3)=x_1^2+5x_2^2+5x_3^2+2x_1x_2-4x_1x_3$$

为标准形，并求出所用的正交变换.

【解答】 二次型 f 的矩阵为

$$\boldsymbol{A}=\begin{bmatrix}1&1&-2\\1&5&0\\-2&0&5\end{bmatrix},$$

由

$$|\lambda \boldsymbol{I}-\boldsymbol{A}|=\begin{vmatrix}\lambda-1 & -1 & 2\\ -1 & \lambda-5 & 0\\ 2 & 0 & \lambda-5\end{vmatrix}=\lambda(\lambda-5)(\lambda-6),$$

得 $\boldsymbol{A}$ 的特征值为 $\lambda_1=0,\lambda_2=5,\lambda_3=6$.

求出 $\boldsymbol{A}$ 对应于特征值 $\lambda_1=0$ 的特征向量 $\boldsymbol{\xi}_1=(5,-1,2)^{\mathrm{T}}$,单位化得

$$\boldsymbol{p}_1=\frac{1}{\sqrt{30}}(5,-1,2)^{\mathrm{T}};$$

同样可求出 $\boldsymbol{A}$ 对应于特征值 $\lambda_2=5,\lambda_3=6$ 的单位正交特征向量分别为

$$\boldsymbol{p}_2=\frac{1}{\sqrt{5}}(0,2,1)^{\mathrm{T}},\ \boldsymbol{p}_3=\frac{1}{\sqrt{6}}(1,1,-2)^{\mathrm{T}}.$$

令

$$\boldsymbol{C}=(\boldsymbol{p}_1,\boldsymbol{p}_2,\boldsymbol{p}_3)=\begin{bmatrix}\frac{5}{\sqrt{30}} & 0 & \frac{1}{\sqrt{6}}\\ -\frac{1}{\sqrt{30}} & \frac{2}{\sqrt{5}} & \frac{1}{\sqrt{6}}\\ \frac{2}{\sqrt{30}} & \frac{1}{\sqrt{5}} & -\frac{2}{\sqrt{6}}\end{bmatrix},$$

则 $\boldsymbol{C}$ 为正交矩阵,通过正交变换 $\boldsymbol{x}=\boldsymbol{C}\boldsymbol{y}$ 便可将二次型 f 化成标准形 $5y_2^2+6y_3^2$.

3) 正定二次型

若对于不全为零的任何实数 $x_1,x_2,x_3,\cdots,x_n$,二次齐次多项式

$$f(x_1,x_2,x_3,\cdots,x_n)=a_{11}x_1^2+a_{22}x_2^2+\cdots+a_{nn}x_n^2 \\ +2a_{12}x_1x_2+2a_{13}x_1x_3+\cdots+2a_{n-1,n}x_{n-1}x_n$$

的值都是正数,则称此二次型是正定的,而其对应的矩阵称为正定矩阵.

判定一个二次型是否是正定的,主要有以下两个方法:

(1) 二次型矩阵 $\boldsymbol{A}$ 的特征值都是正数;

(2) 二次型矩阵 $\boldsymbol{A}$ 的各阶顺序主子式都大于零.

【例 4 - 14】 判断二次型

$$f(x_1,x_2,x_3)=5x_1^2+x_2^2+5x_3^2+4x_1x_2-8x_1x_3-4x_2x_3$$

是否正定.

【解答】 二次型矩阵为

$$\boldsymbol{A}=\begin{bmatrix}5 & 2 & -4\\ 2 & 1 & -2\\ -4 & -2 & 5\end{bmatrix},$$

其各阶顺序主子式为

$$|5|>0,\quad \begin{vmatrix}5 & 2\\ 2 & 1\end{vmatrix}=1>0,\quad \begin{vmatrix}5 & 2 & -4\\ 2 & 1 & -2\\ -4 & -2 & 5\end{vmatrix}=1>0,$$

所以该二次型是正定的.

【程序代码】

```
import numpy as np
A=np.array([[5,2,-4],[2,1,-2],[-4,-2,5]])
B=np.linalg.eigvals(A)      # 求 A 的特征根
print(A)
print(B)
if np.all(B > 0):
    print('是正定矩阵')
else:
    print('不是正定矩阵')
```

【运行结果】

```
[[ 5   2 -4]
 [ 2   1 -2]
 [-4  -2  5]]
[9.89897949 1.        0.10102051]
是正定矩阵
```

第 5 章　概率统计

概率论与数理统计在人工智能领域的应用已渗透到各个方面,从偏差、方差分析到计算概率以实现预测,从随机初始化以加快训练速度到正则化、归一化数据处理等,其中无不渗透了概率统计的思想、原理及算法.

5.1　Python 统计常用方法

numpy 提供了很多统计函数,用于从数组中查找最小元素、最大元素、百分位素、标准差、方差等.

(1) 求数组的最值

① numpy.min():用于计算数组中的元素的最小值;

② numpy.max():用于计算数组中的元素的最大值;

③ numpy.amin():用于计算数组中的元素沿指定轴的最小值;

④ numpy.amax() 用于计算数组中的元素沿指定轴的最大值.

(2) 求极差

numpy.ptp():用于计算数组中元素最大值与最小值的差(最大值 − 最小值).

(3) 求百分位数

numpy.percentile(a, q, axis):用于找出一组数的分位数值.其中,a 表示输入的数组;q 表示要计算的百分位数,在 0 到 100 之间;axis 表示计算百分位数所沿着的轴.第 p 个百分位数是这样一个值:它使得至少有 p% 的数据项小于或等于这个值,且至少有 (100 − p)% 的数据项大于或等于这个值.

(4) 计算中位数

numpy.median():用于计算数组中元素的中位数(中值).

(5) 计算均值

numpy.mean():返回数组中元素的算术平均值(如果提供了轴,则沿其计算).算术平均值等于沿轴的元素的总和除以元素的数量.

(6) 计算加权均值

numpy.average():根据在另一个数组中给出的相应权重计算当前数组中元素的加权平均值.该函数可以接受一个轴参数.如果没有指定轴,则数组会被展开.将各数值乘以相应的权数,然后求和得到总体值,再除以总的单位数,即得加权均值.

(7) 计算标准差

std=sqrt(mean((x−x.mean()) ** 2)):返回数组中元素的标准差.标准差是

对一组数据平均值分散程度的一种度量,是方差的算术平方根.

(8) 计算方差

var=mean((x-x.mean())** 2):返回数组中元素的方差.统计中的方差(样本方差)是每个样本值与全体样本值的平均数之差的平方值的平均数.

【例 5-1】某所学校随机抽取 100 名学生测量他们的身高和体重,所得数据如表 5-1 所示,试分别求身高的均值、中位数、极差、方差、标准差,并计算身高与体重的协方差、相关系数.

表 5-1　学生的身高和体重表

身高(cm)	体重(kg)	身高(cm)	体重(kg)	身高(cm)	体重(kg)	身高(cm)	体重(kg)
172	75	168	50	170	56	166	76
171	62	161	49	160	65	169	72
166	62	169	63	165	58	173	59
160	55	171	61	177	66	169	65
155	57	178	64	169	63	171	71
173	58	177	66	176	60	167	47
166	55	170	58	177	67	168	65
170	63	173	67	172	56	165	64
167	53	172	59	165	56	168	57
173	60	170	62	166	49	176	57
178	60	172	59	171	65	170	57
173	73	177	58	169	62	158	51
163	47	176	68	170	58	165	62
165	66	175	68	172	64	172	53
170	60	184	70	169	58	169	66
163	50	169	64	167	72	169	58
172	57	165	52	175	76	172	50
182	63	164	59	164	59	162	52
171	59	173	74	166	63	175	75
177	64	172	69	169	54	174	66
169	55	169	52	167	54	167	63
168	67	173	57	179	62	166	50
168	65	173	61	176	63	174	64
175	67	166	70	182	69	168	62
176	64	163	57	186	77	170	59

【程序代码】

```
from numpy import reshape,hstack,mean,median,ptp,var,\
std,cov,corrcoef
import pandas as pd
import xlrd
# 统计数据存放在 d:\shuju.xlsx 中
df=pd.read_excel("d:\shuju.xlsx")
a=df.values                # 将二维数据转化为一维数据
h=a[:,::2]                 # 提取奇数列身高数据
w=a[:,1::2]                # 提取偶数列体重数据
h=reshape(h,(-1,1))        # 转换成列向量
w=reshape(w,(-1,1))
hw=hstack([h,w])
# 计算均值、中位数、极差、方差、标准差
print([mean(h),median(h),ptp(h),var(h),std(h)])
print("协方差为:%f\n 相关系数为:%f"%(cov(hw.T)[0,1],
corrcoef(hw.T)[0,1]))
```

【运行结果】

```
[170.25, 170.0, 31, 28.8875, 5.374709294464213]
协方差为:16.982323
相关系数为:0.456097
```

【例 5-2】根据上例中表 5-1,给出描述统计量,并计算身高和体重的偏度、峰度和样本的 25%,50%,90% 分位数.

【程序代码】

```
from numpy import reshape,c_
import pandas as pd
import xlrd
df=pd.read_excel("d:\shuju.xlsx")
a=df.values                # 将二维数据转化为一维数据
h=a[:,::2]                 # 提取奇数列身高数据
w=a[:,1::2]                # 提取偶数列体重数据
h=reshape(h,(-1,1))        # 转换成列向量
w=reshape(w,(-1,1))
df=pd.DataFrame(c_[h,w],columns=["身高","体重"])
print("求得的描述统计量如下:\n",df.describe())
print("偏度为:\n",df.skew())
print("峰度为:\n",df.kurt())
print("25%分位数为:\n",df.quantile(0.25))
print("50%分位数为:\n",df.quantile(0.5))
print("90%分位数为:\n",df.quantile(0.9))
```

【运行结果】

求得的描述统计量如下：

```
            身高          体重
count     99.000000     99.000000
mean      170.232323    61.131313
std       5.426369      6.786310
min       155.000000    47.000000
25%       167.000000    57.000000
50%       170.000000    62.000000
75%       173.000000    65.000000
max       186.000000    77.000000
偏度为:
 身高       0.165982
 体重       0.124719
 dtype: float64
峰度为:
 身高       0.622283
 体重       -0.252671
 dtype: float64
25%分位数为:
 身高       167.0
 体重       57.0
 Name: 0.25, dtype: float64
50%分位数为:
 身高       170.0
 体重       62.0
 Name: 0.5, dtype: float64
90%分位数为:
 身高       177.0
 体重       70.0
 Name: 0.9, dtype: float64
```

【例 5-3】根据上例中表 5-1，画出身高和体重的直方图，并统计从最小体重到最大体重等间距分成 6 个小区间时，数据出现在每个小区间的频数.

【程序代码】

```
from numpy import reshape,c_
import pandas as pd
import matplotlib.pyplot as plt
import xlrd
plt.rcParams["font.sans-serif"]=["SimHei"]    # 设置字体
plt.rcParams["axes.unicode_minus"]=False
```

```
df=pd.read_excel("d:\shuju.xlsx")
a=df.values             # 将二维数据转化为一维数据
h=a[:,::2]              # 提取奇数列身高数据
w=a[:,1::2]             # 提取偶数列体重数据
h=reshape(h,(-1,1))     # 转换成列向量
w=reshape(w,(-1,1))
# plt.rc('font',size=16)
# plt.rc("font",family="SimHei")
plt.subplot(121)
plt.xlabel("身高")
plt.hist(h,10)
plt.subplot(122)
ps=plt.hist(w,6)
plt.xlabel("体重")
print("体重的频数表为:\n",ps)
plt.savefig("figure4_8.png",dpi=500)
plt.show()
```

【运行结果】(生成图形如图 5-1 所示)

```
体重的频数表为:
(array([ 9., 13., 27., 31., 11., 9.]), array([47., 52., 57., 62., 67., 72., 77.]),
<BarContainer object of 6 artists>)
```

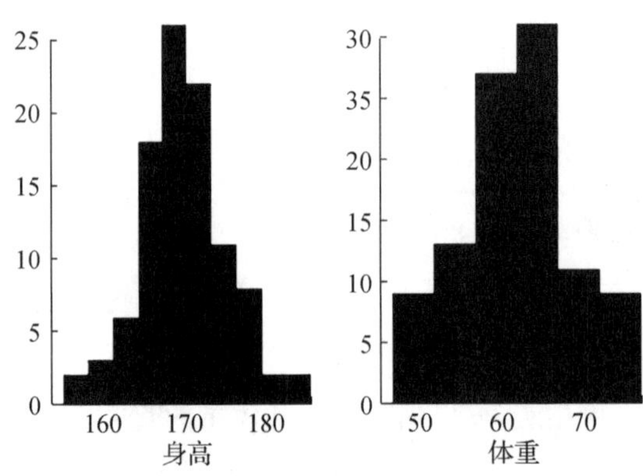

图 5-1 身高和体重的直方图

5.2 随机事件及其概率

5.2.1 随机试验与随机事件

在自然界中存在各种各样的现象,其中有一类现象是在一定条件下必然出现

某种结果.例如在地球的引力作用下,上抛物体一定会落下;又如水在一定的温度下会变成水蒸气等.我们把这类现象叫做确定现象.还有另一类现象是在一定条件下可能出现这样的结果,也可能出现那样的结果.例如抛一枚硬币,其落地后的结果可能是国徽面向上,也可能是数字面向上;又如进行一次环靶射击,其结果可能是击中 10 环或 9 环或 8 环等.我们把这类现象叫做随机现象.其特点是在一定条件下,事先不能确定哪个结果一定会出现,即结果呈现出不确定性.

随机现象虽然呈现出结果的不确定性,但是人们经过大量重复试验或观察发现,它具有内在的必然性,即规律性(也称为统计规律性).

人们往往通过试验来研究随机现象的统计规律.这种试验具有如下特征:

(1) 在相同条件下可以重复进行试验;

(2) 每次试验可能出现的结果不止一个,并且试验前可以知道所有可能出现的结果;

(3) 每次试验前不能确定哪一个结果一定会出现.

这种试验叫做随机试验,简称试验.随机试验的所有可能结果构成的集合叫做试验的样本空间,记作 Ω;样本空间的元素叫做样本点,记作 ω.

随机试验的每一个可能结果均称为随机事件,是样本空间的一个子集,一般用大写的英文字母 $A,B,C,\cdots$ 表示.特别地,每次试验中一定会发生的事件称为必然事件;每次试验中一定不会发生的事件称为不可能事件.

例如,在相同条件下接连不断地向同一个目标射击,直到第一次击中为止,观察直到击中为止所需要的射击次数.因为射击次数可以是任何正整数,所以在这个试验中,样本点有无穷多个,但是这些样本点可以排成一列,一一列举出来(可以一一列举出来的无穷多个称为“可列无穷多个”).若设 ω_i 表示到第一次击中为止需要射击 i 次($i=1,2,3,\cdots$),则样本空间可以表示为 $\Omega=\{\omega_1,\omega_2,\cdots\}$.

再如,抛掷两枚均匀的硬币,观察它们向上的一面是正面还是反面.对于这个试验,可以有下列两种不同的考虑方法:

(1) 两枚硬币分别考虑,分别看它们是“正面向上”还是“反面向上”,这时共有如下 4 个样本点:

ω_1:表示第一枚为正面,第二枚为正面;

ω_2:表示第一枚为正面,第二枚为反面;

ω_3:表示第一枚为反面,第二枚为正面;

ω_4:表示第一枚为反面,第二枚为反面,

则样本空间为 $\Omega=\{\omega_1,\omega_2,\omega_3,\omega_4\}$.

(2) 两枚硬币一起考虑,看两枚硬币中总共出现几个“正面向上”,这时只有如下 3 个样本点:

ω_1:表示两个反面;

ω_2:表示一个正面,一个反面;

ω_3:表示两个正面,

则样本空间可以写成$\Omega=\{\omega_1,\omega_2,\omega_3\}$.它也可以写成$\Omega=\{0,1,2\}$,其中,0,1,2分别表示出现正面的次数.

这个例子说明:样本点的选取和样本空间的构造不是唯一的,同一个试验,如果考虑的角度不同,样本点的选取和样本空间的构造可以是不一样的.

在一次试验中,一个随机事件可能发生,也可能不发生,当且仅当组成随机事件的若干个基本事件中的一个基本事件出现时,称该随机事件发生.

5.2.2 事件的关系及运算

(1) 事件A与B的和(并):$A\cup B=A+B=\{A$与B至少有一个发生$\}$;

(2) 事件A与B的积(交):$A\cap B=AB=\{A$与B同时发生$\}$;

(3) 事件A与B的差:$A-B=A\bar{B}=\{A$发生而B不发生$\}$;

(4) 包含关系:$A\subseteq B$,即若事件A发生必导致事件B发生,称事件B包含事件A;

(5) 相等关系:若$A\subseteq B$且$B\subseteq A$,则称A与B相等,记为$A=B$;

(6) 互不相容(互斥):若事件A与事件B不可能同时发生,即$AB=\varnothing$,则称事件A与B互不相容;

(7) 互相对立(互逆):若事件A与事件B同时满足$A+B=\Omega$,$AB=\varnothing$,则称A与B互相对立,B为A的对立事件,记为$B=\bar{A}$.

【例5-4】摇奖机中有编号为0,1,2,…,9的10个奖球,随机摇出一个奖球,设事件A是"摇出一个号码大于5的奖球",事件B是"摇出一个号码为奇数的奖球".

(1) 写出这一试验的样本点和样本空间;

(2) 将事件$A,\bar{A},B,\bar{B},A+B,AB,A-B,B-A,\overline{A+B}$表示成样本点的集合,并分别说明它们是什么事件.

【解答】

(1) 样本点共有10个,即

$$\omega_i:\text{表示摇出一个号码为 } i \text{ 的奖球}(i=0,1,\cdots,9),$$

样本空间为$\Omega=\{\omega_0,\omega_1,\cdots,\omega_9\}$.

(2) $A=\{\omega_6,\omega_7,\omega_8,\omega_9\}=\{$摇出一个号码大于5的奖球$\}$,

$\bar{A}=\{\omega_0,\omega_1,\omega_2,\omega_3,\omega_4,\omega_5\}=\{$摇出一个号码不大于5的奖球$\}$,

$B=\{\omega_1,\omega_3,\omega_5,\omega_7,\omega_9\}=\{$摇出一个号码为奇数的奖球$\}$,

$\bar{B}=\{\omega_0,\omega_2,\omega_4,\omega_6,\omega_8\}=\{$摇出一个号码为偶数的奖球$\}$,

$A+B=\{\omega_1,\omega_3,\omega_5,\omega_6,\omega_7,\omega_8,\omega_9\}$

$=\{$摇出一个号码大于 5 或为奇数的奖球$\}$,

$AB=\{\omega_7,\omega_9\}=\{$摇出一个号码大于 5 而且为奇数的奖球$\}$,

$A-B=A\bar{B}=\{\omega_6,\omega_8\}=\{$摇出一个号码大于 5 而且为偶数的奖球$\}$,

$B-A=B\bar{A}=\{\omega_1,\omega_3,\omega_5\}=\{$摇出一个号码为奇数但不大于 5 的奖球$\}$,

$\overline{A+B}=\bar{A}\bar{B}=\{\omega_0,\omega_2,\omega_4\}$

$=\{$摇出一个号码为偶数而且号码不大于 5 的奖球$\}$.

【例 5-5】进行抛硬币模拟试验,统计出现正面的频率.

【程序代码】

```
import numpy as np
import matplotlib.pyplot as plt
import random
plt.rcParams['font.sans-serif']=['simhei']
# 定义试验次数,每次抛 500 下
batch=int(input("请输入试验次数:"))
samples=500* np.ones(batch,dtype=np.int32)
result=[]
result_mean=[]
# 统计每次试验正面朝上的概率
for k in range(batch):
    for i in range(samples[k]):
        result.append(random.randint(0,1))
    result_mean.append(np.mean(result))
xaxis=list(range(batch))
plt.plot(xaxis,result_mean)
plt.xlabel('抛硬币数')
plt.ylabel('正面朝上概率')
plt.show()
```

【运行结果】(生成图形如图 5-2 所示)

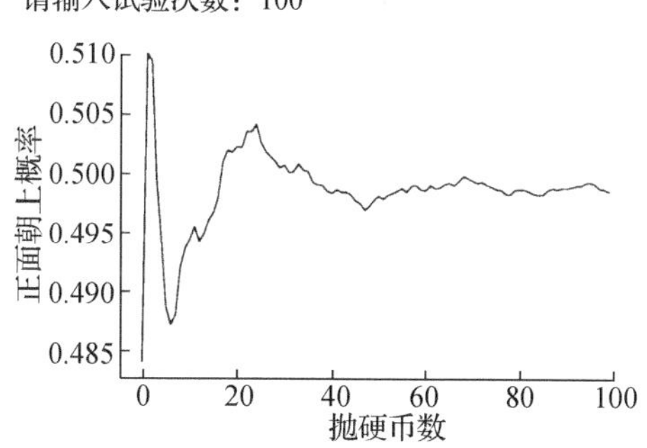

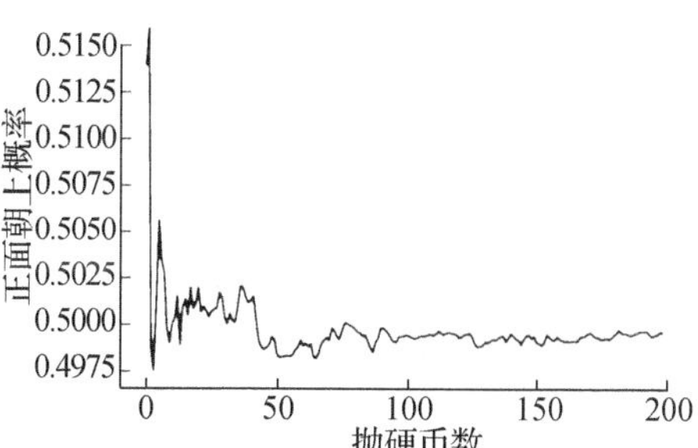

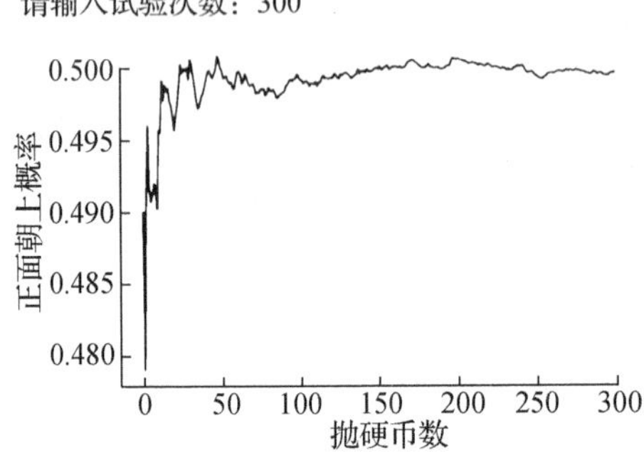

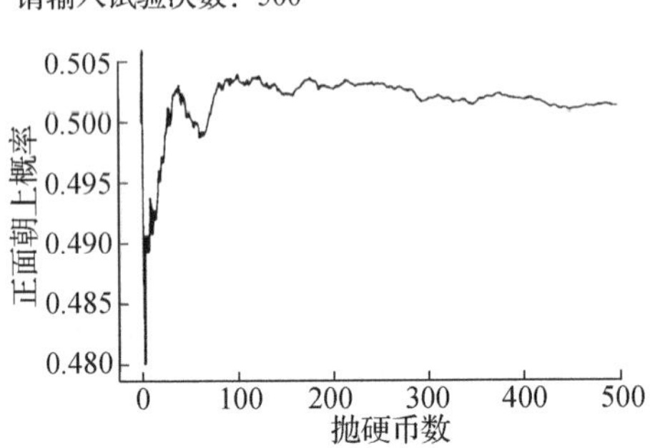

图 5－2　模拟投币试验统计结果

根据模拟试验统计结果可知，随着试验次数的增加，正面向上的频率趋于 0.5.

5.2.3　概率及其运算

在相同条件下进行 n 次试验，假设 n_A 为 n 次试验中事件 A 发生的次数，那么 $f_n(A)=\frac{n_A}{n}$ 为事件 A 发生的频率.如果当 n 很大时，$f_n(A)$ 稳定地在某一常数值 p 的附近摆动，并且随着 n 的增大，摆动的幅度越变越小，即 $f_n(A)$ 趋于确定值 p，则称 p 为事件 A 的概率，记为 $P(A)$，即 $P(A)=p$.

特别说明两点：

(1) 对事件 A 及其对立事件 $\bar{A}$，有 $P(A)=1-P(\bar{A})$；

(2) 设 A,B 为两个事件，则 $P(A\cup B)=P(A)+P(B)-P(AB)$.

【例 5－6】袋内放有 2 张 50 元、3 张 20 元、5 张 10 元的戏票，任取其中 5 张，求 5 张戏票的面值超过 100 元的概率.

【解答】从 10 张戏票中任意取出 5 张的取法共有 C_{10}^5 种.

取 5 张戏票，面值要超过 100 元，有且仅有下列 3 种情况：

(1) 取到 2 张 50 元，其余 3 张为 20 元或 10 元，取法有 $C_2^2C_8^3$ 种；

(2) 取到 1 张 50 元，3 张 20 元，1 张 10 元，取法有 $C_2^1C_3^3C_5^1$ 种；

(2) 取到 1 张 50 元，2 张 20 元，2 张 10 元，取法有 $C_2^1C_3^2C_5^2$ 种.

综上，所求概率为

$$P(\text{取 5 张面值超过 100 元})=\frac{C_2^2C_8^3+C_2^1C_3^3C_5^1+C_2^1C_3^2C_5^2}{C_{10}^5}=\frac{126}{252}=0.5.$$

【例 5－7】求组合数示例.

【程序代码】

```
import numpy as np
import matplotlib.pyplot as plt
```

```
import random
def mu(n):
    mul=1
    for i in range(1,n+1):
        mul*=i
    return mul
def jc(m,n):
    return int(mu(m)/(mu(n)* mu(m-n)))
m=int(input("从"))
n=int(input("个中取"))
print("组合数为:")
print(jc(m,n))
```

【运行结果】

```
从5
个中取2
组合数为:
10
```

5.2.4　条件概率与独立性

1）条件概率

所谓条件概率，就是在某事件已发生的附加条件下另一事件发生的概率.

设某项试验的基本事件总数为 n，事件 A 所包含的基本事件数为 $m(m>0)$，事件 AB 所包含的基本事件数为 k，则

$$P(B|A)=\frac{k}{m}=\frac{\frac{k}{n}}{\frac{m}{n}}=\frac{P(AB)}{P(A)}.$$

设 A，B 是两个事件，且 $P(A)>0$，称 $P(B|A)=\dfrac{P(AB)}{P(A)}$ 为在事件 A 发生的条件下事件 B 发生的条件概率.类似的，在事件 B 发生的条件下事件 A 发生的条件概率为

$$P(A|B)=\frac{P(AB)}{P(B)}\quad (P(B)>0).$$

2）乘法公式

由 $P(B|A)=\dfrac{P(AB)}{P(A)}$，可得 $P(AB)=P(A)P(B|A)$；

由 $P(A|B)=\dfrac{P(AB)}{P(B)}$，可得 $P(AB)=P(B)P(A|B)$.

若 $P(AB)=P(A)P(B)$，则称事件 A 与 B 相互独立，即一个事件的发生与否与另一事件的发生无关.

【例 5-8】 已知有 100 个零件，分别交给甲、乙两个工人负责加工.甲加工了 60 个零件，其中有 45 个是正品，15 个是次品；乙加工了 40 个零件，其中有 35 个是正品，5 个是次品.现在从这 100 个零件中任意取一个，设

$$A=\{\text{取到正品}\},\ \bar{A}=\{\text{取到次品}\},$$

$$B=\{\text{取到甲加工的零件}\},\ \bar{B}=\{\text{取到乙加工的零件}\},$$

求下列事件的概率：

(1) 取到一个正品的概率；

(2) 取到一个甲加工的零件的概率；

(3) 取到一个是甲加工的而且是正品的零件的概率；

(4) 在已知取到一个甲加工的零件的条件下该零件是正品的概率.

【解答】

(1) 从 100 个零件中任意取，可以看作样本空间 Ω 中共有 100 个样本点，其中正品有 45+35=80(个).换句话说，事件 $A=\{\text{取到正品}\}$ 中包含 80 个样本点，所以

$$P(A)=\frac{80}{100}=0.8.$$

(2) 一共是 100 个零件，即样本空间 Ω 中共有 100 个样本点，其中甲加工的零件有 60 个，即事件 $B=\{\text{取到甲加工的零件}\}$ 中包含 60 个样本点，所以

$$P(B)=\frac{60}{100}=0.6.$$

(3) 还是从 100 个零件中任意取，样本空间 Ω 中还是 100 个样本点，其中既是甲加工的又是正品的零件有 45 个，即事件 $AB=\{\text{取到甲加工而且是正品的零件}\}$ 中包含 45 个样本点，所以

$$P(AB)=\frac{45}{100}=0.45.$$

(4) 因为已经知道取到的零件是甲加工的，所以只能在 60 个甲加工的零件中考虑问题.显然，样本空间缩小了，样本点总数从 Ω 中的 100 个缩小到 B 中的 60 个；事件也缩小了，事件中包含的样本点数从 A 中的 80 个缩小到 AB 中的 45 个.所以

$$P(A \mid B)=\frac{AB\text{ 包含的样本点数}}{B\text{ 包含的样本点数}}=\frac{45}{60}=0.75.$$

注意：上述结果也可表示为

$$P(A \mid B)=\frac{45}{60}=\frac{45/100}{60/100}=\frac{P(AB)}{P(B)},$$

显然，条件概率 $P(A \mid B)$ 既不同于概率 $P(A)$ 和 $P(B)$，也不同于概率 $P(AB)$.

5.2.5　全概率公式

假设 $A_1, A_2, \cdots, A_n$ 为样本空间 Ω 的一个事件组，且满足：

(1) $A_1, A_2, \cdots, A_n$ 互不相容，且 $P(A_i) > 0 (i = 1, 2, \cdots, n)$；

(2) $A_1 + A_2 + \cdots + A_n = \Omega$，

则对 Ω 中的任意一个事件 B，都有

$$P(B) = P(A_1)P(B|A_1) + P(A_2)P(B|A_2) + \cdots + P(A_n)P(B|A_n).$$

【例 5-9】已知某厂生产的一种产品，分别由甲、乙、丙三个检验员负责检验，且甲、乙、丙三人检验通过的产品数分别占检验通过的产品总数的 20% ，30% 和 50%.如果甲、乙、丙三人误使次品通过的概率分别为 0.15，0.05 和 0.11，现在从检验通过的产品中任取一件，问它是次品的概率是多少？

【解答】设

$$A = \{\text{从检验通过的产品中任取一件发现是次品}\},$$
$$B_1 = \{\text{所取产品为经甲检验过的产品}\},$$
$$B_2 = \{\text{所取产品为经乙检验过的产品}\},$$
$$B_3 = \{\text{所取产品为经丙检验过的产品}\},$$

根据已知条件可得

$$P(B_1) = 20\%,\ P(B_2) = 30\%,\ P(B_3) = 50\%,$$
$$P(A \mid B_1) = 0.15,\ P(A \mid B_2) = 0.05,\ P(A \mid B_3) = 0.11,$$

所以，由全概率公式就可求出事件 A 的概率为

$$\begin{aligned} P(A) &= P(B_1)P(A \mid B_1) + P(B_2)P(A \mid B_2) + P(B_3)P(A \mid B_3) \\ &= 20\% \times 0.15 + 30\% \times 0.05 + 50\% \times 0.11 \\ &= 0.03 + 0.015 + 0.055 = 0.1. \end{aligned}$$

5.2.6　贝叶斯公式

在实际中，有时还会遇到反过来的问题.例如在上面的例子中，如果从被检验通过的产品中任取一件，发现它是次品，我们反过来要问：这件产品由甲、乙、丙三人检验通过的概率各是多少？这就涉及贝叶斯公式.

设 B 是样本空间 Ω 的一个事件，$A_1, A_2, \cdots, A_n$ 为 Ω 的一个事件组，且满足：

(1) $A_1, A_2, \cdots, A_n$ 互不相容，且 $P(A_i) > 0 (i = 1, 2, \cdots, n)$；

(2) $A_1 + A_2 + \cdots + A_n = \Omega$，

则对 $A_i (i = 1, 2, \cdots, n)$，有

$$P(A_i \mid B) = \frac{P(A_iB)}{P(B)} = \frac{P(A_i)P(B \mid A_i)}{P(A_1)P(B \mid A_1) + \cdots + P(A_n)P(B \mid A_n)}.$$

这个公式称为贝叶斯公式，也称为后验公式.

贝叶斯公式是通过已知事件发生的概率来推测某事件发生是什么事件引起的概率,该理论已应用到大数据、机器学习、深度学习等多个领域.

【例 5-10】 已知人群中癌患者占 0.4%,若用甲胎蛋白试验法进行普查,癌患者显示阳性反应的概率为 95%,非癌患者显示阳性反应的概率为 4%.现有一个人用甲胎蛋白试验法进行检查后结果是阳性,计算他确实是癌患者的概率.

【解答】 设 $A=\{$检查结果为阳性$\}$,$B=\{$是癌患者$\}$,$\bar{B}=\{$非癌患者$\}$,则

$$P(B)=0.4\%,\ P(\bar{B})=99.6\%,\ P(A\mid B)=95\%,\ P(A\mid \bar{B})=4\%,$$

由贝叶斯公式可得

$$\begin{aligned}P(B\mid A)&=\frac{P(B)P(A\mid B)}{P(B)P(A\mid B)+P(\bar{B})P(A\mid \bar{B})}\\&=\frac{0.4\%\times 95\%}{0.4\%\times 95\%+99.6\%\times 4\%}\approx 8.71\%.\end{aligned}$$

这个结果表明,即使查出是阳性,真正得癌的概率仍然是很小的.

【例 5-11】 在计算机通信中,利用 0,1 字符串来表示要发送的信息,信源则以等概率传输 0,1 两种信号.由子信道存在噪声干扰等因素,接收机同等接收信号的能力产生了偏移,将 0 理解为 1 或将 1 理解为 0.当信源发送 0 信号时,接收机接收转移成 1 信号的概率为 0.2;当发送 1 信号时,接收机接收转移成 0 信号的概率为 0.1.现接收机接收到一个字符串 00101,假设每个字符的传输相互独立,那么接收机正确获取信源信息的概率为多少?

【解答】 记 A 为"发送信号为 0",B 为"发送信号为 1",C 为"接收信号为 0",D 为"接收信号为 1",则得到

$$P(A)=0.5,\ P(B)=0.5,\ P(C\mid A)=0.8,\ P(C\mid B)=0.1,$$
$$P(D\mid A)=0.2,\ P(D\mid B)=0.9,$$

由贝叶斯公式,正确传输信号 0,1 的概率分别为

$$\begin{aligned}P(A\mid C)&=\frac{P(C\mid A)P(A)}{P(C\mid A)P(A)+P(C\mid B)P(B)}\\&=\frac{0.8\times 0.5}{0.8\times 0.5+0.1\times 0.5}\approx 0.889,\end{aligned}$$

$$\begin{aligned}P(B\mid D)&=\frac{P(D\mid B)P(B)}{P(D\mid B)P(B)+P(D\mid A)P(A)}\\&=\frac{0.9\times 0.5}{0.9\times 0.5+0.2\times 0.5}\approx 0.818,\end{aligned}$$

从而接收机正确获取信源信息的概率 $P=(0.889)^3\times(0.818)^2\approx 0.47$.

【程序代码】

```
#A为"发送信号为0",B为"发送信号为1",C为"接收信号为0",\
```

```
D 为"接收信号为 1"
    P_A=0.5
    P_B=0.5
    P_C_A=0.8
    P_C_B=0.1
    P_D_A=0.2
    P_D_B=0.9
    # 正确传输信号 0,1 的概率分别为
    P_A_C=(P_C_A* P_A)/(P_C_A* P_A+P_C_B* P_B)
    P_B_D=(P_D_B* P_B)/(P_D_B* P_B+P_D_A* P_A)
    print("正确传输信号 0 的概率为:% .3f"% P_A_C)
    print("正确传输信号 1 的概率为:% .3f"% P_B_D)
    print("接收机正确获取信源信息的概率为:% .2f"% \
((P_A_C**3)* (P_B_D**2)))
```

【运行结果】

```
    正确传输信号 0 的概率为:0.889
    正确传输信号 1 的概率为:0.818
    接收机正确获取信源信息的概率为:0.47
```

5.3　随机变量

5.3.1　随机变量的概念

设试验 E 的样本空间 $\Omega=\{\omega\}$,如果对每一个 $\omega\in\Omega$,通过某一对应关系 X,有一个实数 $X(\omega)$ 与之对应,即得一个定义在 Ω 上的单值函数 $X(\omega)$,称 $X(\omega)$ 为随机变量,并简记为 X.

通过建立随机变量,可以更方便地利用数学方法来处理概率统计问题.

例如掷一枚硬币,随机变量 X 可定义如下:出现正面记为 ω_1,对应值为 1;出现反面记为 ω_0,对应值为 0.这样 $X=1$ 就是表示出现正面.

设 X 是一个随机变量,x 是任意实数,称函数

$$F(x)=P\{X\leqslant x\}$$

为 X 的分布函数.

由定义可知,对于任意实数 $x_1,x_2(x_1<x_2)$,有

$$P\{x_1<X\leqslant x_2\}=P\{X\leqslant x_2\}-P\{X\leqslant x_1\}=F(x_2)-F(x_1).$$

显然,分布函数具有以下性质:

性质 1　$F(x)$ 是变量 x 的不减函数.

性质 2　$0\leqslant F(x)\leqslant 1(-\infty<x<+\infty)$.

性质 3 $F(-\infty)=\lim\limits_{x\to-\infty}F(x)=0, F(+\infty)=\lim\limits_{x\to+\infty}F(x)=1.$

在实际中，根据取值特点，随机变量分为离散型随机变量和连续型随机变量.

1）离散型随机变量

对于随机变量 X，如果它只可能取有限个或可列个值，则称 X 为离散型随机变量.

设离散型随机变量 X 所有可能取的值是 $x_1, x_2, \cdots, x_k, \cdots$，为全面描述 X，除了知道 X 的可能取值之外，还要知道 X 取各个值的概率.设

$$P\{X=x_k\}=p_k \quad (k=1,2,\cdots),$$

称该式为离散型随机变量的概率分布或分布律.

为了更直观地描述离散型随机变量的分布特点，通常用分布表来进行表示，即

X	x_1	x_2	$\cdots$	x_k	$\cdots$
P	p_1	p_2	$\cdots$	p_k	$\cdots$

其分布函数为 $F(x)=P\{X\leqslant x\}=\sum\limits_{X\leqslant x}p_i$.

【例 5-12】设有 10 件产品，其中正品 5 件，次品 5 件，现从中任取 3 件产品，讨论这 3 件产品中的次品件数的概率分布.

【解答】设 X 是取出的 3 件产品中的次品数，它的可能取值是 0,1,2,3，则

$$P\{X=0\}=\frac{C_5^3}{C_{10}^3}=\frac{1}{12},\ P\{X=1\}=\frac{C_5^1C_5^2}{C_{10}^3}=\frac{5}{12},$$

$$P\{X=2\}=\frac{C_5^2C_5^1}{C_{10}^3}=\frac{5}{12},\ P\{X=3\}=\frac{C_5^3}{C_{10}^3}=\frac{1}{12},$$

可得 X 的概率分布表为

X	0	1	2	3
P	$\frac{1}{12}$	$\frac{5}{12}$	$\frac{5}{12}$	$\frac{1}{12}$

2）连续型随机变量

对随机变量 X，若存在非负函数 $f(x)$，使得 X 取值于任意区间 (a,b) 的概率为

$$P\{a<X<b\}=\int_a^b f(x)\mathrm{d}x,$$

则称 X 为连续型随机变量，其中 $f(x)$ 为 X 的概率密度函数，简称为概率密度.

上式的几何意义是区间 (a,b) 上 $f(x)$ 图形之下的曲边梯形的面积.即连续型随机变量在区间 (a,b) 上的概率大小可以用面积来表示.

设 $f(x)$ 为 X 的概率密度函数，则

(1) 对任意 x,有 $f(x)\geqslant 0$;

(2) $\int_{-\infty}^{+\infty} f(x)\mathrm{d}x=1$.

连续型随机变量 X 的概率分布函数为

$$F(x)=P\{X\leqslant x\}=\int_{-\infty}^{x} f(t)\mathrm{d}t.$$

即已知概率密度函数求概率分布函数,需要求积;已知概率分布函数求概率密度函数,需要求导.

5.3.2 常见的随机分布

1) 二项分布:$X\sim B(n,p)$

$$P\{X=k\}=C_n^k p^k(1-p)^{n-k},\ k=0,1,2,\cdots,n;p>0.$$

注意:在 n 重伯努利试验中,若 p 为事件 A 在每次试验中发生的概率,则 n 次试验中事件 A 发生的次数 $X\sim B(n,p)$.特别地,称 $B(1,p)$ 为 0-1 分布或二点分布.

【例 5-13】 利用 pmf() 函数创建服从二项分布的仿真数据示例.

【程序代码】

```
import numpy as np
import matplotlib.pyplot as plt
import math
from scipy import stats
n=20
p=0.3
k=np.arange(0,41)
print(k)
print("*"*20)
binomial=stats.binom.pmf(k,n,p)
print(binomial)
plt.plot(k, binomial, 'o-')
plt.title('binomial:n=% i,p=% .2f'% (n,p),fontsize=15)
plt.xlabel('number of success')
plt.ylabel('probability of success', fontsize=15)
plt.grid(True)
plt.show()
```

【运行结果】(生成图形如图 5-3 所示)

```
[ 0  1  2  3  4  5  6  7  8  9 10 11 12 13 14 15 16 17 18 19 20
 21 22 23 24 25 26 27 28 29 30 31 32 33 34 35 36 37 38 39 40]
********************
```

```
[7.97922663e-04 6.83933711e-03 2.78458725e-02 7.16036722e-02
 1.30420974e-01 1.78863051e-01 1.91638983e-01 1.64261985e-01
 1.14396740e-01 6.53695655e-02 3.08170809e-02 1.20066549e-02
 3.85928193e-03 1.01783260e-03 2.18106985e-04 3.73897689e-05
 5.00755833e-06 5.04963865e-07 3.60688475e-08 1.62716605e-09
 3.48678440e-11 0.00000000e+00 0.00000000e+00 0.00000000e+00
 0.00000000e+00 0.00000000e+00 0.00000000e+00 0.00000000e+00
 0.00000000e+00 0.00000000e+00 0.00000000e+00 0.00000000e+00
 0.00000000e+00 0.00000000e+00 0.00000000e+00 0.00000000e+00
 0.00000000e+00 0.00000000e+00 0.00000000e+00 0.00000000e+00
 0.00000000e+00]
```

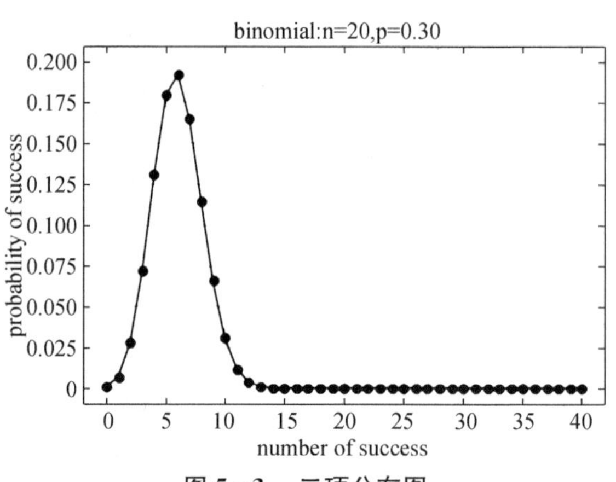

图 5－3　二项分布图

2）泊松分布：$X \sim P(\lambda)$

$$P\{X=k\}=\frac{\lambda^k}{k!}e^{-\lambda},\ k=0,1,2,\cdots;\lambda>0.$$

注意：由泊松定理可知，若 $X \sim B(n,p)$，则当 n 较大而 p 较小时，有

$$P\{X=k\}=C_n^k p^k(1-p)^{n-k} \approx \frac{\lambda^k}{k!}e^{-\lambda},\ 其中\ \lambda=np.$$

【例 5－14】 利用 poisson() 函数创建服从泊松分布的仿真数据示例.

【程序代码】

```
    import numpy as np
    import matplotlib.pyplot as plt
    import math
    x= np.random.poisson(lam= 5, size= 10000) # lam为λ, size为k
    pillar=20
    a=plt.hist(x, bins=pillar, normed=True,\
range=[0, pillar], alpha=0.5)
```

```
plt.plot(a[1][0:pillar], a[0])
plt.grid()
plt.show()
```

【运行结果】(生成图形如图 5 - 4 所示)

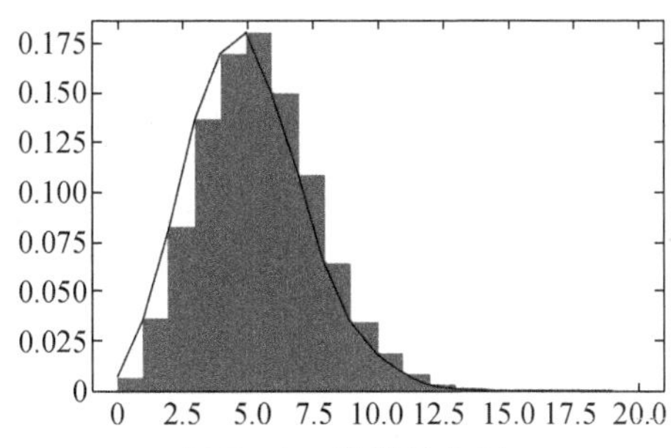

图 5 - 4　泊松分布图

3) 均匀分布:$X \sim U(a,b)$

概率密度函数 $\varphi(x)$ 为

$$\varphi(x)=\begin{cases}\dfrac{1}{b-a}, & a<x<b,\\ 0, & \text{其他},\end{cases}$$

分布函数为

$$F(x)=\begin{cases}0, & x<a,\\ \dfrac{x-a}{b-a}, & a\leqslant x<b,\\ 1, & x\geqslant b.\end{cases}$$

4) 指数分布:$X \sim E(\lambda)(\lambda>0)$

概率密度函数 $\varphi(x)$ 为

$$\varphi(x)=\begin{cases}\lambda \mathrm{e}^{-\lambda x}, & x>0,\\ 0, & x\leqslant 0,\end{cases}$$

分布函数为

$$F(x)=\begin{cases}1-\mathrm{e}^{-\lambda x}, & x\geqslant 0,\\ 0, & x<0.\end{cases}$$

5) 正态分布:$X \sim N(\mu,\sigma^2)(-\infty<\mu<+\infty,\sigma>0)$

概率密度函数 $\varphi(x)$ 为

$$\varphi(x)=\frac{1}{\sqrt{2\pi}\sigma}\mathrm{e}^{-\frac{(x-\mu)^2}{2\sigma^2}},\ -\infty<x<+\infty.$$

$N(0,1)$ 称为标准正态分布,其分布函数记为 $\Phi(x)$,即

$$\Phi(x)=\frac{1}{\sqrt{2\pi}}\int_{-\infty}^{x}\mathrm{e}^{-\frac{x^2}{2}}\mathrm{d}x.$$

注意以下几点：

(1) $\Phi(0)=0.5$.

(2) $\Phi(-x)=1-\Phi(x)$，其中 $\Phi(x)$ 的值可查表得到.

(3) 若 $X \sim N(\mu,\sigma^2)$，则其分布函数 $F(x)=\Phi\left(\frac{x-\mu}{\sigma}\right)$，从而有

$$P\{a<\xi\leqslant b\}=F(b)-F(a)=\Phi\left(\frac{b-\mu}{\sigma}\right)-\Phi\left(\frac{a-\mu}{\sigma}\right).$$

(4) 若 $X \sim N(\mu,\sigma^2)$，则 $Y=aX+b \sim N(a\mu+b,a^2\sigma^2)$.特别地，有

$$Y=\frac{X-\mu}{\sigma} \sim N(0,1).$$

【例 5-15】 利用 normal() 函数创建服从正态分布的仿真数据示例.

【程序代码】

```
import numpy as np
import matplotlib.pyplot as plt
mu=1                 # 期望为 1
sigma=3              # 标准差为 3
num=10000            # 个数为 10000
rand_data=np.random.normal(mu, sigma, num)
count, bins, ignored= plt.hist(rand_data, 30, normed= True)
plt.plot(bins,1/(sigma* np.sqrt(2* np.pi)) * np.exp(- (bins-
mu) ** 2/(2* sigma** 2)), linewidth= 2, color= 'r')
plt.show()
```

【运行结果】(生成图形如图 5-5 所示)

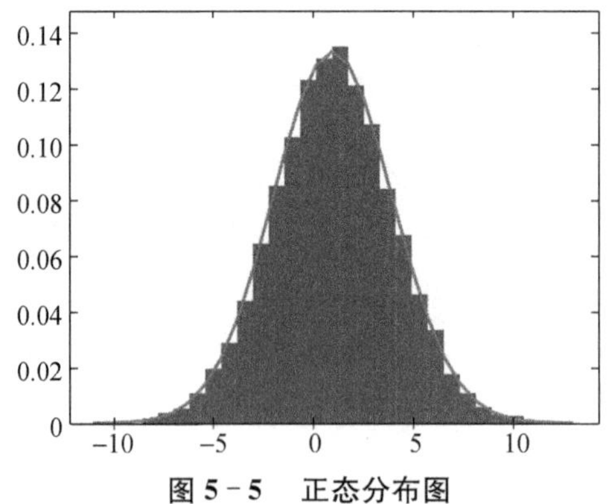

图 5-5　正态分布图

需要说明的是，numpy 里有现成的生成服从某个概率分布的随机变量的函数，而且可以自己设置参数和随机数的数量.例如：

(1) numpy.random.beta(a, b[, size])：Beta 分布随机变量；

(2) numpy.random.binomial(n, p[, size])：二项分布随机变量；

(3) numpy.random.chisquare(df[, size]):卡方分布随机变量;

(4) numpy.random.dirichlet(alpha[, size]):狄利克雷分布随机变量;

(5) numpy.random.exponential([scale, size]):指数分布随机变量;

(6) numpy.random.geometric(p[, size]):几何分布随机变量;

(7) numpy.random.normal([loc, scale, size]):正态分布随机变量;

(8) numpy.random.poisson([lam, size]):泊松分布随机变量;

(9) numpy.random.uniform([low, high, size]):均匀分布随机变量;

(10) numpy.random.wald(mean, scale[, size]):Wald 分布随机变量.

【例 5-16】已知某种灯泡的使用寿命 X 是一随机变量,均匀分布在 1000 到 1200 小时,求:(1) X 的概率密度函数;(2) X 取值于 1060 到 1150 小时的概率.

【解答】(1) 由题意可得 $a=1000, b=1200$,则 X 的概率密度函数为

$$f(x)=\begin{cases}\dfrac{1}{200}, & 1000<x<1200,\\ 0, & \text{其他}.\end{cases}$$

(2) $P\{1060<X<1150\}=\int_{1060}^{1150}f(x)\mathrm{d}x=\int_{1060}^{1150}\dfrac{1}{200}\mathrm{d}x=\dfrac{1150-1060}{200}=\dfrac{9}{20}.$

【例 5-17】设随机变量 $X\sim N(3,5^2)$.

(1) 求 $P\{2<X<6\}$;

(2) 确定 c,使得 $P\{-3c<X<2c\}=0.6$.

【程序代码】

```
from scipy.stats import norm
from scipy.optimize import fsolve
print("p=",norm.cdf(6,3,5)-norm.cdf(2,3,5))
f=lambda c:norm.cdf(2*c,3,5)-norm.cdf(-3* c,3,5)-0.6
print("c=",fsolve(f,0))
```

【运行结果】

```
p=0.3050065916890295
c=[2.29103356]
```

【例 5-18】设某种电子仪器的无故障使用时间,即从修复后使用到出现故障之间的时间间隔长度 X(单位:小时) 服从参数为 λ 的指数分布.

(1) 求这种仪器能无故障使用 t 小时以上的概率;

(2) 已知这种仪器已经无故障使用了 s 小时,求它还能无故障使用 t 小时以上的概率.

【解答】因为 $X\sim E(\lambda)$,所以 X 的分布函数为 $F(x)=\begin{cases}1-\mathrm{e}^{-\lambda x}, & x>0,\\ 0, & x\leqslant 0.\end{cases}$

(1) 仪器能无故障使用 t 小时以上的概率为

$$P\{X>t\}=1-P\{X\leqslant t\}=1-F(t)=1-(1-\mathrm{e}^{-\lambda t})=\mathrm{e}^{-\lambda t}.$$

(2) 在仪器已无故障使用了 s 小时的条件下，它还能使用 t 小时以上的概率为

$$P\{X>s+t \mid X>s\}=\frac{P\{X>s+t\}}{P\{X>s\}}=\frac{\mathrm{e}^{-\lambda(s+t)}}{\mathrm{e}^{-\lambda s}}=\mathrm{e}^{-\lambda t}.$$

注意：上面两问求得的概率是一样的，即

$$P\{X>s+t \mid X>s\}=P\{X>t\}.$$

也就是仪器用了 s 小时后，照样还可以使用 t 小时以上，好像忘记了它以前的经历一样.这是指数分布特有的一条性质，称为“指数分布的无记忆性”.该特性相当重要，能便于我们理解长短期记忆神经网络(LSTM)的特征，在文本生成、机器翻译、语音识别、生成图像描述和视频标记等中有较多应用.

5.4 随机变量的数学特征

前面我们讨论了随机变量的分布，这些分布函数(或分布列)能够完整地描述随机变量的统计特性.但对于一些分布，我们很难找到它们的分布函数，此时只要知道它们的数学特征即可，这其中包含数学期望、方差、协方差、相关系数等 .

5.4.1 期望

1) 离散型随机变量的期望

设离散型随机变量 X 的概率分布为

$$P\{X=x_i\}=p_i \quad (i=1,2,\cdots),$$

若级数 $\sum_i x_i p_i$ 绝对收敛，即 $\sum_i |x_i| p_i$ 收敛，则称 $\sum_i x_i p_i$ 为随机变量 X 的期望，记为 $E(X)$，即

$$E(X)=\sum_i x_i p_i.$$

数学期望的本质就是随机变量 X 的取值 x_i 的加权平均，从这个意义上来说，把 $E(X)$ 称为 X 的均值更能反映概率的本质.

【例 5-19】已知某种彩票以 10000 份为一个开奖组，在这 10000 份中，有 1 个一等奖，10 个二等奖，100 个三等奖，且一等奖奖金 5000 元，二等奖奖金 200 元，三等奖奖金 10 元.某人买了 1 份这种彩票，预计他能得到多少奖金？

【解答】设 $\bar{X}$ 是他能得到的奖金数.根据题意，可列出如下表格：

获奖情况	一等奖	二等奖	三等奖	不中奖
奖金数 X	5000	200	10	0
10000 份中的份数	1	10	100	9889
概率 p_i	0.0001	0.001	0.01	0.9889

要计算奖金数 X 的平均值 $\bar{X}$，可以这样做：先求出 10000 份彩票总共可得到多少奖金，再将奖金总数除以 10000，就是平均每份彩票可得到的奖金数.即

$$\bar{X}=\frac{5000\times 1+200\times 10+10\times 100+0\times 9889}{10000}=0.8(\text{元}).$$

这个式子也可以写成如下形式：

$$\begin{aligned}\bar{X}&=5000\times\frac{1}{10000}+200\times\frac{10}{10000}+10\times\frac{100}{10000}+0\times\frac{9889}{10000}\\&=5000\times 0.0001+200\times 0.001+10\times 0.01+0\times 0.9889\\&=0.5+0.2+0.1+0=0.8(\text{元}).\end{aligned}$$

2）连续型随机变量的期望

设连续型随机变量 X 的概率密度为 $f(x)$，若积分 $\int_{-\infty}^{+\infty}xf(x)\mathrm{d}x$ 绝对收敛，则称积分 $\int_{-\infty}^{+\infty}xf(x)\mathrm{d}x$ 的值为随机变量 X 的期望，记为 $E(X)$，即

$$E(X)=\int_{-\infty}^{+\infty}xf(x)\mathrm{d}x.$$

【例 5－20】 设随机变量 X 的概率密度为

$$\varphi(x)=\begin{cases}1+x, & -1\leqslant x\leqslant 0,\\ 1-x, & 0<x\leqslant 1,\\ 0, & \text{其他},\end{cases}$$

求 X 的数学期望 $E(X)$.

【解答】 由数学期望的定义可得

$$E(X)=\int_{-\infty}^{+\infty}x\varphi(x)\mathrm{d}x=\int_{-1}^{0}x(1+x)\mathrm{d}x+\int_{0}^{1}x(1-x)\mathrm{d}x=0.$$

5.4.2　方差

设 X 为一随机变量，如果 $E\{[X-E(X)]^2\}$ 存在，则称其为 X 的方差，记为 $D(X)$ 或 $\mathrm{Var}(X)$，即

$$D(X)=E\{[X-E(X)]^2\},$$

并称 $\sqrt{D(X)}$ 为 X 的标准差或均方差.

注意：$D(X)$ 也可以理解为 X 的函数 $[X-E(X)]^2$ 的数学期望.

方差描述的是随机变量取值的离散程度.显然，方差越大，随机变量取值越分散；方差越小，随机变量取值越集中.

（1）对离散型随机变量 X，若其概率分布为 $P\{X=x_i\}=p_i(i=1,2,\cdots)$，则

$$D(X)=\sum_i[x_i-E(X)]^2p_i;$$

（2）对连续型随机变量 X，若其概率密度为 $f(x)$，则

$$D(X)=\int_{-\infty}^{+\infty}[x-E(X)]^2 f(x)\mathrm{d}x.$$

计算方差的一个重要公式：

$$\begin{aligned}E\{[X-E(X)]^2\}&=E\{X^2-2XE(X)+[E(X)]^2\}\\&=E(X^2)-2E(X)E(X)+[E(X)]^2\\&=E(X^2)-[E(X)]^2,\end{aligned}$$

即 $D(X)=E(X^2)-[E(X)]^2$.

下面给出常用的离散型和连续型分布及数学特征(见表 5-2).

表 5-2　常用离散型和连续型分布及数学特征

分布名称	分布记号	概率分布或概率密度	数学期望	方差
0-1分布	$B(1,p)$	$P\{X=k\}=p^k(1-p)^{1-k}$, $k=0,1$	p	$p(1-p)$
二项分布	$B(n,p)$	$P\{X=k\}=\mathrm{C}_n^k p^k(1-p)^{n-k}$, $k=0,1,\cdots,n$	np	$np(1-p)$
泊松分布	$P(\lambda)$	$P\{X=k\}=\frac{\lambda^k}{k!}\mathrm{e}^{-\lambda}$, $k=0,1,2,\cdots$	λ	λ
几何分布	$G(p)$	$P\{X=k\}=(1-p)^{k-1}p$, $k=1,2,\cdots$	$\frac{1}{p}$	$\frac{1-p}{p^2}$
超几何分布	$H(n,M,N)$	$P\{X=k\}=\frac{\mathrm{C}_M^k\mathrm{C}_{N-M}^{n-k}}{\mathrm{C}_N^n}$, $k=0,1,\cdots,n$	$\frac{nM}{N}$	$\frac{nM}{N}\left(1-\frac{M}{N}\right)\frac{N-n}{N-1}$
均匀分布	$U(a,b)$	$\varphi(x)=\begin{cases}\frac{1}{b-a}, & a\leqslant x\leqslant b,\\0, & \text{其他}\end{cases}$	$\frac{a+b}{2}$	$\frac{(b-a)^2}{12}$
指数分布	$E(\lambda)$	$\varphi(x)=\begin{cases}\lambda\mathrm{e}^{-\lambda x}, & x>0,\\0, & x\leqslant 0\end{cases}$	$\frac{1}{\lambda}$	$\frac{1}{\lambda^2}$
正态分布	$N(\mu,\sigma^2)$	$\varphi(x)=\frac{1}{\sqrt{2\pi}\sigma}\mathrm{e}^{-\frac{(x-\mu)^2}{2\sigma^2}}$	μ	σ^2

续表 5-2

分布名称	分布记号	概率分布或概率密度	数学期望	方差
χ^2 分布	$\chi^2(n)$	$\varphi(x)=\begin{cases}\dfrac{1}{2^{\frac{n}{2}}\Gamma\left(\frac{n}{2}\right)}x^{\frac{n}{2}-1}\mathrm{e}^{-\frac{x}{2}}, & x>0,\\ 0, & x\leqslant 0\end{cases}$	n	$2n$
t 分布	$t(n)$	$\varphi(x)=\dfrac{\Gamma\left(\frac{n+1}{2}\right)}{\sqrt{n\pi}\,\Gamma\left(\frac{n}{2}\right)}\left(1+\dfrac{x^2}{n}\right)^{-\frac{n+1}{2}}$	0 $(n>1)$	$\dfrac{n}{n-2}$ $(n>2)$
F 分布	$F(m,n)$	$\varphi(x)=\begin{cases}\dfrac{\Gamma\left(\frac{m+n}{2}\right)}{\Gamma\left(\frac{m}{2}\right)\Gamma\left(\frac{n}{2}\right)}\dfrac{m^{\frac{m}{2}}n^{\frac{n}{2}}x^{\frac{m}{2}-1}}{(mx+n)^{\frac{m+n}{2}}}, & x>0,\\ 0, & x\leqslant 0\end{cases}$	$\dfrac{n}{n-2}$ $(n>2)$	$\dfrac{2n^2(m+n-2)}{m(n-2)^2(n-4)}$ $(n>4)$

【例 5-21】设离散型随机变量 X 的概率分布为

$$P\{X=0\}=0.2,\quad P\{X=1\}=0.5,\quad P\{X=2\}=0.3,$$

求 $E(X)$ 及 $D(X)$.

【解答】根据题意,可得

$$E(X)=0\times0.2+1\times0.5+2\times0.3=1.1,$$

$$E(X^2)=0^2\times0.2+1^2\times0.5+2^2\times0.3=1.7,$$

$$D(X)=E(X^2)-[E(X)]^2=1.7-1.1^2=0.49.$$

【例 5-22】设随机变量 X 的概率密度为

$$\varphi(x)=\begin{cases}2-2x, & 0<x<1,\\ 0, & \text{其他},\end{cases}$$

求 X 的数学期望 $E(X)$ 和方差 $D(X)$.

【解答】根据题意,可得

$$E(X)=\int_{-\infty}^{+\infty}x\varphi(x)\mathrm{d}x=\int_0^1 x(2-2x)\mathrm{d}x=\frac{1}{3},$$

$$E(X^2)=\int_{-\infty}^{+\infty}x^2\varphi(x)\mathrm{d}x=\int_0^1 x^2(2-2x)\mathrm{d}x=\frac{1}{6},$$

$$D(X)=E(X^2)-[E(X)]^2=\frac{1}{6}-\left(\frac{1}{3}\right)^2=\frac{1}{18}.$$

5.4.3 协方差与相关系数

1）协方差

对于随机变量ξ和η，如果$E[(\xi-E(\xi))(\eta-E(\eta))]$存在，则称它为$\xi$和$\eta$的协方差，记作$\mathrm{Cov}(\xi,\eta)$，即

$$\mathrm{Cov}(\xi,\eta)=E[(\xi-E(\xi))(\eta-E(\eta))].$$

2）相关系数

对于随机变量ξ和η，如果$D(\xi)D(\eta)\neq 0$，则称$\frac{\mathrm{Cov}(\xi,\eta)}{\sqrt{D(\xi)}\sqrt{D(\eta)}}$为$\xi$和$\eta$的相关系数，记为$\rho_{\xi\eta}$，即$\rho_{\xi\eta}=\frac{\mathrm{Cov}(\xi,\eta)}{\sqrt{D(\xi)}\sqrt{D(\eta)}}$.

【例 5-23】在“人工智能导论”这门课程学习过程中，某学生各单元的考核得分情况如下：88，90，70，75，93，85，85，88，86，85.请给出这个学生分数的数学特征.

【程序代码】

```
import numpy as np
num=[88,90,70,75,93,85,85,88,86,85]
# 求众数
c=np.bincount(num)
num_mod=np.argmax(c)
# 求中位数
num_med=np.median(num)
# 求均值
num_mea=np.mean(num)
# 求极差
num_ptp=np.ptp(num)
# 求方差
num_var=np.var(num,ddof=1)
# 求标准差
num_std=np.std(num,ddof=1)
print(" 众数：", num_mod)
print(" 中位数：",num_med)
print(" 均值：",num_mea)
print(" 极差：",num_ptp)
print(" 方差：% 5.2f"% num_var)
print(" 标准差：% 5.2f"% num_std)
```

【运行结果】

```
众数：85
中位数：85.5
```

均值：84.5
极差：23
方差：47.83
标准差：6.92

5.5　统计量及其分布

5.5.1　统计量

设 $X_1,X_2,\cdots,X_n$ 为总体 X 的一个容量为 n 的样本，且不包含总体 X 的任何未知参数，则称样本 $X_1,X_2,\cdots,X_n$ 的函数 $T(X_1,X_2,\cdots,X_n)$ 为一个统计量.

例如，设 $X_1,X_2,\cdots,X_n$ 为取自总体 $X\sim N(\mu,\sigma^2)$ 的一组样本，其中 μ,σ^2 未知，显然 $\sum\limits_{i=1}^{n}X_i$ 和 $\sum\limits_{i=1}^{n}X_i^2$ 是统计量，而 $\sum\limits_{i=1}^{n}(X_i-\mu)^2$ 和 $\frac{1}{\sigma^2}\sum\limits_{i=1}^{n}X_i^2$ 不是统计量.

常用的统计量如下：

(1) 样本均值 $\bar{X}=\frac{1}{n}\sum\limits_{i=1}^{n}X_i$，其观测值为 $\bar{x}=\frac{1}{n}\sum\limits_{i=1}^{n}x_i$；

(2) 样本方差 $S^2=\frac{1}{n-1}\sum\limits_{i=1}^{n}(X_i-\bar{X})^2$，其观测值为 $s^2=\frac{1}{n-1}\sum\limits_{i=1}^{n}(x_i-\bar{x})^2$.

样本 $X_1,X_2,\cdots,X_n$ 的观测值用相应的小写字母 $x_1,x_2,\cdots,x_n$ 表示.通常，$\bar{X}$ 反映总体 X 取值的平均水平，S^2 或 S 反映总体 X 取值的离散程度.

5.5.2　判别统计量优劣的标准

我们知道，对于母体的某一特征可构建多个统计量，而这些统计量中谁优谁劣可从以下几个方面考虑.

1）无偏性

设 $\hat{\theta}$ 是参数 θ 的估计，如果有 $E(\hat{\theta})=\theta$，则称 $\hat{\theta}$ 是 θ 的无偏估计.

2）有效性

设 $\hat{\theta}_1,\hat{\theta}_2$ 都是参数 θ 的无偏估计，如果有 $D(\hat{\theta}_1)\leqslant D(\hat{\theta}_2)$，则称 $\hat{\theta}_1$ 比 $\hat{\theta}_2$ 有效.

3）一致性

设 $\hat{\theta}_n$ 是参数 θ 的估计，n 是样本容量，如果对任何 $\varepsilon>0$，都有

$$\lim_{n\to\infty}P\{|\hat{\theta}_n-\theta|<\varepsilon\}=1,$$

则称 $\hat{\theta}_n$ 是 θ 的一致估计.

【例 5-24】 设总体 $\xi \sim N(\mu,\sigma^2)$，(X_1,X_2) 是 X 的一个样本，证明

$$\hat{\mu}_1=\frac{2}{3}X_1+\frac{1}{3}X_2,\quad \hat{\mu}_2=\frac{1}{2}X_1+\frac{1}{2}X_2$$

都是 μ 的无偏估计，并比较哪一个估计更有效.

【解答】 因为

$$E(\hat{\mu}_1)=\frac{2}{3}E(X_1)+\frac{1}{3}E(X_2)=\frac{2}{3}E(\xi)+\frac{1}{3}E(\xi)=E(\xi)=\mu,$$

$$E(\hat{\mu}_2)=\frac{1}{2}E(X_1)+\frac{1}{2}E(X_2)=\frac{1}{2}E(\xi)+\frac{1}{2}E(\xi)=E(\xi)=\mu,$$

所以 $\hat{\mu}_1,\hat{\mu}_2$ 都是 μ 的无偏估计.

因为

$$D(\hat{\mu}_1)=\frac{4}{9}D(X_1)+\frac{1}{9}D(X_2)=\frac{4}{9}D(\xi)+\frac{1}{9}D(\xi)=\frac{5}{9}D(\xi)=\frac{5}{9}\sigma^2,$$

$$D(\hat{\mu}_2)=\frac{1}{4}D(X_1)+\frac{1}{4}D(X_2)=\frac{1}{4}D(\xi)+\frac{1}{4}D(\xi)=\frac{1}{2}D(\xi)=\frac{1}{2}\sigma^2,$$

而$\frac{1}{2}\sigma^2<\frac{5}{9}\sigma^2$，即 $D(\hat{\mu}_2)<D(\hat{\mu}_1)$，所以 $\hat{\mu}_2$ 比 $\hat{\mu}_1$ 更有效.

5.5.3 常用统计量的分布

下面介绍几种常见统计量的分布.

1) 样本均值的分布

设 $X\sim N(\mu,\sigma^2)$，$(X_1,X_2,\cdots,X_n)$ 是 X 的一个样本，则

$$\bar{X}\sim N\left(\mu,\frac{\sigma^2}{n}\right)\quad 或\quad \frac{\bar{X}-\mu}{\sigma/\sqrt{n}}\sim N(0,1).$$

总体服从正态分布，且总体方差已知时，要对总体均值进行假设检验，通常选用统计量$\bar{X}\sim N\left(\mu,\frac{\sigma^2}{n}\right)$.

在进行假设检验时，常会用到标准正态分布的上 α 分位点这个概念.

设 $X\sim N(0,1)$，对给定的 $\alpha(0<\alpha<1)$，称满足条件

$$P\{X>U_\alpha\}=\alpha\quad 或\quad P\{X\leqslant U_\alpha\}=1-\alpha$$

的点 U_α 为标准正态分布的上 α 分位点或上侧临界值，简称上 α 点，其几何意义如图 5-6(a) 所示；称满足条件

$$P\{|X|>U_{\alpha/2}\}=\alpha$$

的点 $U_{\alpha/2}$ 为标准正态分布的双侧 α 分位点或双侧临界值，简称双 α 点，其几何意义如图 5-6(b) 所示.

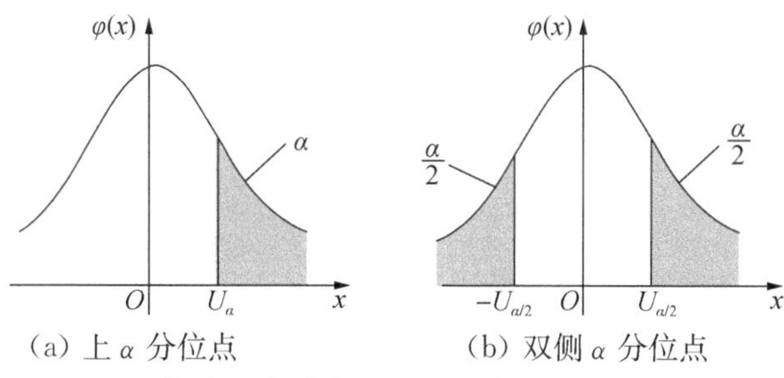

图 5-6　标准正态分布上 α 分位点和双侧 α 分位点图

在数理统计中，U_α，$U_{\alpha/2}$ 可直接通过正态分布表求得.如求 $U_{0.05/2}$，由

$$P\{X > U_{0.05/2}\} = \frac{0.05}{2} = 0.025 \quad \text{可得} \quad U_{0.05/2} = 1.96.$$

2) χ^2 分布

设 $(X_1, X_2, \cdots, X_n)$ 为取自正态总体 $X \sim N(0,1)$ 的样本，则称 $\chi^2 = X_1^2 + X_2^2 + \cdots + X_n^2$ 为服从自由度为 n 的 χ^2 分布，记作 $\chi^2 \sim \chi^2(n)$.

χ^2 分布的概率密度函数为

$$f(x) = \begin{cases} \dfrac{1}{2^{\frac{n}{2}}\Gamma\left(\dfrac{n}{2}\right)} x^{\frac{n}{2}-1} \mathrm{e}^{-\frac{x}{2}}, & x > 0, \\ 0, & x \leqslant 0, \end{cases}$$

且 $E(\chi^2) = n$，$D(\chi^2) = 2n$.其中

$$\Gamma(x) = \int_0^{+\infty} t^{x-1} \mathrm{e}^{-t} \mathrm{d}t \quad (x > 0).$$

χ^2 分布的概率密度函数的图形如图 5-7 所示.

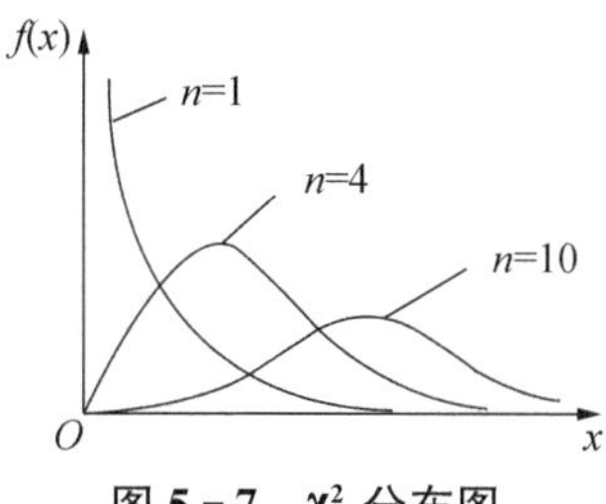

图 5-7　χ^2 分布图

设 $(X_1, X_2, \cdots, X_n)$ 为来自总体 $N(\mu, \sigma^2)$ 的样本，μ，σ^2 为已知常数，令

$$\eta_i = \frac{X_i - \mu}{\sigma}, \quad i = 1, 2, \cdots, n,$$

则 $\eta_1, \eta_2, \cdots, \eta_n$ 相互独立且服从 $N(0,1)$，由定义知统计量

$$U = \frac{1}{\sigma^2}\sum_{i=1}^{n}(X_i - \mu)^2 = \sum_{i=1}^{n}\eta_i^2$$

服从自由度为 n 的 χ^2 分布.

3) *t* 分布

设 $X_1 \sim N(0,1)$，$X_2 \sim \chi^2(n)$，且 X_1 与 X_2 相互独立，则称随机变量

$$t=\frac{X_1}{\sqrt{X_2/n}}$$

服从自由度为 n 的 t 分布，记作 $t \sim t(n)$.

t 分布的概率密度函数为

$$f(x)=\frac{\Gamma\left(\frac{n+1}{2}\right)}{\sqrt{n\pi}\,\Gamma\left(\frac{n}{2}\right)}\left(1+\frac{x^2}{n}\right)^{-\frac{n+1}{2}} \quad (-\infty<x<+\infty),$$

其图形如图 5-8 所示.当 n 较大时，t 分布近似于标准正态分布.

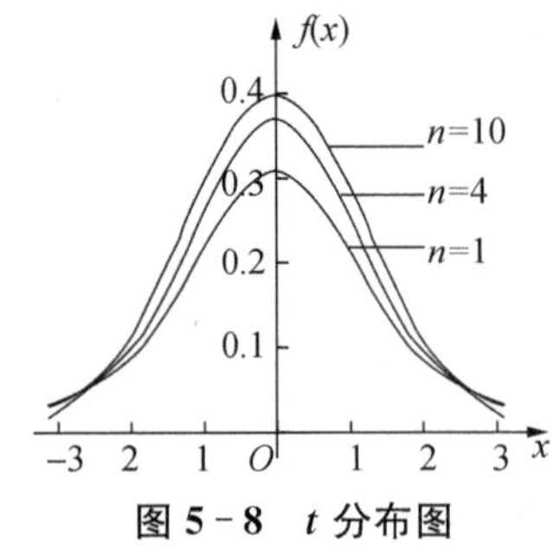

图 5-8　*t* 分布图

当总体服从正态分布且总体方差未知时，要对总体均值进行假设检验，通常选用统计量 $T=\frac{\bar{X}-\mu_0}{S}\sqrt{n}$，该统计量服从 t 分布.

4) *F* 分布

设 $X \sim \chi^2(m)$，$Y \sim \chi^2(n)$ 且 X 与 Y 相互独立，则称随机变量

$$F=\frac{X/m}{Y/n}$$

服从第一自由度为 m 和第二自由度为 n 的 F 分布，记作 $F \sim F(m,n)$.

F 分布的概率密度函数为

$$f(x)=\begin{cases}\dfrac{\Gamma\left(\frac{m+n}{2}\right)}{\Gamma\left(\frac{m}{2}\right)\Gamma\left(\frac{n}{2}\right)}\left(\dfrac{m}{n}\right)^{\frac{m}{2}}x^{\frac{m}{2}-1}\left(1+\dfrac{m}{n}x\right)^{-\frac{m+n}{2}}, & x>0,\\ 0, & x\leqslant 0.\end{cases}$$

当两个总体服从正态分布且均值未知时，要检验方差是否相等，通常选用统计量 $F=S_x^2/S_y^2$，该统计量服从 F 分布.

5.6　参数估计

设总体 X 的分布函数 $F(x,\theta)$ 的形式已知，其中参数 θ 未知（可以是一个或多个未知参数，多个未知参数时 $\boldsymbol{\theta}$ 为一向量），$X_1,X_2,\cdots,X_n$ 为来自总体 X 的样本，对参数 θ 进行点估计，就是构造一个恰当的统计量 $\hat{\theta}(X_1,X_2,\cdots,X_n)$，用它的观察值 $\hat{\theta}(x_1,x_2,\cdots,x_n)$ 估计 θ.称 $\hat{\theta}(X_1,X_2,\cdots,X_n)$ 为 θ 的估计量，$\hat{\theta}(x_1,x_2,\cdots,x_n)$ 为 θ 的估计值，并都简记为 $\hat{\theta}$.

参数估计分为点估计与区间估计.

5.6.1　点估计

1）矩估计

矩估计法的基本思想是用样本矩去估计总体 X 的矩，从而建立一个或多个含参数的估计量方程，再解此方程，得到未知参数的估计值.

【例 5-25】 设总体 X 服从参数为 p 的两点分布，求 p 的矩估计量.

【解答】 总体一阶矩 $\mu_1=E(X)=p$，样本一阶矩为 $\bar{X}$，令

$$p=\bar{X},$$

从而得 p 的矩估计量为 $\hat{p}=\bar{X}$.

【例 5-26】 设总体 $X\sim U(a,b)$，其中 a,b 为未知参数，求 a,b 的矩估计量.

【解答】 $k=2$，且总体一阶矩为 $\mu_1=E(X)=\dfrac{a+b}{2}$，总体二阶矩为

$$\mu_2=E(X^2)=D(X)+[E(X)]^2=\frac{(b-a)^2}{12}+\frac{(a+b)^2}{4},$$

而样本的一阶矩和二阶矩分别为

$$A_1=\bar{X},\ A_2=\frac{1}{n}\sum_{i=1}^{n}X_i^2.$$

令 $\mu_k=A_k(k=1,2)$，即

$$\begin{cases}\dfrac{a+b}{2}=\bar{X},\\[2ex]\dfrac{(b-a)^2}{12}+\dfrac{(a+b)^2}{4}=\dfrac{1}{n}\displaystyle\sum_{i=1}^{n}X_i^2,\end{cases}\quad\begin{cases}b+a=2\bar{X},\\[2ex]b-a=2\sqrt{3\left(\dfrac{1}{n}\displaystyle\sum_{i=1}^{n}X_i^2-\bar{X}^2\right)},\end{cases}$$

得 a,b 的矩估计量为

$$\begin{cases}\hat{a}=\bar{X}-\sqrt{3\left(\dfrac{1}{n}\displaystyle\sum_{i=1}^{n}X_i^2-\bar{X}^2\right)},\\[2ex]\hat{b}=\bar{X}+\sqrt{3\left(\dfrac{1}{n}\displaystyle\sum_{i=1}^{n}X_i^2-\bar{X}^2\right)}.\end{cases}$$

2）极大似然估计

极大似然估计法是使用总体的概率分布或概率密度表达式以及样本提供的信息，得到未知参数的估计量.

一般来说，若总体 X 是离散型随机变量，其概率分布为(Θ 是 θ 的取值范围)

$$P\{X=x\}=p(x,\theta)\quad(\theta\in\Theta).$$

设总体 X 的样本为 $X_1,X_2,\cdots,X_n$，则($X_1,X_2,\cdots,X_n$)的概率分布为

$$\begin{aligned}P\{X_1=x_1,X_2=x_2,\cdots,X_n=x_n\}&=P\{X_1=x_1\}P\{X_2=x_2\}\cdots P\{X_n=x_n\}\\&=\prod_{i=1}^{n}P\{X_i=x_i\}=\prod_{i=1}^{n}p(x_i,\theta).\end{aligned}$$

若将 $x_1,x_2,\cdots,x_n$ 看为样本 $X_1,X_2,\cdots,X_n$ 的观察值，则上式是取到样本观察值的概率，即事件 $X_1=x_1,X_2=x_2,\cdots,X_n=x_n$ 发生的概率，它与 θ 的取值有关，是 θ 的函数，记为 $L(\theta)$，即 $L(\theta)=\prod_{i=1}^{n}p(x_i,\theta)$. 称 $L(\theta)$ 为样本的似然函数.

根据极大似然估计法的基本思想，θ 的选取应使抽样的具体结果(即取到样本观察值 $x_1,x_2,\cdots,x_n$)发生的概率最大，即使 $L(\theta)$ 取最大值.而使 $L(\theta)$ 取最大值的 θ 记为 $\hat{\theta}$，即

$$L(\hat{\theta})=\max_{\theta\in\Theta}L(\theta).$$

用 $\hat{\theta}$ 估计 θ，显然 $\hat{\theta}$ 与 $x_1,x_2,\cdots,x_n$ 有关，记作 $\hat{\theta}(x_1,x_2,\cdots,x_n)$.

相应的统计量为 $\hat{\theta}(X_1,X_2,\cdots,X_n)$，称 $\hat{\theta}(X_1,X_2,\cdots,X_n)$ 为 θ 的极大似然估计量，$\hat{\theta}(x_1,x_2,\cdots,x_n)$ 为 θ 的极大似然估计值.

若总体 X 是连续型随机变量，其概率密度形式为 $f(x,\theta)(\theta\in\Theta)$，$X$ 的样本为 $X_1,X_2,\cdots,X_n$，则样本的似然函数为 $L(\theta)=\prod_{i=1}^{n}f(x_i,\theta)$，其他均和离散型情况相同.

为了得到 θ 的极大似然估计量 $\hat{\theta}$，需要求解 $L(\hat{\theta})=\max_{\theta\in\Theta}L(\theta)$.

如果函数 $L(\theta)$ 关于 θ 的导数存在，则方程 $\frac{dL(\theta)}{d\theta}=0$ 的解可能是 $\hat{\theta}$，该方程称为似然方程.因为 $L(\theta)$ 是 n 个函数的乘积，对 θ 求导数比较麻烦，所以取 $L(\theta)$ 的对数 $\ln L(\theta)$，而 $\ln L(\theta)$ 是 n 个函数之和，对 θ 求导数方便多了，并且 $\ln L(\theta)$ 与 $L(\theta)$ 在相同的 θ 处取极值，即

$$\frac{d\ln L(\theta)}{d\theta}=0\quad 与\quad \frac{dL(\theta)}{d\theta}=0$$

有相同的解.

【例 5-27】 设 X 服从参数为 p 的两点分布，即

$$P\{X=1\}=p,\ P\{X=0\}=1-p\quad(0<p<1),$$

若 X 的一个样本为 $X_1,X_2,\cdots,X_n$，求参数 p 的极大似然估计量.

【解答】 设 $x_1,x_2,\cdots,x_n$ 是样本 $X_1,X_2,\cdots,X_n$ 的观察值，X 的概率分布又可以写为

$$P\{X=x\}=p^x(1-p)^{1-x}\quad(x=0,1),$$

则似然函数

$$L(p)=\prod_{i=1}^{n}p^{x_i}(1-p)^{1-x_i}=p^{\sum\limits_{i=1}^{n}x_i}(1-p)^{n-\sum\limits_{i=1}^{n}x_i},$$

取对数，得 $\ln L(p)=\left(\sum\limits_{i=1}^{n}x_i\right)\ln p+\left(n-\sum\limits_{i=1}^{n}x_i\right)\ln(1-p)$.令

$$\frac{\mathrm{d}\ln L(p)}{\mathrm{d}p}=\frac{\sum\limits_{i=1}^{n}x_i}{p}-\frac{n-\sum\limits_{i=1}^{n}x_i}{1-p}=0,$$

解得 p 的极大似然估计值 $\hat{p}=\dfrac{1}{n}\sum\limits_{i=1}^{n}x_i=\bar{x}$，从而 p 的极大似然估计量

$$\hat{p}=\frac{1}{n}\sum_{i=1}^{n}X_i=\bar{X}\quad(\text{正是样本平均值}).$$

上面讨论的是分布中只含有一个未知参数 θ 的情况，对于分布中含有多个参数的情况，极大似然估计法也适用.常见的是两个未知参数 θ_1 和 θ_2 的情况，这时似然函数是 θ_1 和 θ_2 的函数 $L(\theta_1,\theta_2)$，和前面似然方程对应的是似然方程组

$$\begin{cases}\dfrac{\partial L(\theta_1,\theta_2)}{\partial\theta_1}=0,\\[2ex]\dfrac{\partial L(\theta_1,\theta_2)}{\partial\theta_2}=0,\end{cases}$$

取 $L(\theta_1,\theta_2)$ 的对数 $\ln L(\theta_1,\theta_2)$，有方程组

$$\begin{cases}\dfrac{\partial\ln L(\theta_1,\theta_2)}{\partial\theta_1}=0,\\[2ex]\dfrac{\partial\ln L(\theta_1,\theta_2)}{\partial\theta_2}=0,\end{cases}$$

解该方程组，即可得到 θ_1 和 θ_2 的极大似然估计值 $\hat{\theta}_1$ 和 $\hat{\theta}_2$.

对多个参数的情形，可以类似处理.

【例 5-28】 设 $X\sim N(\mu,\sigma^2)$，其中 μ,σ^2 为未知参数，$X_1,X_2,\cdots,X_n$ 为 X 的一个样本，求 μ,σ^2 的极大似然估计量.

【解答】 设 $x_1,x_2,\cdots,x_n$ 是样本 $X_1,X_2,\cdots,X_n$ 的观察值，X 的概率密度为

$$f(x,\mu,\sigma^2)=\frac{1}{\sqrt{2\pi}\sigma}\mathrm{e}^{-\frac{(x-\mu)^2}{2\sigma^2}}\quad(-\infty<x<+\infty),$$

则似然函数

$$L(\mu,\sigma^2)=\prod_{i=1}^{n}\frac{1}{\sqrt{2\pi}\sigma}\mathrm{e}^{-\frac{(x_i-\mu)^2}{2\sigma^2}}=(2\pi)^{-\frac{n}{2}}(\sigma^2)^{-\frac{n}{2}}\mathrm{e}^{-\frac{1}{2\sigma^2}\sum\limits_{i=1}^{n}(x_i-\mu)^2}.$$

取对数,得

$$\ln L(\mu,\sigma^2)=-\frac{n}{2}\ln(2\pi)-\frac{n}{2}\ln\sigma^2-\frac{1}{2\sigma^2}\sum_{i=1}^{n}(x_i-\mu)^2,$$

令

$$\begin{cases}\dfrac{\partial\ln L(\mu,\sigma^2)}{\partial\mu}=\dfrac{1}{\sigma^2}\sum\limits_{i=1}^{n}(x_i-\mu)=0,\\ \dfrac{\partial\ln L(\mu,\sigma^2)}{\partial\sigma^2}=-\dfrac{n}{2\sigma^2}+\dfrac{1}{2\sigma^4}\sum\limits_{i=1}^{n}(x_i-\mu)^2=0,\end{cases}$$

解得 $\hat{\mu}=\frac{1}{n}\sum\limits_{i=1}^{n}x_i=\bar{x}$, $\hat{\sigma}^2=\frac{1}{n}\sum\limits_{i=1}^{n}(x_i-\bar{x})^2$,则 μ,σ^2 的极大似然估计量分别为

$$\hat{\mu}=\frac{1}{n}\sum_{i=1}^{n}X_i=\bar{X},\quad\hat{\sigma}^2=\frac{1}{n}\sum_{i=1}^{n}(X_i-\bar{X})^2.$$

5.6.2 区间估计

如果我们希望能够估计出未知参数的一个范围,并且知道这个范围包含参数真值的可信程度,而这种范围通常用区间的形式给出,并同时给出此区间包含参数真值的可信程度,就是参数的区间估计问题.

1) 置信区间和置信度

设 θ 是总体 X 的分布函数 $F(x,\theta)$ 中的未知参数,对于给定的 $\alpha(0<\alpha<1)$,若由样本 $X_1,X_2,\cdots,X_n$ 确定两个统计量

$$\underline{\theta}=\underline{\theta}(X_1,X_2,\cdots,X_n)\quad与\quad\bar{\theta}=\bar{\theta}(X_1,X_2,\cdots,X_n)$$

满足 $P\{\underline{\theta}<\theta<\bar{\theta}\}=1-\alpha$,则称随机区间 $(\underline{\theta},\bar{\theta})$ 是 θ 的置信度为 $1-\alpha$ 的双侧置信区间,简称为置信区间,分别称 $\underline{\theta}$, $\bar{\theta}$ 为置信下限和置信上限,称 $1-\alpha$ 为置信度.

因为 $\underline{\theta}$, $\bar{\theta}$ 是随机变量,而 θ 不是随机变量,具体来说,若反复抽样多次,每次的样本容量都是 n,则每一次抽样得到的样本观察值 $x_1,x_2,\cdots,x_n$ 可以确定一个区间 $(\underline{\theta}(X_1,X_2,\cdots,X_n),\bar{\theta}(X_1,X_2,\cdots,X_n))$,并且这个区间可能包含 θ 的真值在内,也可能不包含 θ 的真值在内.在多次抽样后得到的多个区间中,包含 θ 的真值在内的区间约占 $1-\alpha$,不包含 θ 的真值在内的区间约占 α.

例如取 $\alpha=0.01$,反复抽样1000次,得到1000个区间,其中约有10个区间不包

含 θ 的真值在内.

2）置信区间的确定

下面重点介绍一下正态总体期望的区间估计问题，其他未知参数的区间估计思路一致.

已知单个总体 $X \sim N(\mu, \sigma^2)$，期望 μ 的区间估计可分为方差 σ^2 已知和方差 σ^2 未知两种情况进行讨论.

（1）方差 σ^2 已知，对期望 μ 进行区间估计

根据点估计原理，用 $\bar{X}$ 作为 μ 的点估计，由于 $\bar{X} \sim N\left(\mu, \frac{\sigma^2}{n}\right)$，从而有

$$\frac{\bar{X}-\mu}{\sqrt{\sigma^2/n}} \sim N(0,1),\ \text{令}\ U=\frac{\bar{X}-\mu}{\sqrt{\sigma^2/n}} \sim N(0,1),$$

由标准正态分布上侧分位数的定义，对于给定的 $\alpha(0<\alpha<1)$，有

$$P\{|U|<u_{\alpha/2}\}=P\left\{\left|\frac{\bar{X}-\mu}{\sqrt{\sigma^2/n}}\right|<u_{\alpha/2}\right\}=1-\alpha,$$

所以 $P\left\{-u_{\alpha/2}<\frac{\bar{X}-\mu}{\sqrt{\sigma^2/n}}<u_{\alpha/2}\right\}=1-\alpha$，即

$$P\left\{\bar{X}-u_{\alpha/2}\sqrt{\frac{\sigma^2}{n}}<\mu<\bar{X}+u_{\alpha/2}\sqrt{\frac{\sigma^2}{n}}\right\}=1-\alpha,$$

从而得到 μ 的置信度为 $1-\alpha$ 的置信区间为 $\left(\bar{X}-u_{\alpha/2}\sqrt{\frac{\sigma^2}{n}},\ \bar{X}+u_{\alpha/2}\sqrt{\frac{\sigma^2}{n}}\right)$.这是一个以 $\bar{X}$ 中点，长度为 $2u_{\alpha/2}\sqrt{\frac{\sigma^2}{n}}$ 的对称区间.

【例 5-29】 已知某厂生产的化纤纤度 $X \sim N(\mu, \sigma^2)$，且 $\sigma^2=0.048^2$，今抽取 9 根纤维，测得其纤度分别为 1.36，1.49，1.43，1.41，1.37，1.40，1.32，1.42，1.47，求期望 μ 的置信度为 0.95 的置信区间.

【解答】 因为 $n=9$，$\sigma^2=0.048^2$，又 $\bar{x}=1.408$，由上述公式可得期望 μ 的置信度为 0.95 的置信区间为(1.377，1.439).

（2）方差 σ^2 未知，对期望 μ 进行区间估计

由于随机变量 $U=\frac{\bar{X}-\mu}{\sqrt{\sigma^2/n}} \sim N(0,1)$，而方差 σ^2 未知，我们用样本方差 S^2 来代替 σ^2，此时得到的随机变量为 t，并且 t 服从自由度为 $n-1$ 的 t 分布，即

$$t=\frac{\bar{X}-\mu}{\sqrt{S^2/n}} \sim t(n-1).$$

再根据 t 分布上侧分位数的定义，对给定的 $\alpha(0<\alpha<1)$，有

$$P\{|t|<t_{\alpha/2}(n-1)\}=P\left\{\left|\frac{\bar{X}-\mu}{\sqrt{S^2/n}}\right|<t_{\alpha/2}(n-1)\right\}=1-\alpha,$$

$$P\left\{-t_{\alpha/2}(n-1)<\frac{\bar{X}-\mu}{\sqrt{S^2/n}}<t_{\alpha/2}(n-1)\right\}=1-\alpha,$$

即 $P\left\{\bar{X}-t_{\alpha/2}(n-1)\sqrt{\frac{S^2}{n}}<\mu<\bar{X}+t_{\alpha/2}(n-1)\sqrt{\frac{S^2}{n}}\right\}=1-\alpha$，从而得到 μ 的置信度为 $1-\alpha$ 的置信区间是

$$\left(\bar{X}-t_{\alpha/2}(n-1)\sqrt{\frac{S^2}{n}},\ \bar{X}+t_{\alpha/2}(n-1)\sqrt{\frac{S^2}{n}}\right).$$

【例 5-30】 对飞机的飞行速度进行 15 次独立测试，测得飞机的最大飞行速度如下（单位：m/s）：

422.2，418.7，425.6，420.3，425.8，423.1，431.5，428.2，

438.3，434.0，412.3，417.2，413.5，441.3，423.7.

根据长期经验，可以认为飞机的最大飞行速度服从正态分布，试对最大飞行速度的期望进行区间估计（置信度为 0.95）.

【解答】 用 X 表示飞机的最大飞行速度，则 $X\sim N(\mu,\sigma^2)$.

根据题意：σ^2 未知，求 μ 的置信度为 0.95 的置信区间，$\alpha=0.05$，$n=15$.

又 $\bar{x}=425.047$，$S^2=71.881$，通过查表得到

$$t_{\alpha/2}(n-1)=t_{0.025}(14)=2.1448,$$

根据上面的公式，可得 μ 的置信度为 0.95 的置信区间为(420.351,429.743).

使用 scipy 库中 stats 模块的 norm 类下的 interval 方法可以求正态分布的总体均值的置信区间，其语法格式如下：

```
scipy.stats.norm.interval(alpha,loc=0,scale=1)
```

其中，alpha 表示指定的置信度，范围为[0,1]，无默认值；loc 表示平均值，默认为 0；scale 表示标准差，默认为 1.

【例 5-31】 为测得某种溶液中的甲醇浓度，现取样测量后得到 4 个独立测定值的平均值 $\bar{x}=8.34\%$，样本标准差 $S=0.03\%$.设测量值近似服从正态分布，求总体均值 μ 的 95% 的置信区间.

【程序代码】

```
from scipy import stats as sts
CI=sts.norm.interval(0.95,loc=8.34,scale=0.03)
print('置信区间为:',CI)
```

【运行结果】

```
置信区间为:(8.281201080463799, 8.398798919536201)
```

第三篇　人工智能算法的实际应用

第6章　误差与插值

人工智能的核心是机器学习，机器学习的核心是求最优解，而求最优解的核心是使解的误差越来越小.机器学习过程中会出现各种误差，它们可以分为两大类：一类是过失误差，例如粗心大意而产生的误差等，对于此类误差，只要仔细、认真，比较容易消除；还有一类误差称为非过失误差，例如近似值带来的误差，还有模型误差、观测误差、截断误差和舍入误差等，这类误差属于技术层面的内容，需要不断地调整计算方法，不断地修改模型，才能尽可能减小.我们可通过插值来了解和认识误差.

6.1　误差

6.1.1　误差来源

误差是人工智能算法研究中一个非常重要的领域.科学计算过程中有些误差是无法避免的非过失误差，按照误差来源的不同，可以分为不同的类型.

(1) 数据获取误差

机器学习离不开数据集.在当今的大数据时代，数据的采集源往往是高度多样化的，而不同的数据源也往往需要不同的采集手段来进行针对性采集，因此数据采集的方法有多种.

数据采集方法及渠道很多，有物理采集、软件采集等多种手段.例如：

① 利用设备采集方法：通过设备装置从系统外部采集数据并输入到系统内部进行归类、存储，比如通过摄像头、麦克风、感应器等工具进行数据采集.目前，此类数据采集技术广泛应用在各个领域.

② 系统日志采集方法：当前很多互联网企业都拥有自己的数据采集工具，通常多用于系统日志采集，比如Hadoop的Chukwa，Cloudera的Flume，Facebook的Scribe等，通过这些工具可进行大量的日志数据采集、传输、归类.

③ 网络数据采集方法：通过网络爬虫或网站公开API等方式从网站上获取数据信息，通常得到的是非结构化数据，比如图片、音频、视频等.

④ 保密数据采集方法：对于企业生产经营数据、科学研究数据等保密性要求较高的数据，可以通过与企业或研究机构合作，使用特定系统接口等相关方式采集.

而通过以上不同的方法得到的数据源，会对运行结果产生不同的误差.

(2) 截断误差

不少机器学习运算中会遇到超越计算，如微分、积分和无穷级数求和等，它们需要用极限或无穷过程来求解.但计算机只能完成有限次算术运算或逻辑运算，因此需将解题过程化为一系列有限的算术运算和逻辑运算.这样就要对某种无穷过程转化为有穷进行替代，即仅保留无穷过程的前段有限项而舍弃它的后段.由此就带来了误差，称之为截断误差或方法误差.例如，函数的幂级数展开：

$$\sin x = x - \frac{x^3}{3!} + \frac{x^5}{5!} - \frac{x^7}{7!} + \cdots,$$

若取级数的起始若干项的部分和作为 $x < 1$ 时函数值的近似计算公式，如取

$$\sin x \approx x - \frac{x^3}{3!} + \frac{x^5}{5!},$$

则由于等号右边第四项和以后各项都舍弃了，自然产生了误差.这就是因为截断了无穷级数自第四项起的后段而产生的截断误差.

事实上，$\sin x$ 可展开为

$$\sin x = x - \frac{x^3}{3!} + \frac{x^5}{5!} - \cdots + (-1)^n \frac{x^{2n+1}}{(2n+1)!} + \cdots \quad (-\infty < x < +\infty),$$

从图像上来看，用幂函数代替 $\sin x$ 的误差随 n 的增大而减小(见图 6-1～图 6-5).即随着项数逐渐增加，级数展开式的图像越来越逼近函数本身的图像，其拟合的程度越来越高，误差越小.

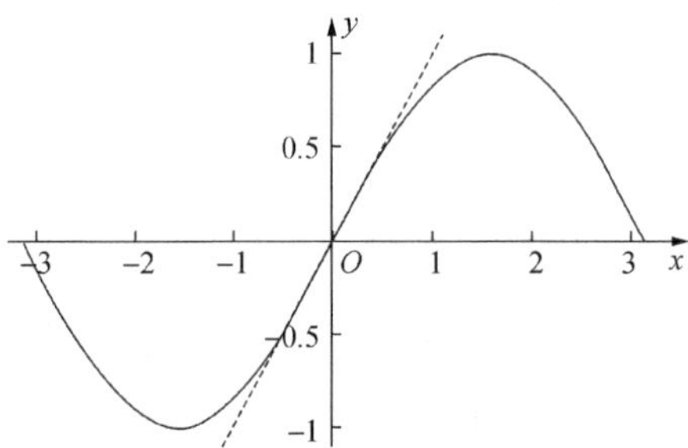

图 6-1　幂级数逼近：$\sin x = x$

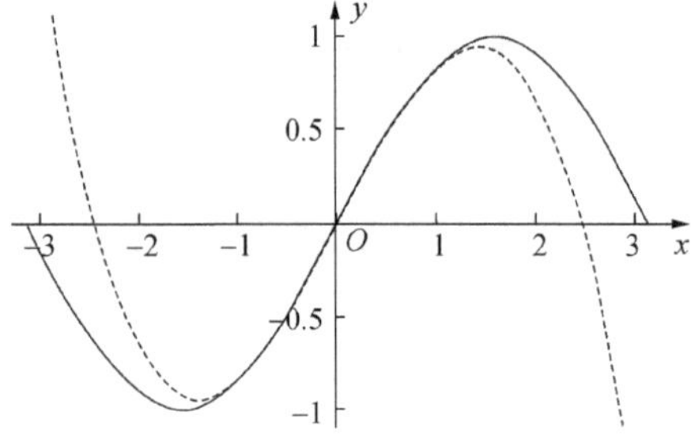

图 6-2　幂级数逼近：$\sin x = x - \frac{1}{3!}x^3$

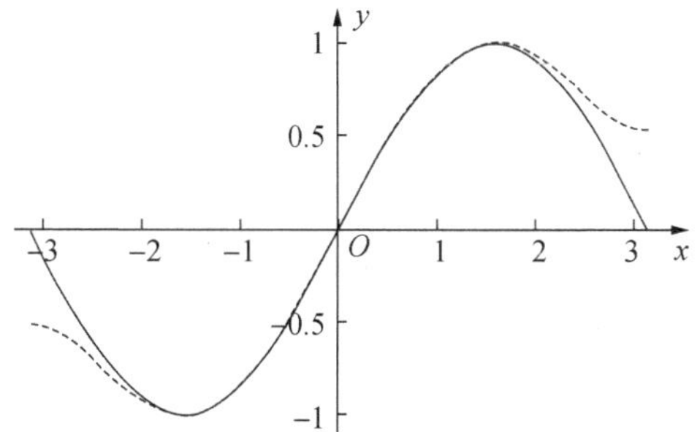

图 6-3　幂级数逼近: $\sin x = x - \frac{1}{3!}x^3 + \frac{1}{5!}x^5$

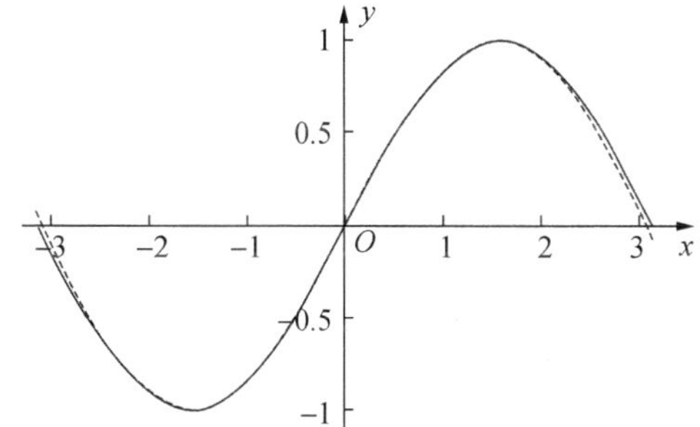

图 6-4　幂级数逼近: $\sin x = x - \frac{1}{3!}x^3 + \frac{1}{5!}x^5 - \frac{1}{7!}x^7$

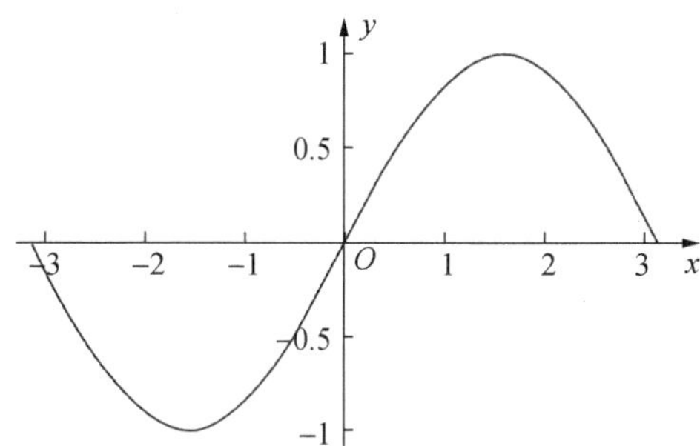

图 6-5　幂级数逼近: $\sin x = x - \frac{1}{3!}x^3 + \cdots + \frac{1}{9!}x^9$

再如,设周期为 2π 的周期函数 $f(x)$ 在一个周期内的表达式为

$$f(x)=\begin{cases}1, & 0<x\leqslant\pi,\\ 0 & -\pi\leqslant x<0,\end{cases}$$

由此可以生成 $f(x)$ 的傅里叶级数.

通过图 6-6 ～ 图 6-9 观察该级数的部分和逼近 $f(x)$ 的情况,可以看出:一个周期方波信号可以由频率成整数倍的正弦波谐波叠加而成,并且随着谐波的增多,叠加而成的波形逐渐接近方波的形状.

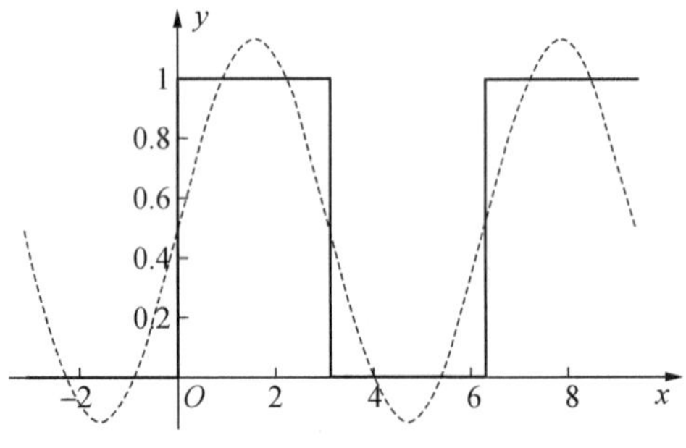

图 6-6　傅里叶级数逼近(1)

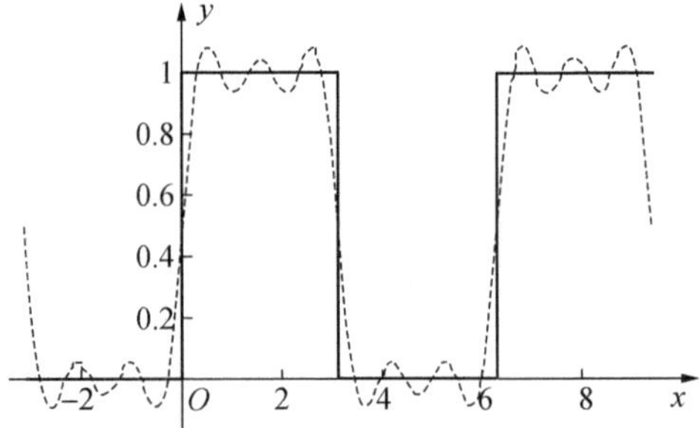

图 6-7　傅里叶级数逼近(2)

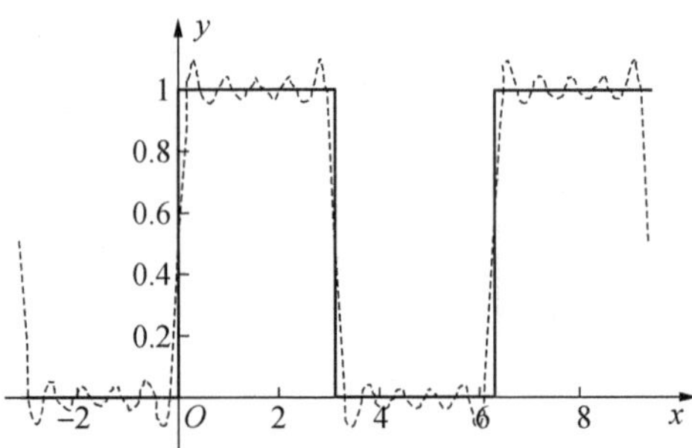

图 6-8　傅里叶级数逼近(3)

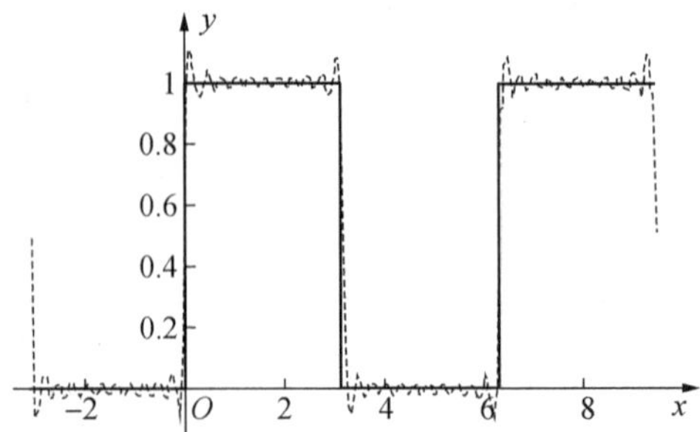

图 6-9　傅里叶级数逼近(4)

(3) 舍入误差

在数值计算过程中会遇到一些无穷不循环小数和无穷循环小数，如

$$e=2.71828182\cdots,\quad \pi=3.14159265\cdots,$$

$$\sqrt{2}=1.41421356\cdots,\quad \frac{1}{3!}=\frac{1}{6}=0.1666666\cdots$$

等，而计算机受机器字长的限制，它所表示的数据只能是一定的有限位数，这时就需把数据按四舍五入等方式舍入成某一位数的近似有理数，由此引起的误差称为舍入误差.

(4) 模型误差

用计算机解决科学计算问题首先要建立数学模型.数学模型将对被描述的实际问题进行抽象、归结，往往会忽略一些次要因素的影响，而对问题做某些必要的简化.这样建立的数学模型实际上是对所研究的复杂客观现象的一种近似描述，它与客观存在的实际问题之间有一定的误差，这种误差即称为模型误差.

例如进行人口增加预测时，英国人口统计学家 Malthus 建立了一个人口增长模型.其基本假设如下：在人口自然增长的过程中，净相对增长率（单位时间内人口的净增长数与人口总数之比）是常数，并记此常数为 r（生命系数）.

设在 t 到 $t+\Delta t$ 这段时间内人口数量 $N=N(t)$ 的增长量为

$$N(t+\Delta t)-N(t)=rN(t)\Delta t\quad \left(\Delta t=1,r=\frac{N(t+\Delta t)-N(t)}{N(t)}\right),$$

于是 $N(t)$ 满足微分方程

$$\frac{\mathrm{d}N}{\mathrm{d}t}=rN.$$

这是一个可分离变量微分方程，将其改写为

$$\frac{\mathrm{d}N}{N}=r\mathrm{d}t,$$

两边积分得

$$\ln N=rt+c_1,\quad 即\quad N=c\mathrm{e}^{rt},$$

其中 $c=\mathrm{e}^{c_1}$ 为任意常数.

如果设初始条件为 $t=t_0$ 时，$N(t)=N_0$，代入上式可得 $c=N_0\mathrm{e}^{-rt_0}$，即方程满足初值条件的解为

$$N(t)=N_0\mathrm{e}^{r(t-t_0)}.$$

若 $r>0$，上式说明人口总数 $N(t)$ 将按指数规律无限增长.即将时间 t 以 1 年或 10 年离散化，则人口数是以 e^r 为公比的等比数列增加的.当人口总数不大时，因为生存空间、资源等极为充裕，人口总数呈指数增长是有可能的.但当人口总数非常大时，该模型则不能反映这样一个事实：环境所提供的条件只能供养一定数量的

人口.因此,Malthus 模型在 $N(t)$ 很大时是不合理的.

荷兰生物学家 Verhulst 引入常数 N_m(环境最大容纳量)表示自然资源和环境条件所能容纳的最大人口数,并假设净相对增长率为 $r\left(1-\frac{N(t)}{N_m}\right)$,即净相对增长率随 $N(t)$ 的增加而减少,且当 $N(t)\to N_m$ 时,净增长率趋于 0.

按此假定,人口增长的方程应改为

$$\frac{\mathrm{d}N}{\mathrm{d}t}=r\left(1-\frac{N}{N_m}\right)N,$$

这就是 Logistic 人口模型.当 N_m 与 N 相比很大时,$\frac{rN^2}{N_m}$ 与 rN 相比可忽略,则模型变为 Malthus 模型;但当 N_m 与 N 相比不是很大时,$\frac{rN^2}{N_m}$ 这一项就不能忽略,人口增长速度将缓慢下来.因此,人们经常用 Logistic 人口模型来预测地球未来人数.

由上可见,对于问题的不同背景,问题的假设对模型的建立影响较大,导致的误差也较大.

如前所述,人工智能数值计算中除了可以完全避免的过失误差外,还存在难以回避的模型误差、观测误差、截断误差和舍入误差.而数学模型一旦建立,进入具体计算时所要考虑和分析的就是截断误差和舍入误差.计算机中经过千百万次运算后所积累起来的误差不容小视,它们有时会大得惊人,甚至达到"淹没"所欲求解的真值的地步,而使计算结果失去根本的意义.因此,进行人工智能算法设计时,须重视误差的产生及影响.

6.1.2 误差与误差限

设 x_0 为某一个量的真值,x_0^* 为 x_0 的一个近似值,则 x_0 与 x_0^* 的差

$$e=x_0^*-x_0 \quad 或 \quad e=x_0-x_0^*$$

称为 x_0 的绝对误差,简称误差.误差可正、可负,分别称为正误差和负误差.

由于真值 x_0 往往是未知的,因而不能计算出误差.我们一般给出误差限 ε,再通过误差限 ε 来估计真值,即

$$|x_0^*-x_0|\leqslant\varepsilon,\ -\varepsilon\leqslant x_0^*-x_0\leqslant\varepsilon,\ x_0^*-\varepsilon\leqslant x_0\leqslant x_0^*+\varepsilon,$$

数值 $x_0^*-\varepsilon$ 和 $x_0^*+\varepsilon$ 代表了 x_0 所在范围的上、下限.而 ε 越小,表示近似值 x_0^* 的精度越高.

例如,用毫米刻度的尺测量不超过 1 m 的长度 l,读数方法如下:如果长度 l 接近于毫米刻度 l^*,就读出该刻度数 l^* 作为长度 l 的近似值.显然,这个近似值的绝对误差限为 0.5 mm,因此

$$|e_{(l)}|=|l-l^*|\leqslant 0.5\ \text{mm}.$$

如果读出的长度是 100 mm，则有

$$|l-100|\leqslant 0.5\text{ mm},\ 99.5\text{ mm}\leqslant l\leqslant 100.5\text{ mm},$$

这说明 l 必在区间 [99.5，100.5](单位：mm) 内.

6.1.3　相对误差

绝对误差是既指明误差的大小，又指明其正负方向，并以同一单位量纲反映测量结果偏离真值大小的一个值，它确切表示了偏离真值的实际大小.一个算法的好坏，主要取决于结果的好坏，而结果的好坏不能仅以绝对误差来衡量.例如，一个算法 M_1 用于计算身高为 1 m 的人的身高，产生了 1 cm 的误差，而另一个算法 M_2 用于计算高度为 10 m 的树的高度，产生了 2 cm 的误差，此时我们不能说明算法 M_1 比算法 M_2 好，因为其中涉及相对误差的概念.

近似值 x^* 的绝对误差 e 与准确值 x 的比值，即

$$e_r=\frac{e}{x}=\frac{x^*-x}{x}$$

称为近似值 x^* 的相对误差.

通过计算可知，前一个算法 M_1 的相对误差为 1/100，后一个算法 M_2 的相对误差则为 1/500，M_1 是 M_2 的 5 倍.显然，算法 M_2 比算法 M_1 要好.

6.1.4　误差的传播

在实际数值运算过程中，误差存在累积现象.此时，有一些误差的传播特点及性质需要在算法实现过程中掌握并灵活运用.

(1) 设 x_1^* 是 x_1 的近似值，x_2^* 是 x_2 的近似值，则 $x_1^*\pm x_2^*$ 作为 $x_1\pm x_2$ 的近似值，其误差是

$$(x_1^*\pm x_2^*)-(x_1\pm x_2)=(x_1^*-x_1)\pm(x_2^*-x_2),$$

即和(或差) 的误差等于误差的和(或差).

但

$$|(x_1^*\pm x_2^*)-(x_1\pm x_2)|\leqslant|x_1^*-x_1|+|x_2^*-x_2|,$$

所以误差限之和是和或差的误差限.

(2) x^* 作为 x 的近似值的误差 $e=x^*-x$ 可近似看作 x 的微分，即

$$\mathrm{d}x=x^*-x,$$

而 x^* 作为 x 的近似值的相对误差是

$$e_r=\frac{e}{x}=\frac{x^*-x}{x}=\frac{\mathrm{d}x}{x}=\mathrm{d}(\ln x),$$

它是 x 的对数的微分.

(3) 设 x^* 是 x 的近似值，y^* 是函数值 y 的近似值，且 $y^*=f(x^*)$，现将函数

$f(x)$ 在点 x^* 处泰勒展开,其展开式为

$$f(x)=f(x^*)+f'(x^*)(x-x^*)+\frac{1}{2}f''(\xi)(x-x^*)^2,$$

式中,ξ 介于 x,x^* 之间.因为 $x-x^*=e_{(x)}$ 一般是小量值,如果忽略高阶小量,即高阶的 $x-x^*$,则上式可简化为

$$f(x)\approx f(x^*)+f'(x^*)\cdot e_{(x)},$$

因此 y^* 的绝对误差

$$e_{(y)}=y-y^*=f(x)-f(x^*)\approx f'(x^*)\cdot e_{(x)}.$$

式中,$e_{(x)}$ 前面的系数 $f'(x^*)$ 是 x^* 对 y^* 的绝对误差增长因子,它表示绝对误差 $e_{(x)}$ 经过传播后增大或缩小的倍数.

同时,得到 y^* 的相对误差为

$$e_{r(y)}=\frac{e_{(y)}}{y^*}\approx f'(x^*)\cdot\frac{e_{(x)}}{y^*}=\frac{x^*}{y^*}f'(x^*)\cdot e_{r(x)}.$$

式中,$e_{r(x)}$ 前面的系数 $\frac{x^*}{y^*}f'(x^*)$ 是 x^* 对 y^* 的相对误差增长因子,它表示相对误差 $e_{r(x)}$ 经过传播后增大或缩小的倍数.显然,当

$$\frac{x^*}{y^*}f'(x^*)>1 \quad 或 \quad \frac{x^*}{y^*}f'(x^*)<-1$$

时,y 的误差增长要快于 x 的误差增长.即当误差增长因子的绝对值很大时,数据误差在运算中传递后可能会造成结果的很大误差.

凡原始数据 x 的微小变化可能引起结果 y 的很大变化的问题称为病态问题或坏条件问题,此种情况在模型中要尽量避免.

6.2　插值法

在人工智能应用领域,常用函数 $y=f(x)$ 来表示某种内在规律的数量关系,这些函数是多种多样的,并且其中一部分函数是通过实验或观测得到的.不过在某个实际问题中,虽然可以断定所考虑的函数 $f(x)$ 在区间 $[a,b]$ 上是存在的,有的还是连续的,但却难以找到它的解析表达式,只能得到 $[a,b]$ 上一系列点 x_i 的函数值 $y_i=f(x_i)(i=1,2,\cdots,n)$.而这只是一张函数表,通过它来求其他点的函数值可能很困难.为了研究函数的变化规律以及求出不在表上的函数值,人们总希望根据给定的观测点取值来构造一个既能反映 $f(x)$ 的特性,又便于计算的简单函数 $P(x)$ 作为 $f(x)$ 的近似.通常会选一类较简单的函数,如代数多项式或分段代数多项式作为 $P(x)$,并使 $P(x_i)=f(x_i)(i=1,2,\cdots,n)$ 成立.这样确定的 $P(x)$ 就是我们希望得到的插值函数.

根据插值函数 $P(x)$ 的不同取法,所求得的插值函数 $P(x)$ 逼近 $f(x)$ 的效果也不同.插值函数的选择取决于使用上的需要,常用的有代数多项式、三角多项式和有理函数等.

当选用代数多项式作为插值函数时,就称 $P(x)$ 为插值多项式,相应的插值法称为多项式插值;若 $P(x)$ 为分段多项式,就是分段插值;若 $P(x)$ 为三角多项式,就称为三角插值.这里我们只讨论多项式插值.

在多项式插值中,最常见、最基本的问题就求一个次数不超过 n 的代数多项式

$$P_n(x)=a_0+a_1x+\cdots+a_nx^n,$$

使 $P_n(x_i)=y_i(i=0,1,\cdots,n)$.其中,$a_0,a_1,\cdots,a_n$ 为实数;x_i,y_i 意义同前.称该多项式为函数 $f(x)$ 在节点 $x_i(i=0,1,\cdots,n)$ 处的 n 次插值多项式.

插值问题属于数据清洗范畴,是数据清洗中一个非常重要的领域.

6.2.1　数据清洗

由于数据处理不当或数据不完整或数据规范等方面的要求,通常要进行数据清洗.数据清洗从名字上看就是把“脏”的“洗掉”,实质是对数据进行重新审查和校验,目的在于删除重复信息,纠正存在的错误,并检验数据一致性.

【例 6-1】检查数据是否缺失示例.

数据缺失在大部分数据分析应用中都很常见,Pandas 使用浮点值 NaN 表示浮点和非浮点数组中的缺失数据.

【程序代码】

```
from pandas import Series,DataFrame
string_data=Series(['abcd','efgh','ijkl','mnop'])
print(string_data)
print("...........\n")
print(string_data.isnull())
```

【运行结果】

```
abcd
efgh
ijkl
mnop
dtype: object
...........
False
False
False
False
dtype: bool
```

【例 6－2】利入 Series 的平均值进行补值示例.

【程序代码】

```
from pandas import Series,DataFrame, np
from numpy import nan as NA
data=Series([1.0,NA,3.5,NA,7])
print(data)
print("...........\n")
print(data.fillna(data.mean()))
```

【运行结果】

```
0     1.0
1     NaN
2     3.5
3     NaN
4     7.0
dtype: float64
...........
0     1.000000
1     3.833333
2     3.500000
3     3.833333
4     7.000000
dtype: float64
```

6.2.2 线性插值

若只有两个观察点,此时可以建立一阶线性插值多项式.假定已知$[x_k,x_{k+1}]$端点处的函数值$y_k=f(x_k)$,$y_{k+1}=f(x_{k+1})$,要求线性插值多项式$L_1(x)$,使它满足

$$L_1(x_k)=y_k,\ L_1(x_{k+1})=y_{k+1}.$$

从几何上看(如图6-10所示),通过两点(x_k,y_k)与(x_{k+1},y_{k+1})的次数不超过1的多项式是一条直线.依据点斜式或两点式直线方程,可写出相应的线性表达式:

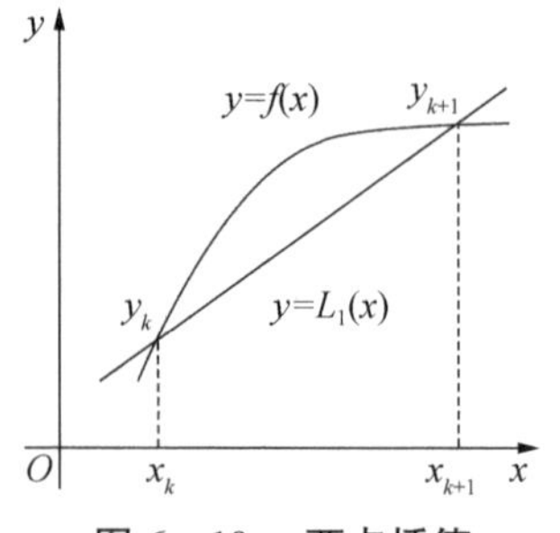

图 6－10　两点插值

$$L_1(x)=y_k+\frac{y_{k+1}-y_k}{x_{k+1}-x_k}(x-x_k)\quad（点斜式）,$$

$$L_1(x)=\frac{x_{k+1}-x}{x_{k+1}-x_k}y_k+\frac{x-x_k}{x_{k+1}-x_k}y_{k+1}\quad（两点式）.$$

由两点式可以看出，$L_1(x)$ 是由两个线性函数

$$l_k(x)=\frac{x_{k+1}-x}{x_{k+1}-x_k},\ l_{k+1}(x)=\frac{x-x_k}{x_{k+1}-x_k}$$

的线性组合得到，其系数分别为 y_k 和 y_{k+1}，即

$$L_1(x)=y_k l_k(x)+y_{k+1}l_{k+1}(x).$$

显然，$l_k(x)$ 及 $l_{k+1}(x)$ 也是线性插值多项式，在节点 x_k 及 x_{k+1} 上满足条件

$$l_k(x_k)=1,\ l_k(x_{k+1})=0,\ l_{k+1}(x_k)=0,\ l_{k+1}(x_{k+1})=1.$$

称函数 $l_k(x)$ 及 $l_{k+1}(x)$ 为线性插值基函数，它们的图形分别如图 6-11(a) 和(b)所示.

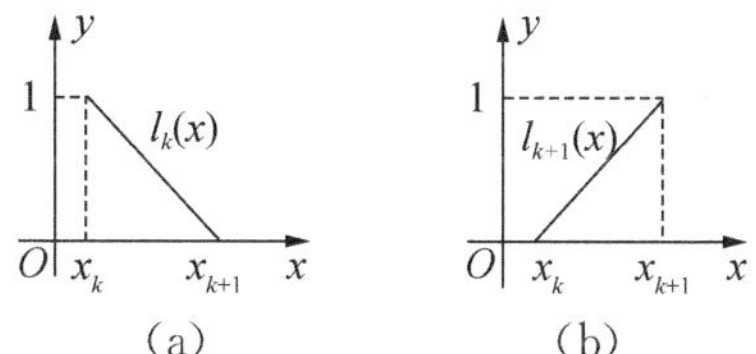

图 6-11　线性插值基函数

【例 6-3】在区间[0,1]上进行线性插值示例.

【程序代码】

```
import pandas as pd
da=pd.DataFrame(data=[0,np.nan,np.nan,1])
da.interpolate()
```

【运行结果】

```
     0
0    0.000000
1    0.333333
2    0.666667
3    1.000000
```

6.2.3　抛物线插值

假定插值节点为 x_{k-1},x_k,x_{k+1}，要求二次插值多项式 $L_2(x)$，使它满足

$$L_2(x_j)=y_j\quad(j=k-1,k,k+1).$$

由于 $L_2(x)$ 为通过 $y=f(x)$ 上三点 (x_{k-1},y_{k-1})，(x_k,y_k)，(x_{k+1},y_{k+1}) 的抛物线，因而这种插值称为抛物线插值，又称二次插值或三点插值(如图 6-12 所示).

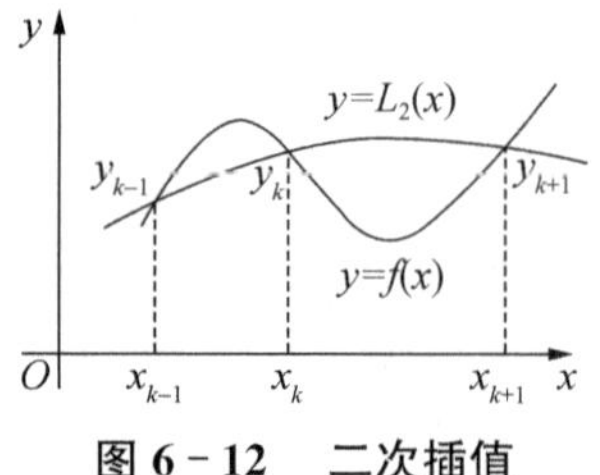

图 6-12　二次插值

为了求出 $L_2(x)$ 的表达式,可采用基函数方法,此时基函数 $l_{k-1}(x)$,$l_k(x)$ 及 $l_{k+1}(x)$ 是二次函数,且在节点上满足条件:

$$\begin{cases} l_{k-1}(x_{k-1})=1, l_{k-1}(x_j)=0 & (j=k,k+1), \\ l_k(x_k)=1, l_k(x_j)=0 & (j=k-1,k+1), \\ l_{k+1}(x_{k+1})=1, l_{k+1}(x_j)=0 & (j=k-1,k). \end{cases}$$

首先求 $l_{k-1}(x)$,因为它有两个零点 x_k 及 x_{k+1},故可表示为

$$l_{k-1}(x)=A(x-x_k)(x-x_{k+1}),$$

其中 A 为待定系数.再由条件 $l_{k-1}(x_{k-1})=1$ 得到

$$A=\frac{1}{(x_{k-1}-x_k)(x_{k-1}-x_{k+1})},$$

于是

$$l_{k-1}(x)=\frac{(x-x_k)(x-x_{k+1})}{(x_{k-1}-x_k)(x_{k-1}-x_{k+1})}.$$

同理,可得

$$l_k(x)=\frac{(x-x_{k-1})(x-x_{k+1})}{(x_k-x_{k-1})(x_k-x_{k+1})},$$

$$l_{k+1}(x)=\frac{(x-x_{k-1})(x-x_k)}{(x_{k+1}-x_{k-1})(x_{k+1}-x_k)}.$$

二次插值基函数 $l_{k-1}(x)$,$l_k(x)$ 及 $l_{k+1}(x)$ 在区间$[x_{k-1},x_{k+1}]$上的图形分别如图 6-13(a),(b),(c) 所示.

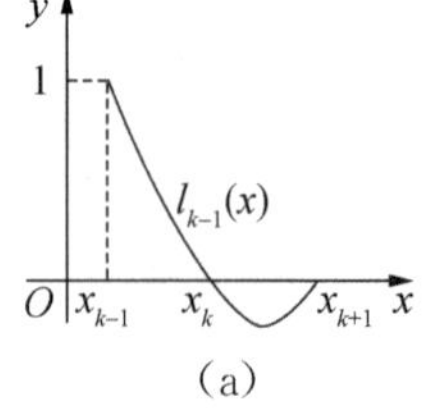

(a)

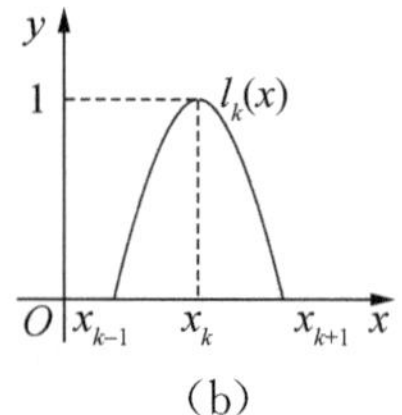

(b)

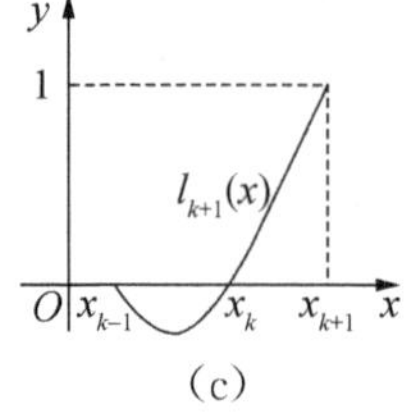

(c)

图 6-13　二次插值基函数

通过二次插值基函数 $l_{k-1}(x)$，$l_k(x)$ 及 $l_{k+1}(x)$，得到二次插值多项式

$$L_2(x)=y_{k-1}l_{k-1}(x)+y_kl_k(x)+y_{k+1}l_{k+1}(x). \tag{1}$$

显然，它满足插值条件

$$L_2(x_j)=y_j \quad (j=k-1,k,k+1).$$

将上面求得的 $l_{k-1}(x)$，$l_k(x)$ 及 $l_{k+1}(x)$ 代入(1) 式，从而得到

$$L_2(x)=y_{k-1}\frac{(x-x_k)(x-x_{k+1})}{(x_{k-1}-x_k)(x_{k-1}-x_{k+1})}+y_k\frac{(x-x_{k-1})(x-x_{k+1})}{(x_k-x_{k-1})(x_k-x_{k+1})}$$
$$+y_{k+1}\frac{(x-x_{k-1})(x-x_k)}{(x_{k+1}-x_{k-1})(x_{k+1}-x_k)}.$$

【例 6－4】分段二次插值示例.

【程序代码】

```
def get_sub_two_interpolation_func(x=[], fx=[]):
    def sub_two_interpolation_func(Lx):
        result=0
        for index in range(len(x)-2):
            if Lx>=x[index] and Lx<=x[index+2]:
                result=fx[index]*(Lx-x[index+1])*\
(Lx-x[index+2])/(x[index]-x[index+1])\
/(x[index]-x[index+2])+fx[index+1]\
*(Lx-x[index])*(Lx-x[index+2])\
/(x[index+1]-x[index])/(x[index+1]-x[index+2])\
+fx[index+2]*(Lx-x[index])*(Lx-x[index+1])\
/(x[index+2]-x[index])/(x[index+2]-x[index+1])
        return result
    return sub_two_interpolation_func
if __name__=='__main__':
    sr_x=[i for i in range(-100, 101, 10)]
    sr_fx=[i**2 for i in sr_x]
    Lx=get_sub_two_interpolation_func(sr_x, sr_fx)
    tmp_x=[i for i in range(-100, 100)]
    tmp_y=[Lx(i) for i in tmp_x]
    import matplotlib.pyplot as plt
    plt.plot(sr_x, sr_fx, linestyle=' ', marker='o')
    plt.plot(tmp_x, tmp_y, linestyle='--')
    plt.show()
```

【运行结果】（生成图形如图 6－14 所示）

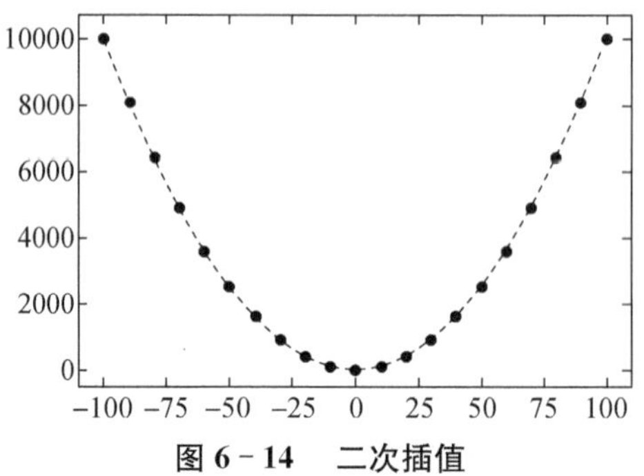

图 6－14　二次插值

6.2.4　拉格朗日插值

构造了 $n+1$ 个互异节点 $x_0, x_1, \cdots, x_n$，并满足条件

$$L_n(x_j)=y_j \quad (j=0,1,\cdots,n)$$

的 n 次插值多项式 $L_n(x)$，称为拉格朗日插值.

用类似线性插值和抛物线插值推导方法可得到 n 次插值基函数为

$$l_k(x)=\frac{(x-x_0)\cdots(x-x_{k-1})(x-x_{k+1})\cdots(x-x_n)}{(x_k-x_0)\cdots(x_k-x_{k-1})(x_k-x_{k+1})\cdots(x_k-x_n)} \quad (k=0,1,\cdots,n),$$

则拉格朗日插值多项式 $L_n(x)$ 可表示为

$$L_n(x)=\sum_{k=0}^{n} y_k l_k(x).$$

由 $l_k(x)$ 的定义可知

$$L_n(x_j)=\sum_{k=0}^{n} y_k l_k(x_j)=y_j \quad (j=0,1,\cdots,n),$$

记

$$\omega_{n+1}(x)=\prod_{j=0}^{n}(x-x_j)=(x-x_0)(x-x_1)\cdots(x-x_n),$$

容易求得

$$\omega'_{n+1}(x_k)=(x_k-x_0)\cdots(x_k-x_{k-1})(x_k-x_{k+1})\cdots(x_k-x_n),$$

因此 n 次插值多项式 $L_n(x)$ 可改写成

$$L_n(x)=\sum_{k=0}^{n} y_k \frac{\omega_{n+1}(x)}{(x-x_k)\omega'_{n+1}(x_k)}.$$

注意：n 次插值多项式 $L_n(x)$ 通常是次数为 n 的多项式，特殊情况下次数可能小于 n.例如，通过三点 (x_{k-1}, y_{k-1})，(x_k, y_k)，(x_{k+1}, y_{k+1}) 的二次插值多项式 $L_2(x)$，如果三点共线，则 $L_2(x)$ 就是一条直线，而不是抛物线，这时 $L_2(x)$ 是一次的.

【例 6－5】拉格朗日插值多项式示例.

【程序代码】

```
import numpy as np
from matplotlib import pyplot as plt
import matplotlib
def p(k,targs):
    def rtn_func(x):
        rtn=1
        for i in targs:                    # 累乘
            if i==k: continue              # i!=k
            rtn*=x-i[0]
            rtn/=k[0]-i[0]
        rtn*=k[1]
        return rtn
    return rtn_func
def L(*targs):
    funcs=[p(i,targs) for i in targs]      # 获取 p_k(x)
    def rtn_func(x):
        rtn=0
        for i in funcs:rtn+=i(x)           # 执行累加
        return rtn
    return rtn_func
data=[[1,1],[2,2],[3,2],[4,6],[5,-1],[0,-1]]
func=L(*data)                 # 返回多项式函数
x=np.arange(0,5,0.1)          # 范围[0,5),间隔 0.1
y=[func(i) for i in x]        # 获取值
plt.rcParams["font.sans-serif"]=["SimHei"]
plt.rcParams["axes.unicode_minus"]=False
plt.title("拉格朗日插值多项式")
plt.plot(x,y)
plt.show()
```

【运行结果】(生成图形如图 6-15 所示)

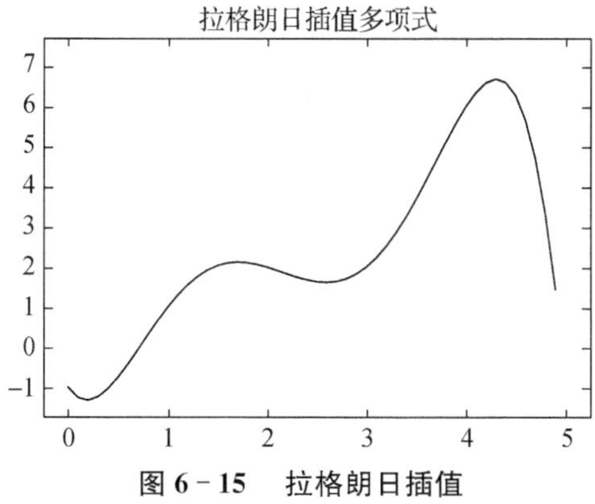

图 6-15　拉格朗日插值

6.2.5 牛顿插值多项式

插值法是利用函数 $f(x)$ 在某区间中若干点的函数值作出适当的特定函数，并在这些点上取已知值，在区间的其他点上用特定函数的值作为函数 $f(x)$ 的近似值.如果特定函数是多项式，称之为插值多项式.利用插值基函数很容易得到拉格朗日插值多项式，该公式结构紧凑，理论分析也较为简单，但当插值节点增减时全部插值基函数均要随之变化，因此整个公式也将发生变化，而这在实际计算中是很不方便的.为了克服这一缺点，可使用牛顿插值.

牛顿插值法的特点在于每增加一个点，不会导致之前计算无效而重新计算，只需要进行和新增点有关的计算就可以了.

牛顿插值多项式 $N_n(x)$ 是插值多项式 $P_n(x)$ 的另一种表示形式，通过对基函数的特殊选取，既保持了迭代插值便于增加节点的优点，同时又能确定插值多项式的表达式.与拉格朗日插值多项式相比较，它不仅克服了增加一个节点时整个计算工作必须重新开始的缺点，而且可以节省乘、除运算次数.同时，牛顿插值多项式中用到的差分、差商等概念，又与数值计算的其他方面有着密切的关系.

由线性代数可知，任何一个不高于 n 次的多项式，都可以表示成

$$1,\ x-x_0,\ (x-x_0)(x-x_1),\ \cdots,\ (x-x_0)(x-x_1)\cdots(x-x_{n-1})$$

的线性组合.也就是说，可以把满足插值条件 $P_n(x_i)=y_i(i=0,1,\cdots,n)$ 的 n 次插值多项式写成如下形式：

$$a_0+a_1(x-x_0)+\cdots+a_n(x-x_0)(x-x_1)\cdots(x-x_{n-1}),$$

其中 $a_k(k=0,1,\cdots,n)$ 为待定系数.这种形式的插值多项式称为牛顿插值多项式.我们把它记成 $N_n(x)$，即

$$N_n(x)=a_0+a_1(x-x_0)+a_2(x-x_0)(x-x_1)+\cdots$$
$$+a_n(x-x_0)(x-x_1)\cdots(x-x_{n-1}).$$

设函数 $f(x)$ 在 $n+1$ 个互异的节点 $x_0,x_1,\cdots,x_n$ 上的值 $f(x_0),f(x_1),\cdots,f(x_n)$ 已知，在上式中取 $x=x_0$，得

$$a_0=N_n(x_0)=f(x_0),$$

再取 $x=x_1$，得

$$a_1=\frac{N_n(x_1)-a_0}{x_1-x_0}=\frac{f(x_1)-f(x_0)}{x_1-x_0},$$

接着取 $x=x_2$，得

$$a_2=\frac{N_n(x_2)-a_0-a_1(x_2-x_0)}{(x_2-x_0)(x_2-x_1)}$$
$$=\frac{\dfrac{f(x_2)-f(x_0)}{x_2-x_0}-\dfrac{f(x_1)-f(x_0)}{x_1-x_0}}{x_2-x_1}$$

$$=\frac{\dfrac{f(x_2)-f(x_1)}{x_2-x_1}-\dfrac{f(x_1)-f(x_0)}{x_1-x_0}}{x_2-x_0},$$

如此等等.在计算过程中出现了形如

$$\frac{f(x_1)-f(x_0)}{x_1-x_0},\quad \frac{\dfrac{f(x_2)-f(x_1)}{x_2-x_1}-\dfrac{f(x_1)-f(x_0)}{x_1-x_0}}{x_2-x_0},\quad \cdots$$

的式子,它们带有明显的规律性,为此引进均差的概念.

1）均差及其性质

记函数 $f(x)$ 在 $x_i(i=0,1,\cdots,n)$ 处的值

$$f[x_i]=f(x_i),$$

则 $f[x_i]$ 称为 $f(x)$ 关于 x_i 的零阶均差(均差也称为差商).再由零阶均差出发归纳地定义各阶均差:$f(x)$ 关于节点 x_i 与 x_{i+1} 的一阶均差记作 $f[x_i,x_{i+1}]$,且

$$f[x_i,x_{i+1}]=\frac{f[x_{i+1}]-f[x_i]}{x_{i+1}-x_i}.$$

一般地,$f(x)$ 关于 $x_i,x_{i+1},\cdots,x_{i+k}$ 的 k 阶均差记作 $f[x_i,x_{i+1},\cdots,x_{i+k}]$,且

$$f[x_i,x_{i+1},\cdots,x_{i+k}]=\frac{f[x_{i+1},x_{i+2},\cdots,x_{i+k}]-f[x_i,x_{i+1},\cdots,x_{i+k-1}]}{x_{i+k}-x_i}.$$

均差具有如下基本性质:

(1) 均差与函数值的关系为

$$f[x_0,x_1,\cdots,x_n]=\sum_{j=0}^{n}\frac{f(x_j)}{(x_j-x_0)\cdots(x_j-x_{j-1})(x_j-x_{j+1})\cdots(x_j-x_n)};$$

(2) 均差关于所含节点是对称的,也就是说均差与节点的排列顺序无关,即

$$f[x_0,x_1,\cdots,x_n]=f[x_1,x_0,x_2,\cdots,x_n]=\cdots=f[x_n,x_{n-1},\cdots,x_1,x_0];$$

(3) $f[x_0,x_1,\cdots,x_k]=\dfrac{f[x_0,x_1,\cdots,x_{k-2},x_k]-f[x_0,x_1,\cdots,x_{k-1}]}{x_k-x_{k-1}}$;

(4) 若 $f(x)$ 在$[a,b]$上存在 n 阶导数,且插值节点 $x_0,x_1,\cdots,x_n\in[a,b]$,则存在 $\xi\in[a,b]$,使得

$$f[x_0,x_1,\cdots,x_n]=\frac{f^{(n)}(\xi)}{n!}.$$

2）牛顿均差插值公式

设 $N_n(x)$ 是满足插值条件 $N_n(x_i)=f(x_i)=y_i(i=0,1,\cdots,n)$ 的插值多项式,则

$$\begin{aligned}N_n(x)=&f[x_0]+f[x_0,x_1](x-x_0)+f[x_0,x_1,x_2](x-x_0)(x-x_1)\\&+\cdots+f[x_0,x_1,\cdots,x_n](x-x_0)(x-x_1)\cdots(x-x_{n-1}),\end{aligned}$$

而且余项

$$R_n(x)=f(x)-N_n(x)=f[x_0,x_1,\cdots,x_n,x]\prod_{i=0}^{n}(x-x_i).$$

【例 6－6】牛顿插值示例.

【程序代码】

```
import numpy as np
import matplotlib
import matplotlib.pyplot as plt
from matplotlib import rcParams
import matplotlib as mlt
mlt.rcParams['axes.unicode_minus']=False
def newtonInterp(x, y, xi):
    n=len(x)
    a=np.zeros(n)
    a[0]=y[0]
    divdiff=np.zeros((n-1, n-1))
    for k in range(0, n-2):
        divdiff[k, 0]=(y[k+1]-y[k])/(x[k+1]-x[k])
    for p in range(1, n-2):
        for k in range(0, n-p-1):
            divdiff[k, p]= (divdiff[k+1, p-1]-divdiff[0, p-1])\
/(x[p+k]-x[k])
    for m in range(1, n-1):
        a[m]=divdiff[0, m-1]
    yi=a[0]
    xprod=1
    for r in range(1, n-1):
        xprod=xprod* (xi-x[r-1])
        yi+=a[r]* xprod
        return yi
x=np.linspace(0.1, 0.7, 10)
y=np.sin(x)
xi=np.linspace(0.11, 0.66, 10)
yi=[newtonInterp(x, y, xi) for xi in xi]
print("yi=\n", np.array(yi).T)
plt.figure(figsize=(16, 9), dpi=300)
plt.plot(xi, yi, "ro", markersize=12, label="插值")
plt.plot(x, y, "k^", markersize=15, label="初始值")
plt.xticks(np.arange(0, 0.71, 0.1), fontsize=20)
plt.yticks(fontsize=20)
plt.xlabel(r"$x$ ", fontsize=25)
```

```
plt.ylabel(r"$y$ ", fontsize=25)
plt.title("牛顿插值法", fontsize=25)
plt.legend(fontsize=23)
plt.grid(True, linestyle='- .')
plt.show()
```

【运行结果】(生成图形如图 6－16 所示)

```
yi=
[0.10974282 0.17030031 0.2308578 0.29141529 0.35197278
 0.41253027 0.47308776 0.53364525 0.59420274 0.65476023]
```

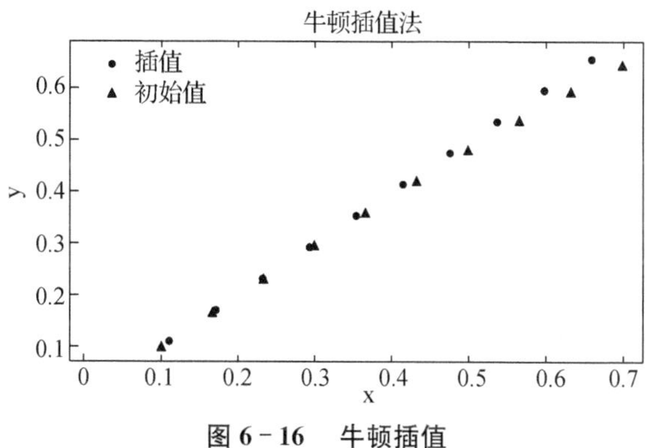

图 6－16　牛顿插值

6.3　各类插值法的比较

插值不同于拟合.虽然插值和拟合都是根据某个未知函数的几个已知数据点求出变化规律和特征相似的近似曲线的过程，但插值法要求的是近似曲线需要完全经过数据点，拟合则是要求得到最接近的结果，强调的是最小方差的概念.

常见的插值方法有三类，即多项式插值、分段插值和样条插值，其中多项式插值又分线性插值、拉格朗日插值和牛顿插值.它们的特点如下：

(1) 拉格朗日插值：当节点数 n 较大时，拉格朗日插值多项式的次数较高，可能出现不一致收敛的情况，而且计算复杂.同时，随着节点数的增加，高次插值会带来误差的振动，称为龙格现象.

(2) 牛顿插值：又称为拉格朗日改进版插值，其优点是在计算时，高一级的插值多项式可利用前一次插值的结果.

(3) 分段插值：虽然收敛，但光滑性较差.

(4) 样条插值：是使用一种名为样条的特殊分段多项式进行插值的形式，由于可以使用低阶多项式样条实现较小的插值误差，避免了使用高阶多项式时出现的龙格现象，因而在人工智能应用领域得到了流行.

【例 6-7】一维插值示例.

【程序代码】

```
import numpy as np
from scipy import interpolate
import pylab as pl
x=np.linspace(0,10,11)
y=np.cos(x)
xnew=np.linspace(0,10,101)
pl.plot(x,y,"ro")
for kind in ["nearest","zero","slinear","quadratic","cubic"]:
# "nearest","zero" 为阶梯插值
# "quadratic","cubic" 为 2 阶和 3 阶 B 样条曲线插值
    f=interpolate.interp1d(x,y,kind=kind)
    ynew=f(xnew)
    pl.plot(xnew,ynew,label=str(kind))
pl.legend(loc="lower right")
pl.show()
```

【运行结果】(生成图形如图 6-17 所示)

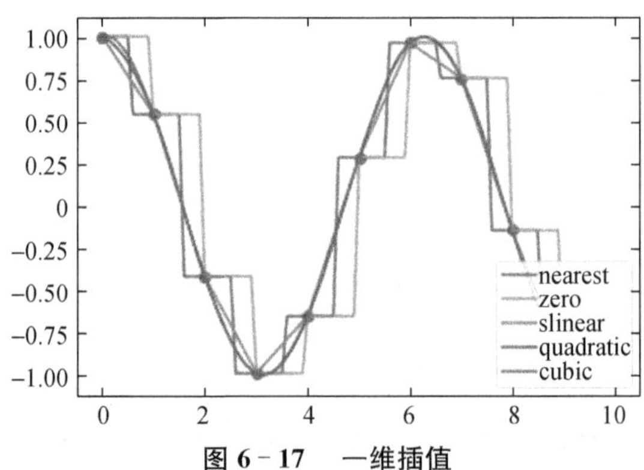

图 6-17　一维插值

注意:一维插值问题还可以推广到多维插值问题.

【例 6-8】二维插值示例.

【程序代码】

```
import numpy as np
from mpl_toolkits.mplot3d import Axes3D
import matplotlib as mpl
from scipy import interpolate
import matplotlib.cm as cm
import matplotlib.pyplot as plt
def func(x, y):
```

```
    return (x+y)*np.exp(-5.0*(x**2+y**2))
x=np.linspace(-1, 1, 20)
y=np.linspace(-1, 1, 20)
x, y=np.meshgrid(x, y)
fvals=func(x,y)
fig=plt.figure(figsize=(9, 6))
ax=plt.subplot(1, 2, 1,projection='3d')
surf=ax.plot_surface(x, y, fvals, rstride=2, cstride=2)
ax.set_xlabel('x')
ax.set_ylabel('y')
ax.set_zlabel('f(x,y)')
# 二维插值
newfunc=interpolate.interp2d(x, y, fvals, kind='cubic')
xnew=np.linspace(-1,1,100)
ynew=np.linspace(-1,1,100)
fnew=newfunc(xnew, ynew)
xnew, ynew=np.meshgrid(xnew, ynew)
ax2=plt.subplot(1, 2, 2,projection='3d')
surf2=ax2.plot_surface(xnew, ynew, fnew, rstride=2,
cstride=2)
ax2.set_xlabel('xnew')
ax2.set_ylabel('ynew')
ax2.set_zlabel('fnew(x, y)')
plt.show()
```

【运行结果】(生成图形如图 6-18 所示)

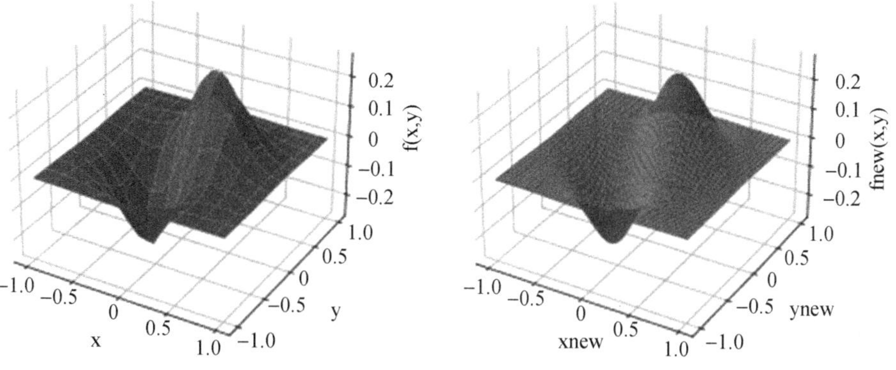

图 6-18　二维插值

第 7 章　回归

人工智能的回归问题属于有监督学习的范畴.回归问题的目标是给定 n 维输入 X,且每一个输入 X 都有对应的值 Y,要求对于新的数据预测其对应的连续的目标值.当输入变量 X 的值发生变化时,输出变量 Y 的值也随之发生变化,若输出由一个或多个连续变量组成,则该任务称为回归,而回归模型表示的是输入变量到输出变量之间映射的函数关系.简单地说,回归就是"由因索果"的过程,是一种归纳的思想,即人们通过看到大量的事实所呈现的样态来推断其原因或客观蕴含的关系.它不仅是数据拟合手段,更是一种预测理念.例如,知道一个地区的市场房价以及影响房价的信息(如面积、是否学区房等),目标是从这个以往的房价数据中学习一个模型,使它可以基于新的某一套房源信息预测该套房源的价格.这个问题可以作为回归问题来解决.具体而言,就将影响房价的信息视为自变量(输入的特征),而将房价视为因变量,即函数值或输出值,通过以往卖出去的房源数据作为训练集获取模型参数,从而对需要出卖的房源进行房价预测.

7.1　线性回归

线性回归是确定两种或两种以上变量间定量关系的一种统计分析方法,分为一元线性回归和多元线性回归.

回归分析本质上是一个求极值问题,用到的方法有最小二乘法、标准方程法以及梯度下降法等等,其中最小二乘法是求解样本回归函数时最常用到的方法.

7.1.1　一元线性回归

设一元线性回归方程为

$$y_i = \omega_0 + \omega_1 x_i + u_i,$$

由于总体回归方程不能进行参数估计,因此只能对样本回归函数

$$y_i = \hat{\omega}_0 + \hat{\omega}_1 x_i + e_i$$

进行估计,因此有

$$e_i = y_i - \hat{y}_i = y_i - \hat{\omega}_0 - \hat{\omega}_1 x_i.$$

从上式可以看出,残差 e_i 是 y_i 的真实值与估计值之差.

估计总体回归函数的最优方法是选择 ω_0,ω_1 的估计值$\hat{\omega}_0$,$\hat{\omega}_1$,使得残差 e_i 尽可能小.最小二乘法的原则是选择合适的参数 $\hat{\omega}_0$,$\hat{\omega}_1$,使得全部观察值的残差平方和最小.最小二乘法用数学公式可以表述为

$$\min\sum e_i^2=\min\sum(y_i-\hat{y}_i)^2=\min\sum(y_i-\hat{\omega}_0-\hat{\omega}_1x_i)^2,$$

而确定参数$\hat{\omega}_0$,$\hat{\omega}_1$ 的方法称为最小二乘法.

对于二次函数 $y=ax^2+b$ 来说,当 $a>0$ 时,函数图形的开口向上,所以必定存在极小值.根据这一性质,因为$\sum e_i^2$ 是 $\hat{\omega}_0$,$\hat{\omega}_1$ 的二次函数且非负,所以$\sum e_i^2$ 的极小值总是存在的.又根据微积分中的极值原理,当$\sum e_i^2$ 取得极小值时,$\sum e_i^2$ 对 $\hat{\omega}_0$, $\hat{\omega}_1$ 的一阶偏导数为 0,即

$$\begin{cases}\dfrac{\partial\sum e_i^2}{\partial\hat{\omega}_0}=0,\\[2ex]\dfrac{\partial\sum e_i^2}{\partial\hat{\omega}_1}=0,\end{cases}\quad 得\quad\begin{cases}\dfrac{\partial\sum e_i^2}{\partial\hat{\omega}_0}=-2\sum(y_i-\hat{\omega}_0-\hat{\omega}_1x_i)=0,\\[2ex]\dfrac{\partial\sum e_i^2}{\partial\hat{\omega}_1}=-2\sum(y_i-\hat{\omega}_0-\hat{\omega}_1x_i)x_i=0,\end{cases}$$

解得

$$\begin{cases}\sum y_i=n\hat{\omega}_0+\hat{\omega}_1\sum x_i,\\\sum x_iy_i=\hat{\omega}_0\sum x_i+\hat{\omega}_1\sum x_i^2.\end{cases}$$

以上两式构成了以 $\hat{\omega}_0$, $\hat{\omega}_1$ 为未知数的方程组,通常称为正规方程组(或正则方程组).解之可得

$$\begin{cases}\hat{\omega}_0=\dfrac{\sum x_i^2\sum y_i-\sum x_i\sum x_iy_i}{n\sum x_i^2-\left(\sum x_i\right)^2},\\[3ex]\hat{\omega}_1=\dfrac{n\sum x_iy_i-\sum x_i\sum y_i}{n\sum x_i^2-\left(\sum x_i\right)^2}.\end{cases}$$

上式等号右边的各项数值都可以由样本观察值计算得到,由此便可以求出 ω_0,ω_1 的估计值 $\hat{\omega}_0$, $\hat{\omega}_1$.

设$\bar{x}=\dfrac{1}{n}\sum x_i$, $\bar{y}=\dfrac{1}{n}\sum y_i$,可得

$$\begin{cases}\hat{\omega}_0=\bar{y}-\hat{\omega}_1\bar{x},\\[1ex]\hat{\omega}_1=\dfrac{\sum x_iy_i-n\bar{x}\bar{y}}{\sum x_i^2-n\bar{x}^2}.\end{cases}$$

在实际应用中,经常用差的形式表示 $\hat{\omega}_0$, $\hat{\omega}_1$.即令$\begin{cases}x'_i=x_i-\bar{x},\\y'_i=y_i-\bar{y},\end{cases}$则

$$\begin{cases}\hat{\omega}_0=\bar{y}-\hat{\omega}_1\bar{x},\\[1ex]\hat{\omega}_1=\dfrac{\sum x'_iy'_i}{\sum x_i'^2}.\end{cases}$$

【例 7 - 1】利用最小二乘法求解一元线性回归模型示例.

【程序代码】

```
import matplotlib.pyplot as plt
import numpy as np
x=[0.50, 0.75, 1.00, 1.25, 1.50, 1.75, 1.75,2.00, 2.25, 2.50, 2.75,\
3.00, 3.25, 3.50, 4.00, 4.25, 4.50, 4.75, 5.00, 5.50]
y=[10, 22, 13, 43, 20, 22, 33, 50, 62,48, 55, 75, 62, 73, 81, 76, 64, \
82, 90, 93]
n=20
s1=0
s2=0
s3=0
s4=0
for i in range(n):
    s1=s1+x[i]* y[i]
    s2=s2+x[i]
    s3=s3+y[i]
    s4=s4+x[i]* x[i]
b=(s2* s3-n* s1)/(s2* s2-s4* n)        # 最小二乘法获取系数的公式
a=(s3-b* s2)/n                         # 最小二乘法获取系数的公式
plt.scatter(cols1,cols2,color='blue')
x=np.linspace(0,6,10)
y=b*x+a
plt.plot(x,y,color="red")
print("最佳拟合线:截距 ", a, ",回归系数 ", b)
print('Y='+str(b)+' X+'+str(a))
plt.show()
```

【运行结果】(生成图形如图 7 - 1 所示)

```
最佳拟合线:截距 8.523568170299034,回归系数 16.2067916877851
Y=16.2067916877851 X+8.523568170299034
```

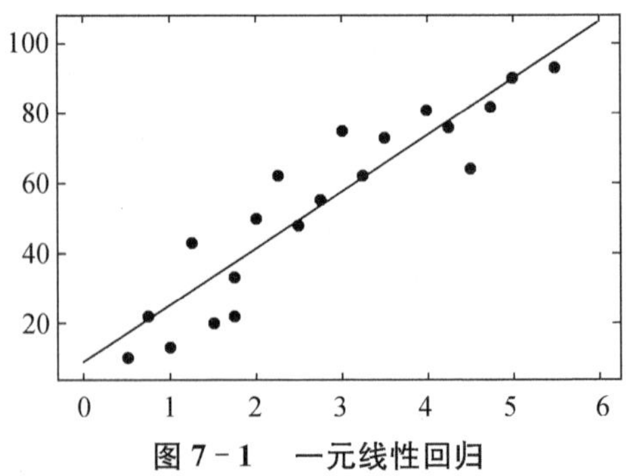

图 7 - 1　一元线性回归

【例 7-2】通过训练方式获取模型参数示例.

【程序代码】

```
    import pandas as pd
    import numpy as np
    import matplotlib.pyplot as plt
    from pandas import DataFrame, Series
    from sklearn.model_selection import train_test_split
    from sklearn.linear_model import LinearRegression
    import pandas as pd
    plt.rcParams['font.sans-serif']=['SimHei']
    examDict={'x': [0.50, 0.75, 1.00, 1.25, 1.50, 1.75, 1.75, \
2.00, 2.25, 2.50, 2.75, 3.00, 3.25, 3.50, 4.00, 4.25, 4.50, 4.75,\
5.00, 5.50],
        'y': [10, 22, 13, 43, 20, 22, 33, 50, 62,\
48, 55, 75, 62, 73, 81, 76, 64, 82, 90, 93]}
    # 转换为 DataFrame 的数据格式
    examDf=DataFrame(examDict)
    exam_X=examDf['x']
    exam_Y=examDf['y']
    # 将原数据集拆分训练集和测试集
    X_train, X_test, Y_train, Y_test= train_test_split(exam_X,\
exam_Y, train_size= 0.8, random_state= 5)
    model=LinearRegression()
    X_train=X_train.values.reshape(-1, 1)
    X_test=X_test.values.reshape(-1, 1)
    # 开始拟合
    model.fit(X_train, Y_train)
    a=model.intercept_        # 截距
    b=model.coef_             # 回归系数
    print("最佳拟合线:截距", a, ",回归系数", b)
    print('Y='+str(b)+'X+'+str(a))
    # 训练数据的预测值
    y_train_pred=model.predict(X_train)
    # 绘制最佳拟合线:标签用的是训练数据的预测值 y_train_pred
    plt.plot(X_train, y_train_pred, color= 'black',\
linewidth= 1, label= "best line")
    plt.scatter(X_train, Y_train, color= 'b', label= "train data")
    plt.scatter(X_test, Y_test, color= 'r', label= "test data")
    plt.title('线性回归')
    plt.show()
```

【运行结果】(生成图形如图 7-2 所示)

最佳拟合线:截距 11.949224861328368 ,回归系数 [15.73830181]
Y=[15.73830181] X+11.949224861328368

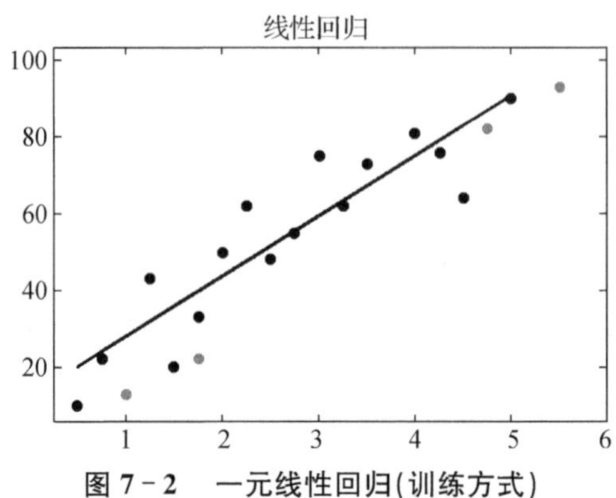

图 7-2　一元线性回归(训练方式)

【例 7-3】利用梯度下降法求解一元线性回归模型示例.

【程序代码】

```
import numpy as np
import matplotlib as mpl
import matplotlib.pyplot as plt
x=[0.50, 0.75, 1.00, 1.25, 1.50, 1.75, 1.75, 2.00, 2.25, \
2.50, 2.75, 3.00, 3.25, 3.50, 4.00, 4.25, 4.50, 4.75, 5.00, 5.50]
y=[10, 22, 13, 43, 20, 22, 33, 50, 62, 48, 55, 75, 62, 73, 81, \
76, 64, 82, 90, 93]
plt.scatter(x,y)
# 梯度下降
def Optimization(x,y,theta,learning_rate):
    for i in range(iter):
        theta=Updata(x,y,theta,learning_rate)
    return theta
def Updata(x,y,theta,learning_rate):
    m=len(x)
    sum=0.0
    sum1=0.0
    alpha=learning_rate
    h=0
    for i in range(m):
        h=theta[0]+theta[1]* x[i]
        sum+=(h-y[i])
        sum1+=(h-y[i])* x[i]
```

```
        theta[0]-=alpha* sum/m
        theta[1]-=alpha* sum1/m
        return theta
    # 数据初始化
    learning_rate=0.001
    theta=[0,0]
    iter=200
    theta=Optimization(x,y,theta,learning_rate)
    print(theta)
    print("最佳拟合线:截距 ", theta[0], ",回归系数 ", theta[1])
    print('Y='+str(theta[0])+'X+'+str(theta[1]))
    plt.rcParams['font.sans-serif']=['SimHei']
    plt.rcParams['axes.unicode_minus']=False
    # 可视化
    b=np.arange(0,8)
    c=theta[0]+b* theta[1]
    plt.scatter(x,y,marker='o')
    plt.plot(b,c)
    plt.xlabel('特征 X')
    plt.ylabel('Y')
    plt.title('迭代 200 次的结果')
```

【运行结果】(生成图形如图 7－3 所示)

```
[4.508937824499064, 15.200031133839587]
最佳拟合线:截距 4.508937824499064 ,回归系数 15.200031133839587
Y=4.508937824499064 X+15.200031133839587
```

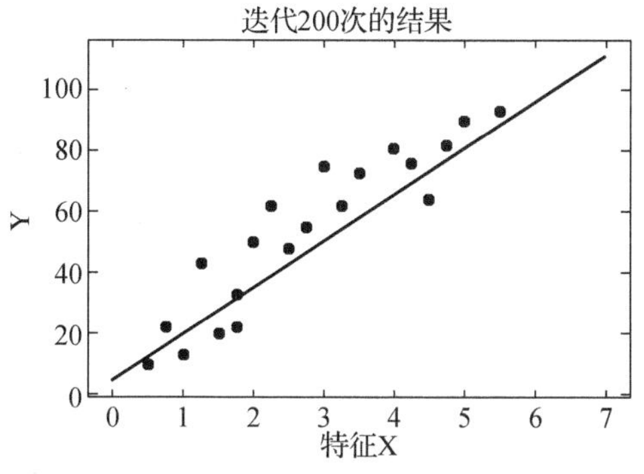

图 7－3　一元线性回归(梯度下降法)

【例 7－4】利用一元线性回归模型进行预测示例.

【程序代码】

```
from sklearn import linear_model
```

```
import numpy as np
model=linear_model.LinearRegression()
x=[2,4,5,6,7,9]
y=[7,5,3,5,3,1]
x=np.array(x).reshape(-1,1)
y=np.array(y).reshape(-1,1)
model.fit(x, y)
a=model.predict([[10]]) # 预测 x 为 10 时,y 的值
b=model.predict([[12]]) # 预测 x 为 12 时,y 的值
print(a)
print(b)
```

【运行结果】

```
[[0.49152542]]
[[-1.06779661]]
```

注意:由于线性回归运用的算法不同或迭代次数的不同,可能会得出不同的结果,但随着迭代次数的增多,所求参数的值会越来越稳定.

7.1.2 多元线性回归

实际应用中,一个自变量同时受多个因变量影响的情况非常普遍.

1) 多元线性回归模型

假设因变量 y 与 m 个变量 $x_1, x_2, \cdots, x_m$ 具有线性相关关系,取 n 组观察值,则总体线性回归模型为

$$y_i = \omega_0 + \omega_1 x_{i1} + \omega_2 x_{i2} + \cdots + \omega_m x_{im} + u_i \quad (i=1,2,3,\cdots,n).$$

而包含 m 个变量的总体回归模型也可以表示为

$$E(y \mid x_{i1}, x_{i2}, \cdots, x_{im}) = \omega_0 + \omega_1 x_{i1} + \omega_2 x_{i2} + \cdots + \omega_m x_{im} + u,$$

其中,$i=1,2,3,\cdots,n$.上式表示在给定 $x_{i1}, x_{i2}, \cdots, x_{im}$ 的条件下,y 的条件均值或数学期望.特别地,我们称 ω_0 为截距,$\omega_1, \omega_2, \cdots, \omega_m$ 为偏回归系数(又称偏斜率系数).例如,ω_1 度量了在其他变量 $x_{i2}, x_{i3}, \cdots, x_{im}$ 不变的情况下,x_{i1} 每变化 1 个单位时,y 的均值 $E(y \mid x_{i1}, x_{i2}, \cdots, x_{im})$ 的变化,也即 ω_1 表示为在其他变量不变时,$E(y \mid x_{i1}, x_{i2}, \cdots, x_{im})$ 对 x_{i1} 的斜率.

不难发现,多元线性回归模型是以多个变量的固定值为条件的回归分析.

同一元线性回归模型一样,多元线性总体回归模型是无法得到的,所以我们只能用样本观察值进行估计.对应于前面给出的总体回归模型可知多元纯性样本回归模型为

$$\hat{y}_i = \hat{\omega}_0 + \hat{\omega}_1 x_{i1} + \hat{\omega}_2 x_{i2} + \cdots + \hat{\omega}_m x_{im} \quad (i=1,2,3,\cdots,n)$$

和

$$y_i = \hat{\omega}_0 + \hat{\omega}_1 x_{i1} + \hat{\omega}_2 x_{i2} + \cdots + \hat{\omega}_m x_{im} + e_i \quad (i = 1, 2, 3, \cdots, n).$$

其中，$\hat{y}_i$ 是总体均值 $E(y \mid x_{i1}, x_{i2}, \cdots, x_{im})$ 的估计，$\hat{\omega}_j$ 是总体回归系数 ω_j 的估计，残差项 e_i 是 u_i 的估计.

多元线性总体回归模型可以用线性方程组的形式表示为

$$\begin{cases} y_1 = \omega_0 + \omega_1 x_{11} + \omega_2 x_{12} + \cdots + \omega_m x_{1m} + u_1, \\ y_2 = \omega_0 + \omega_1 x_{21} + \omega_2 x_{22} + \cdots + \omega_m x_{2m} + u_2, \\ \vdots \\ y_n = \omega_0 + \omega_1 x_{n1} + \omega_2 x_{n2} + \cdots + \omega_m x_{nm} + u_n. \end{cases}$$

将上述方程组写成如下形式：

$$\boldsymbol{y} = \boldsymbol{X\omega} + \boldsymbol{u},$$

其中，$\boldsymbol{y}$ 表示 n 阶因变量的观察值向量，$\boldsymbol{X}$ 表示 $n \times (m+1)$ 阶解释变量的观察值矩阵，$\boldsymbol{u}$ 表示 n 阶随机扰动项向量，$\boldsymbol{\omega}$ 表示 $(m+1)$ 阶总体回归参数.

显然，由于解释变量数量的增多，多元线性模型的计算要比一元的情况复杂很多.为了对回归模型中的参数进行估计，要求多元线性回归模型在满足线性关系之外还必须满足特定的要求.

(1) 零均值

干扰项 u_i 的数学期望为零，即对于任一 i，均应满足

$$E(u_i \mid x_{i1}, x_{i2}, \cdots, x_{in}) = 0.$$

(2) 方差一定

干扰项 u_i 的方差保持不变，即 $\mathrm{Var}(u_i) = \sigma^2$.为了进行假设检验，我们通常认为随机扰动符合一个均值为 0，方差为 σ^2 的正态分布，即 $u_i \sim N(0, \sigma^2)$.

(3) 相互独立

随机扰动项彼此之间都是相互独立的，即协方差 $\mathrm{Cov}(u_i, u_j) = 0, i \neq j$.

(4) 无多重共线

解释变量之间不存在明确的线性关系，没有一个解释变量可以被写成模型中其余解释变量的线性组合，也即解释变量之间是线性无关的.

2) 多元回归模型估计

为了建立完整的多元回归模型，我们需要使用最小二乘法对模型中的偏回归系数进行估计.

已知多元线性回归模型为

$$y_i = \hat{\omega}_0 + \hat{\omega}_1 x_{i1} + \hat{\omega}_2 x_{i2} + \cdots + \hat{\omega}_m x_{im} + e_i \quad (i = 1, 2, 3, \cdots, n),$$

于是总偏差平方和为

$$\begin{aligned} T &= \sum e_i^2 = \sum (y_i - \hat{y}_i)^2 \\ &= \sum (y_i - \hat{\omega}_0 - \hat{\omega}_1 x_{i1} - \hat{\omega}_2 x_{i2} - \cdots - \hat{\omega}_m x_{im})^2, \end{aligned}$$

现在求估计的参数$\hat{\omega}_0,\hat{\omega}_1,\hat{\omega}_2,\cdots,\hat{\omega}_m$,使得总偏差平方和取得最小值.根据多元函数极值的求法,即解如下方程组:

$$
\begin{cases}
\dfrac{\partial T}{\partial \omega_0}=-2\sum(y_i-\hat{\omega}_0-\hat{\omega}_1x_{i1}-\hat{\omega}_2x_{i2}-\cdots-\hat{\omega}_mx_{im})=0,\\
\dfrac{\partial T}{\partial \omega_1}=-2\sum(y_i-\hat{\omega}_0-\hat{\omega}_1x_{i1}-\hat{\omega}_2x_{i2}-\cdots-\hat{\omega}_mx_{im})x_{i1}=0,\\
\vdots\\
\dfrac{\partial T}{\partial \omega_m}=-2\sum(y_i-\hat{\omega}_0-\hat{\omega}_1x_{i1}-\hat{\omega}_2x_{i2}-\cdots-\hat{\omega}_mx_{im})x_{im}=0,
\end{cases}
$$

其解即为参数$\omega_0,\omega_1,\omega_2,\cdots,\omega_m$的最小二乘估计$\hat{\omega}_0,\hat{\omega}_1,\hat{\omega}_2,\cdots,\hat{\omega}_m$.

将以上方程组改写成

$$
\begin{cases}
n\hat{\omega}_0+\sum\hat{\omega}_1x_{i1}+\sum\hat{\omega}_2x_{i2}+\cdots+\sum\hat{\omega}_mx_{im}=\sum y_i,\\
\sum\hat{\omega}_0x_{i1}+\sum\hat{\omega}_1x_{i1}^2+\sum\hat{\omega}_2x_{i1}x_{i2}+\cdots+\sum\hat{\omega}_mx_{i1}x_{im}=\sum x_{i1}y_i,\\
\vdots\\
\sum\hat{\omega}_0x_{im}+\sum\hat{\omega}_1x_{im}x_{i1}+\sum\hat{\omega}_2x_{im}x_{i2}+\cdots+\sum\hat{\omega}_mx_{im}^2=\sum x_{im}y_i,
\end{cases}
$$

该方程组称为正规方程组.为了把正规方程组改写成矩阵形式,记系数矩阵为$\boldsymbol{A}$,常数项向量为$\boldsymbol{b}$,则

$$
\begin{aligned}
\boldsymbol{A}&=\begin{bmatrix}
n & \sum x_{i1} & \sum x_{i2} & \cdots & \sum x_{im}\\
\sum x_{i1} & \sum x_{i1}^2 & \sum x_{i1}x_{i2} & \cdots & \sum x_{i1}x_{im}\\
\sum x_{i2} & \sum x_{i1}x_{i2} & \sum x_{i2}^2 & \cdots & \sum x_{i2}x_{im}\\
\vdots & \vdots & \vdots & & \vdots\\
\sum x_{im} & \sum x_{im}x_{i1} & \sum x_{im}x_{i2} & \cdots & \sum x_{im}^2
\end{bmatrix}\\
&=\begin{bmatrix}
1 & 1 & 1 & \cdots & 1\\
x_{11} & x_{21} & x_{31} & \cdots & x_{n1}\\
x_{12} & x_{22} & x_{32} & \cdots & x_{n2}\\
\vdots & \vdots & \vdots & & \vdots\\
x_{1m} & x_{2m} & x_{3m} & \cdots & x_{nm}
\end{bmatrix}
\begin{bmatrix}
1 & x_{11} & x_{12} & \cdots & x_{1m}\\
1 & x_{21} & x_{22} & \cdots & x_{2m}\\
1 & x_{31} & x_{32} & \cdots & x_{2m}\\
\vdots & \vdots & \vdots & & \vdots\\
1 & x_{n1} & x_{n2} & \cdots & x_{nm}
\end{bmatrix}\\
&=\boldsymbol{X}^{\mathrm{T}}\boldsymbol{X},
\end{aligned}
$$

$$\boldsymbol{b}=\begin{bmatrix}\sum y_i\\ \sum x_{i1}y_i\\ \sum x_{i2}y_i\\ \vdots\\ \sum x_{im}y_i\end{bmatrix}=\begin{bmatrix}1&1&1&\cdots&1\\ x_{11}&x_{21}&x_{31}&\cdots&x_{n1}\\ x_{12}&x_{22}&x_{32}&\cdots&x_{n2}\\ \vdots&\vdots&\vdots&&\vdots\\ x_{1m}&x_{2m}&x_{3m}&\cdots&x_{nm}\end{bmatrix}\begin{bmatrix}y_1\\ y_2\\ y_3\\ \vdots\\ y_n\end{bmatrix}=\boldsymbol{X}^{\mathrm{T}}\boldsymbol{y},$$

又$\hat{\boldsymbol{\omega}}=(\hat{\omega}_0,\hat{\omega}_1,\hat{\omega}_2,\cdots,\hat{\omega}_m)^{\mathrm{T}}$，所以正规方程组可以表示为

$$\boldsymbol{A}\hat{\boldsymbol{\omega}}=\boldsymbol{b}\quad 或\quad (\boldsymbol{X}^{\mathrm{T}}\boldsymbol{X})\hat{\boldsymbol{\omega}}=\boldsymbol{X}^{\mathrm{T}}\boldsymbol{y}.$$

当系数矩阵可逆时，正规方程组的解为

$$\hat{\boldsymbol{\omega}}=\boldsymbol{A}^{-1}\boldsymbol{b}=(\boldsymbol{X}^{\mathrm{T}}\boldsymbol{X})^{-1}\boldsymbol{X}^{\mathrm{T}}\boldsymbol{y},$$

进而还可以得到

$$\hat{\boldsymbol{y}}=\boldsymbol{X}\hat{\boldsymbol{\omega}}=\boldsymbol{X}(\boldsymbol{X}^{\mathrm{T}}\boldsymbol{X})^{-1}\boldsymbol{X}^{\mathrm{T}}\boldsymbol{y}.$$

【例 7－5】现有 3 条数据记录，每条数据记录具有 2 个特征，即有 2 个自变量和 1 个因变量，其数值如下所示：

序号	自变量 1	自变量 2	结果
1	0	1	1.4
2	1	－1	－0.48
3	2	8	13.2

试建立一个多元线性回归模型.

【解答】假设这些自变量和因变量呈现线性关系 $y_i=\omega_1x_{i1}+\omega_2x_{i2}$，即

$$\begin{cases}\omega_1\times 0+\omega_2\times 1=1.4,\\ \omega_1\times 1-\omega_2\times 1=-0.48,\\ \omega_1\times 2+\omega_2\times 8=13.2.\end{cases}$$

由线性代数可知该方程组无解，即没有精确解，此时只能利用最小二乘法，在保证总偏差取得最小值的前提下求出相对较优解，即求解

$$\hat{\boldsymbol{\omega}}=(\boldsymbol{X}^{\mathrm{T}}\boldsymbol{X})^{-1}\boldsymbol{X}^{\mathrm{T}}\boldsymbol{y}.$$

因为 $\boldsymbol{X}=\begin{bmatrix}0&1\\ 1&-1\\ 2&8\end{bmatrix}$，$\boldsymbol{y}=\begin{bmatrix}1.4\\ -0.48\\ 13.2\end{bmatrix}$，可得

$$\boldsymbol{X}^{\mathrm{T}}=\begin{bmatrix}0&1&2\\ 1&-1&8\end{bmatrix},$$

$$\boldsymbol{X}^{\mathrm{T}}\boldsymbol{X}=\begin{bmatrix}0 & 1 & 2\\1 & -1 & 8\end{bmatrix}\begin{bmatrix}0 & 1\\1 & -1\\2 & 8\end{bmatrix}=\begin{bmatrix}5 & 15\\15 & 66\end{bmatrix},$$

$$(\boldsymbol{X}^{\mathrm{T}}\boldsymbol{X}\ \vdots\ \boldsymbol{E})=\begin{bmatrix}5 & 15 & 1 & 0\\15 & 66 & 0 & 1\end{bmatrix}\to\begin{bmatrix}5 & 15 & 1 & 0\\0 & 21 & -3 & 1\end{bmatrix}$$

$$\to\begin{bmatrix}1 & 3 & \frac{1}{5} & 0\\0 & 1 & -\frac{1}{7} & \frac{1}{21}\end{bmatrix}\to\begin{bmatrix}1 & 0 & \frac{22}{35} & -\frac{1}{7}\\0 & 1 & -\frac{1}{7} & \frac{1}{21}\end{bmatrix},$$

即$(\boldsymbol{X}^{\mathrm{T}}\boldsymbol{X})^{-1}=\begin{bmatrix}\frac{22}{35} & -\frac{1}{7}\\-\frac{1}{7} & \frac{1}{21}\end{bmatrix}$,从而

$$\hat{\boldsymbol{\omega}}=(\boldsymbol{X}^{\mathrm{T}}\boldsymbol{X})^{-1}\boldsymbol{X}^{\mathrm{T}}\boldsymbol{y}=\begin{bmatrix}\frac{22}{35} & -\frac{1}{7}\\-\frac{1}{7} & \frac{1}{21}\end{bmatrix}\begin{bmatrix}0 & 1 & 2\\1 & -1 & 8\end{bmatrix}\begin{bmatrix}1.4\\-0.48\\13.2\end{bmatrix}$$

$$=\begin{bmatrix}-\frac{1}{7} & \frac{27}{35} & \frac{4}{35}\\\frac{1}{21} & -\frac{4}{21} & \frac{2}{21}\end{bmatrix}\begin{bmatrix}1.4\\-0.48\\13.2\end{bmatrix}=\begin{bmatrix}0.938\\1.415\end{bmatrix},$$

可得二元线性回归方程为$\hat{y}_i=0.938x_{i1}+1.415x_{i2}(i=1,2,3)$.

又

$$\hat{\boldsymbol{y}}=\boldsymbol{X}\hat{\boldsymbol{\omega}}=\begin{bmatrix}0 & 1\\1 & -1\\2 & 8\end{bmatrix}\begin{bmatrix}0.938\\1.415\end{bmatrix}=\begin{bmatrix}1.415\\-0.477\\13.196\end{bmatrix},$$

可得总偏差为

$$T=(1.4-1.415)^2+(-0.48+0.477)^2+(13.2-13.196)^2=0.00025.$$

可以验证,此偏差为最小偏差.

【程序代码】

```
    import pandas as pd
    from sklearn.linear_model import LinearRegression
    df=pd.DataFrame(data=[[0,1,1.4],[1,-1,-0.48],\
[2,8,13.2]],columns=['x1','x2','y'])
    df_features=df.drop(['y'],axis=1)
    df_targets=df['y']
```

```
    regression= LinearRegression().fit(df_features,df_targets)
    print("拟合程度的好坏:",regression.score(df_features,\
df_targets),'\n')
    print("截距:",regression.intercept_,'\n')
    print("各个特征的系数:",regression.coef_,'\n')
```

【运行结果】

```
拟合程度的好坏:1.0
截距:-0.014545454545452863
各个特征的系数:[0.94909091 1.41454545]
```

注意:程序运行结果中,1.0 表示拟合效果相当好,-0.014545454545452863 表示一个截距,[0.94909091 1.41454545] 表示要求的拟合参数(这是最重要的数据).该结果与手算结果存在一些偏差,主要原因是 LinearRegression().fit() 默认线性函数存在截距,而上面手算求解中为简化运算,假设截距为 0.

7.2　非线性回归

7.2.1　*K* 近邻回归

K 近邻回归算法除了可以用于分类任务,也可以用于回归任务.为了预测测试样本的目标值,*K* 近邻回归寻找所有训练样本中与该测试样本"距离"最近的前 *K* 个样本,并将这 *K* 个样本目标值的平均值作为测试样本的预测值.需要说明的是,此处的距离通常都用欧氏距离来进行描述.

预测某个测试样本回归值的步骤过程如下:

第一步:计算训练集中的点与当前测试点之间的所有距离;

第二步:按照距离从小到大进行排序;

第三步:选取与当前测试点距离最小的前 *K* 个点;

第四步:以当前 *K* 个点目标值的平均值作为当前测试点的预测值.

K 近邻回归有"近邻个数"和"数据点之间距离的度量方法"两个重要参数.对于近邻个数 *K*,如果选择较小的 *K* 值,那么只有与测试样本较近的训练样本会对预测结果起作用,倘若这些近邻样本恰好是噪声,预测就会出现问题;如果选择较大的 *K* 值,这时与测试样本较远的训练样本也会起预测作用,容易导致模型预测发生错误.因此在实践中,可以先使用较小的 *K* 值,然后根据预测结果对该参数做相应的调整.

【例 7-6】 *K* 近邻回归示例.

【程序代码】

```
import numpy as np
```

```
    import matplotlib.pyplot as plt
    from sklearn import neighbors
    np.random.seed(0)
    X=np.sort(5 * np.random.rand(40, 1), axis=0)
    T=np.linspace(0, 5, 500)[:, np.newaxis]
    y=np.sin(X).ravel()
    # Add noise to targets
    y[::5]+=1* (0.5-np.random.rand(8))
    # Fit regression model
    n_neighbors=5
    for i, weights in enumerate(['uniform', 'distance']):
        knn=neighbors.KNeighborsRegressor(n_neighbors,\
weights=weights)
        y_=knn.fit(X, y).predict(T)
        plt.subplot(2, 1, i+1)
        plt.scatter(X, y, c='k', label='data')
        plt.plot(T, y_, c='g', label='prediction')
        plt.axis('tight')
        plt.legend()
        plt.title("KNeighborsRegressor (k= %i, weights= '%s')"\
% (n_neighbors,weights))
    plt.show()
```

【运行结果】(生成图形如图 7-4 所示)

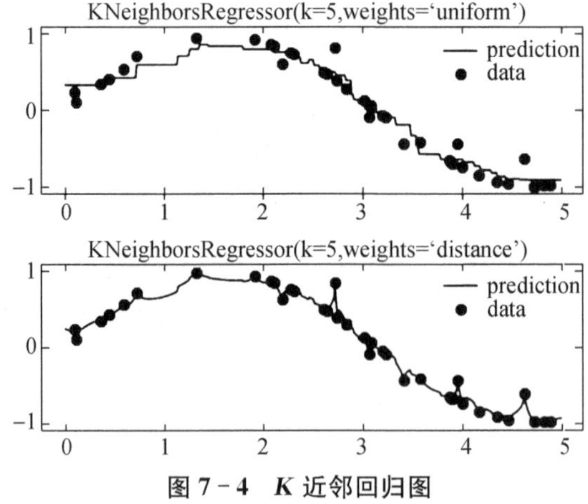

图 7-4　*K* 近邻回归图

注意：sklearn 可以实现两种不同的最近邻回归，上面程序代码中使用的 KNeighborsRegressor 是基于每个查询点的 k 个最近邻实现，其中 k 是用户指定的整数值；另一种 RadiusNeighborsRegressor 是基于每个查询点的固定半径 r 内的邻居数量实现，其中 r 是用户指定的数值.在某些环境下，可以增加附近点的权重，使得附近点对于回归所做出的贡献多于远处点，而这可通过 weights 关键字来实现，其默认为所有点分配同等权重.

7.2.2　决策树回归

回归树与分类树的思路类似，但叶节点的数据类型不是离散型而是连续型，因此对分类树算法(例如 CART) 稍作修改就可以处理回归问题：属性值是连续分布的，但又是可以划分群落的，而群落之间具有比较鲜明的区别，即每个群落内部是相似的连续分布，群落之间分布却是不同的.

回归是为了处理预测值是连续分布的情景，其返回值应该是一个具体的预测值.回归树的叶子就是一个个具体的值，但从预测值连续这个意义上严格地说，回归树不能称为“回归算法”.回归树其实也可以算为“分类” 算法，其适用场景具备“物以类聚” 的特点，即特征值的组合会使属性属于某一个“群落”，群落之间则存在相对鲜明的“鸿沟”.利用回归树可以将复杂的训练数据划分成一个个相对简单的群落，而群落上可以利用别的机器学习模型再学习.

以预测房价为例，该预测值等于属于这个节点的所有房屋价格的平均值.分枝时，是穷举每一个特征的每一个阈值找最好的分割点，但衡量最好的标准是最小化均方差，即(每个房子的房价 − 预测房价) 的平方的总和 $/N$.这是因为被预测出错的房屋个数越多，均方差就越大，通过最小化均方差能够找到最可靠的分枝依据.

【例 7－7】决策树回归示例：随机生成数据集，其中 X 为属性，y 为目标值，通过调用 sklearn 中回归决策树模型，分别将深度设置为 2 和 5.

【程序代码】

```
import numpy as np
from sklearn.tree import DecisionTreeRegressor
import matplotlib.pyplot as plt
# Create a random dataset
rng=np.random.RandomState(1)
X=np.sort(5 * rng.rand(80, 1), axis=0)
y=np.sin(X).ravel()
y[::5]+=3* (0.5-rng.rand(16))
# Fit regression model
regr_1=DecisionTreeRegressor(max_depth=2)
regr_2=DecisionTreeRegressor(max_depth=5)
regr_1.fit(X, y)
regr_2.fit(X, y)
# Predict
X_test=np.arange(0.0, 5.0, 0.01)[:, np.newaxis]
```

```
    y_1=regr_1.predict(X_test)
    y_2=regr_2.predict(X_test)
    # Plot the results
    plt.figure()
    plt.scatter(X, y, s=20, edgecolor="black",\
c="darkorange", label="data")
    plt.plot(X_test, y_1, linestyle= '--',label= "max_depth= \
2", linewidth=2)
    plt.plot(X_test, y_2, linestyle='-',label="max_depth=\
5", linewidth=2)
    plt.xlabel("data")
    plt.ylabel("target")
    plt.title("Decision Tree Regression")
    plt.legend()
    plt.show()
```

【运行结果】(生成图形如图 7-5 所示)

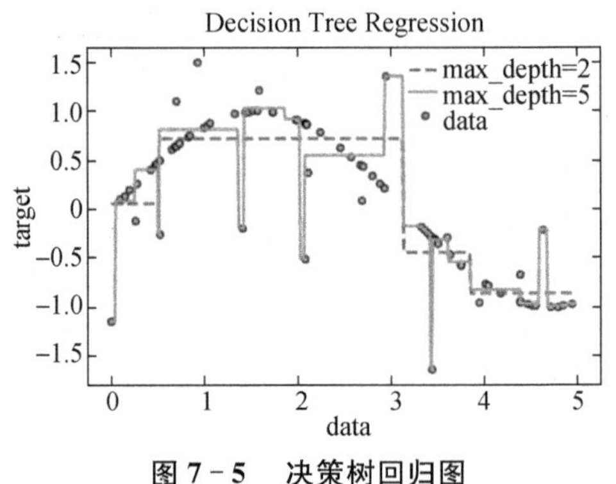

图 7-5　决策树回归图

7.2.3　支持向量机回归

支持向量机的方法可以被扩展来解决回归问题,此时该方法称为支持向量机回归.数学上,支持向量机在一个高维或有限维空间构造了一个或一组超平面,这些超平面被用作分类、回归或其他任务.本质上,由超平面实现的最优分割,即是这个超平面到任何类的最近的训练数据点的距离最大.通常来说,边界越大,分类器的泛化误差就越低.

【例 7-8】支持向量机回归示例:通过调用 sklearn.svm 中 SVR 模型进行回归并预测.

【程序代码】

```
    import numpy as np
```

```
from sklearn.svm import SVR
import matplotlib.pyplot as plt
X=np.sort(5* np.random.rand(40, 1), axis=0)
y=np.sin(X).ravel()
y[::5]+=3* (0.5-np.random.rand(8))
svr_rbf1=SVR(kernel='rbf', C=100, gamma=0.1)
y_rbf1=svr_rbf1.fit(X, y).predict(X)
lw=2
plt.scatter(X, y, color='darkorange', label='data')
plt.plot(X, y_rbf1, linestyle='-', lw=lw, label= \
'RBF gamma=1.0')
plt.xlabel('data')
plt.ylabel('target')
plt.title('Support Vector Regression')
plt.legend()
plt.show()
```

【运行结果】(生成图形如图 7－6 所示)

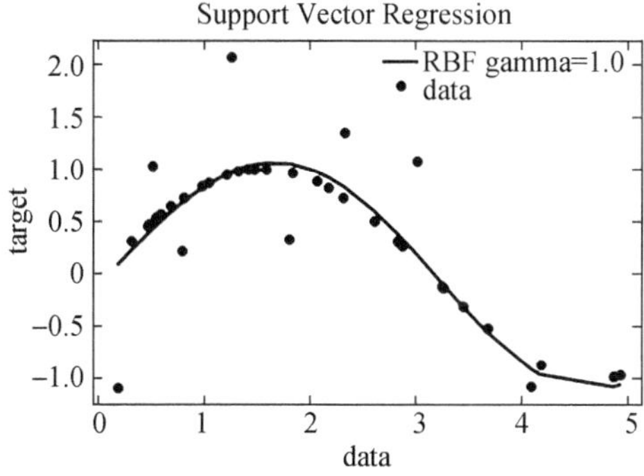

图 7－6　支持向量机回归图

第 8 章　最优化方法

人工智能大多数的应用场景归根结底是最优化问题，特别是机器学习和深度学习研究基本上都是围绕最优化来展开，其中最优化模型及最优化的求解是人工智能最基本、最重要的研究领域.

最优化理论研究的主要目的是判定目标函数的最大值(最小值)是否存在，以及如何求解目标函数的最大值(最小值).人工智能领域绝大部分问题最后都会归结为对一个优化问题的求解，即在复杂环境与多体交互中做出最优决策.最优化方法(算法)可能找到全局最优值，也可能只找到局部最优值.理想情况下，最优化方法的目标是找到全局最优值，但当目标函数的输入参数较多、解空间较大时，绝大多数方法都不能满足全局搜索，而只能求出局部最优值.

8.1　无条件极值

对最优化问题建立目标函数时，若自变量的取值没有附加条件，则该问题称为无条件极值问题.

8.1.1　一元函数无条件极值问题

【例 8-1】 如图 8-1 所示，铁路线上 AB 段的距离为 100 km，工厂 C 距离 A 处 20 km，且 AC 垂直于 AB.为了运输需要，现要在 AB 线上选定一点 D 向工厂 C 修筑一条公路，如果铁路上每吨千米货运的费用与公路上每吨千米货运的费用之比为 3∶5，为了使货物从供应站 B 运到工厂 C 每吨货物的总运费最省，问 D 应选在何处?

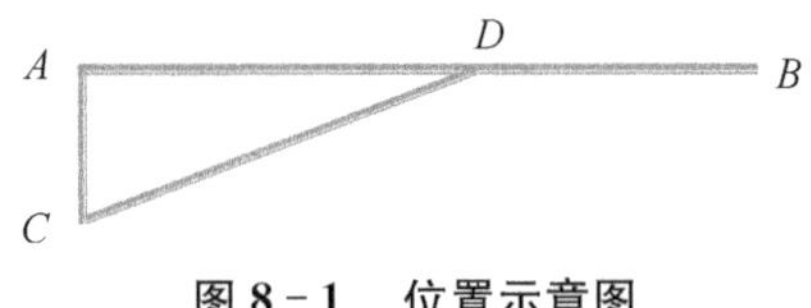

图 8-1　位置示意图

【解答】 这是一个规划问题，即确定一个最佳方案，使总运费最低.

设 D 选在距 A 处 x km 处($0 \leqslant x \leqslant 100$)，则

$$DB = 100 - x，\ CD = \sqrt{20^2 + x^2} = \sqrt{400 + x^2}\ .$$

又设铁路上每吨千米的运费为 $3k$，则公路上每吨千米的运费为 $5k$.用 y 表示总运费，可得

$$y = 5k\sqrt{400+x^2} + 3k(100-x),$$

即目标函数为：$\min\limits_{x\in[0,100]} y = 5k\sqrt{400+x^2} + 3k(100-x)$(后续求解略).

对于一元目标函数,求解无条件极值的步骤如下：

(1) 确定 $f(x)$ 的考察范围(除指定范围外,考察范围一般是指函数定义域)；

(2) 求出 $f'(x)$,确定驻点和不可导点；

(3) 用这些驻点和不可导点将考察范围划分成若干个子区间,在每个子区间上判断函数的单调性,从而得到局部最优解,再通过比较得全局最优解.

【例 8-2】求函数 $y=3x^4-8x^3+6x^2+7$ 的单调区间、极值点、极值及最小值.

【解答】函数的定义域为$(-\infty, +\infty)$,且

$$y' = 12x^3 - 24x^2 + 12x = 12x(x-1)^2,$$

令 $y'=0$,得驻点 $x=0, x=1$.

把 $x=0, x=1$ 按从小到大的顺序插入到定义域$(-\infty, +\infty)$中,列表判断一阶导数 $y'=f'(x)$ 的符号和 y 的单调性：

x	$(-\infty,0)$	0	$(0,1)$	1	$(1,+\infty)$
y'	$-$	0	$+$	0	$+$
y	↘	极小值 7	↗	无极值	↗

则 $y=3x^4-8x^3+6x^2+7$ 的单调增区间为$(0, +\infty)$,单调减区间为$(-\infty, 0)$;极小值点为 $x=0$,极小值为 $f(0)=7$.

由于该函数只有唯一极小值,因此最小值也为 $f(0)=7$.

【程序代码】

```
import numpy as np
from scipy.optimize import fmin
import math
def f(x):
    return 3* math.pow(x, 4) - 8* math.pow(x, 3) + \
6* math.pow(x, 2) + 7
print(fmin(func=f, x0=1))
```

【运行结果】

```
Optimization terminated successfully.
         Current function value: 7.000000
         Iterations: 17
         Function evaluations: 34
[-8.8817842e-16]
```

注意：本题利用了 scipy.optimize 包中的求极小值函数 fmin().

一元函数极值问题还可以通过二阶导数来判定：设 $f(x)$ 为连续二阶可导函

数，则 $f(x)$ 在 x_0 处取得极小值的必要条件为 $f'(x_0)=0$，充分条件为 $f'(x_0)=0$ 且 $f''(x_0)>0$.

注意：利用二阶导数判定极值问题仅对驻点有效（满足 $f'(x_0)=0$ 的点称为函数 $f(x)$ 的驻点）.

8.1.2 二元函数无条件极值问题

求二元函数无条件极值的方法如下：

(1) 求出函数的两个偏导数 $f'_x(x,y)$，$f'_y(x,y)$.

(2) 求出方程组 $\begin{cases} f'_x(x,y)=0, \\ f'_y(x,y)=0 \end{cases}$ 的所有实数解，得到函数的所有驻点.

(3) 求出 $f''_{xx}(x,y)$，$f''_{xy}(x,y)$，$f''_{yy}(x,y)$，对于每个驻点 (x_0,y_0)，求出二阶偏导数的值 A，B，C.

(4) 对于每个驻点 (x_0,y_0)，判断 $f(x_0,y_0)$ 是否为极值以及是极大值还是极小值：

① 当 $B^2-AC<0$ 时，$f(x_0,y_0)$ 为 $f(x,y)$ 的极值，且当 $A<0$ 时为极大值，当 $A>0$ 时为极小值；

② 当 $B^2-AC>0$ 时，$f(x_0,y_0)$ 不为 $f(x,y)$ 的极值；

③ 当 $B^2-AC=0$ 时，$f(x_0,y_0)$ 可能是 $f(x,y)$ 的极值，也可能不是 $f(x,y)$ 的极值.

【例 8-3】 求函数 $f(x,y)=x^3-y^3+3x^2+3y^2-9x$ 的极值.

【程序代码 1】

```
import numpy as np
from scipy.optimize import fmin
import math
def f(x):
    return math.pow(x[0],3) - math.pow(x[1],3) + \
3* math.pow(x[0],2) + 3* math.pow(x[1],2) - 9* x[0]
# func 为函数名，x0 为函数参数的起始点
print(fmin(func=f,x0=np.array([0,0])))
```

【运行结果】

```
Optimization terminated successfully.
         Current function value: -5.000000
         Iterations: 57
         Function evaluations: 110
[1.00002333e+00 1.06386146e-05]
```

注意：上述程序代码是求函数的极小值.若求极大值，可将函数改为 $-f(x)$，

得到的结果为极小值,再取负即为极大值.

【程序代码 2】

```
import numpy as np
from scipy.optimize import fmin
import math
def f(x):
return -(math.pow(x[0],3) - math.pow(x[1],3) + \
3* math.pow(x[0],2) +3* math.pow(x[1],2) -9* x[0])
# func 为函数名,x0 为函数参数的起始点
print(fmin(func=f,x0=np.array([0,0])))
```

【运行结果】

```
Optimization terminated successfully.
         Current function value: -31.000000
         Iterations: 69
         Function evaluations: 132
[-2.99998173 1.99997381]
```

即得最大值为 31.

一般地,决策问题都是归结为求最小值或最大值,当求 $f(X)$ 的最大值时,可转化为求 $-f(X)$ 的最小值.

8.1.3　多元函数无条件极值问题

1) 基本概念

(1) 局部最优解与最优解

对于 n 元函数 $f(\boldsymbol{X})$,设 $\boldsymbol{X}_0\in\mathbf{R}^n$,若对 $\boldsymbol{X}_0$ 的某个邻域

$$U(\boldsymbol{X}_0,\delta)=\{\boldsymbol{X}\mid\|\boldsymbol{X}-\boldsymbol{X}_0\|<\delta,\boldsymbol{X}\in\mathbf{R}^n\}$$

中的任意 $\boldsymbol{X}$,有 $f(\boldsymbol{X}_0)\leqslant f(\boldsymbol{X})$,则称 $\boldsymbol{X}_0$ 为问题的一个局部最优解.其中,$\delta>0$;$\|\cdot\|$ 表示 n 维向量的模,也表示距离,通常用欧氏距离表示,定义为 n 个分量平方和的平方根.局部最优解即为我们平常理解的极值,为一个局部概念,指的是某一邻域内求解的最值 .

如果存在点 $\boldsymbol{X}^*\in\mathbf{R}^n$,对于任意的 $\boldsymbol{X}\in\mathbf{R}^n$,总有 $f(\boldsymbol{X}^*)\leqslant f(\boldsymbol{X})$,则称 $\boldsymbol{X}^*$ 为问题的最优解. 最优解为一个全局概念,并且一定能在局部最优解中找寻到,即 $\max\{\max\}$.

(2) 梯度、海赛矩阵与泰勒公式

在研究讨论最优解问题时,经常用到微积分方法,其中有以下三个重要概念.

若 $f(\boldsymbol{X})$ 在 $\boldsymbol{X}_0$ 点的邻域内有连续一阶偏导数,则称 $f(\boldsymbol{X})$ 在 $\boldsymbol{X}_0$ 点对 n 个变元的偏导数组成的向量为 $f(\boldsymbol{X})$ 在 $\boldsymbol{X}_0$ 点的梯度,记为 $\nabla f(\boldsymbol{X}_0)$ 或 $\mathbf{grad}f(\boldsymbol{X}_0)$,即

$$\nabla f(\boldsymbol{X}_0)=\mathbf{grad}f(\boldsymbol{X}_0)=\left[\frac{\partial f(\boldsymbol{X})}{\partial x_1}\quad\frac{\partial f(\boldsymbol{X})}{\partial x_2}\quad\cdots\quad\frac{\partial f(\boldsymbol{X})}{\partial x_n}\right]\Bigg|_{\boldsymbol{X}_0}.$$

梯度的几何意义是过 $\boldsymbol{X}_0$ 点且与 $f(\boldsymbol{X})$ 在 $\boldsymbol{X}_0$ 点的切平面垂直的向量,也即切平面在此点处的法向量.可以证明:梯度向量的方向是函数值在该点增加最快的方向,即函数值下降速度最快的方向.

若 $f(\boldsymbol{X})$ 在 $\boldsymbol{X}_0$ 点的邻域有二阶连续偏导数,则称 $f(\boldsymbol{X})$ 在 $\boldsymbol{X}_0$ 点对 n 个变元两两组合的二阶偏导数组成的矩阵为 $f(\boldsymbol{X})$ 在 $\boldsymbol{X}_0$ 点的海赛矩阵,记为 $\boldsymbol{H}_f(\boldsymbol{X}_0)$,简记为 $\boldsymbol{H}(\boldsymbol{X}_0)$,即

$$\boldsymbol{H}(\boldsymbol{X}_0)=\left[\frac{\partial^2 f(\boldsymbol{X})}{\partial x_i\partial x_j}\right]_{n\times n}\Bigg|_{\boldsymbol{X}=\boldsymbol{X}_0}=\begin{bmatrix}\dfrac{\partial^2 f(\boldsymbol{X})}{\partial x_1^2} & \cdots & \dfrac{\partial^2 f(\boldsymbol{X})}{\partial x_1\partial x_n}\\ \vdots & & \vdots\\ \dfrac{\partial^2 f(\boldsymbol{X})}{\partial x_n\partial x_1} & \cdots & \dfrac{\partial^2 f(\boldsymbol{X})}{\partial x_n^2}\end{bmatrix}_{\boldsymbol{X}=\boldsymbol{X}_0}.$$

显然,海赛矩阵为一对称矩阵.

若 $f(\boldsymbol{X})$ 在 $\boldsymbol{X}_0$ 点的邻域内有二阶连续偏导数,则 $f(\boldsymbol{X})$ 在 $\boldsymbol{X}_0$ 点的二阶泰勒公式为

$$\begin{aligned}f(\boldsymbol{X})=&f(\boldsymbol{X}_0)+\nabla f(\boldsymbol{X}_0)(\boldsymbol{X}-\boldsymbol{X}_0)\\&+\frac{1}{2}(\boldsymbol{X}-\boldsymbol{X}_0)^{\mathrm{T}}\boldsymbol{H}(\boldsymbol{X}_0)(\boldsymbol{X}-\boldsymbol{X}_0)+o(\|\boldsymbol{X}-\boldsymbol{X}_0\|^2),\end{aligned}$$

其中 $o(\|\boldsymbol{X}-\boldsymbol{X}_0\|^2)$ 是当 $\boldsymbol{X}\to\boldsymbol{X}_0$ 时 $\|\boldsymbol{X}-\boldsymbol{X}_0\|^2$ 的高阶无穷小.

特别地,设二元函数 $f(x,y)$ 在点 $P_0(x_0,y_0)$ 的某邻域 $U(P_0)$ 内具有二阶连续偏导数,点 $P(x,y)\in U(P_0)$,则

$$\begin{aligned}f(x,y)=&f(x_0,y_0)+f'_x(x_0,y_0)(x-x_0)+f'_y(x_0,y_0)(y-y_0)\\&+\frac{1}{2!}\left[\frac{\partial^2 f(x_0,y_0)}{\partial x^2}(x-x_0)^2+2\frac{\partial^2 f(x_0,y_0)}{\partial x\partial y}(x-x_0)(y-y_0)\right.\\&\left.+\frac{\partial^2 f(x_0,y_0)}{\partial y^2}(y-y_0)^2\right]+o(\rho),\end{aligned}$$

其中,$\rho=\sqrt{(x-x_0)^2+(y-y_0)^2}$.

【例 8-4】写出 $\sin x$ 的泰勒公式.

【程序代码】

```
import sympy as sy
import numpy as np
from sympy.functions import sin,cos
import matplotlib.pyplot as plt
plt.style.use("ggplot")
# Define the variable and the function to approximate
```

```
x=sy.Symbol('x')
f=sin(x)
# Factorial function
def factorial(n):
    if n<=0:
        return 1
    else:
        return n* factorial(n-1)
# Taylor approximation at x0 of the function 'function'
def taylor(function,x0,n):
    i=0
    p=0
    while i<=n:
        p=p+(function.diff(x,i).subs(x,x0))/
(factorial(i))* (x-x0)** i
        i+=1
    return p
def plot():
    x_lims=[-5,5]
    x1=np.linspace(x_lims[0],x_lims[1],800)
    y1=[]
        for j in range(1,10,2):
        func=taylor(f,0,j)
        print('Taylor expansion at n='+str(j),func)
        for k in x1:
            y1.append(func.subs(x,k))
        plt.plot(x1,y1,label='order '+str(j))
        y1=[]
    plt.plot(x1,np.sin(x1),label='sin of x')
    plt.xlim(x_lims)
    plt.ylim([-5,5])
    plt.xlabel('x')
    plt.ylabel('y')
    plt.legend()
    plt.grid(True)
    plt.title('Taylor series approximation')
    plt.show()
    plot()
```

【运行结果】(生成图形如图 8-2 所示)

```
Taylor expansion at n=1  x
```

```
    Taylor expansion at n=3  -x** 3/6+x
    Taylor expansion at n=5  x** 5/120-x** 3/6+x
    Taylor expansion at n=7  -x** 7/5040+x** 5/120-x** 3/6+x
    Taylor expansion at n=9  x** 9/362880-x** 7/5040+ \
x** 5/120-x** 3/6+x
```

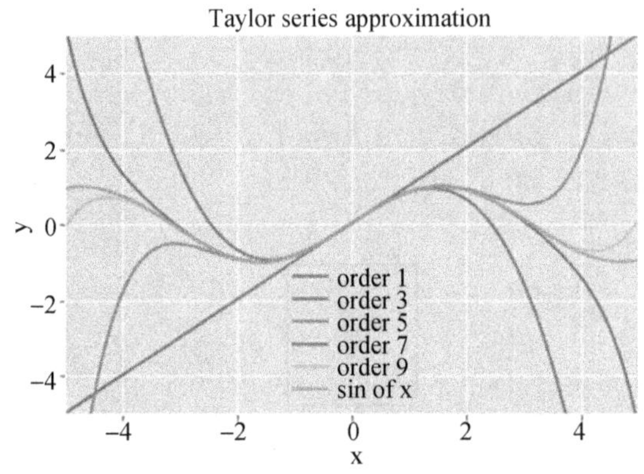

图 8-2　sin$x$ 的泰勒公式前 5 项

【例 8-5】 写出 $f(\boldsymbol{X})=3x_1^2+\sin x_2$ 在 $\boldsymbol{X}_0=[0\quad 0]^{\mathrm{T}}$ 点的二阶泰勒公式.

【解答】 $f(\boldsymbol{X})$ 显然有二阶连续偏导数，且

$$\frac{\partial f}{\partial x_1}=6x_1,\ \frac{\partial f}{\partial x_2}=\cos x_2,$$

$$\frac{\partial^2 f}{\partial x_1^2}=6,\ \frac{\partial^2 f}{\partial x_1\partial x_2}=0,\ \frac{\partial^2 f}{\partial x_2^2}=-\sin x_2,$$

则梯度为

$$\nabla f(\boldsymbol{X})=[6x_1\quad \cos x_2],\ 得\ \nabla f(\boldsymbol{X}_0)=[0\quad 1],$$

海赛矩阵为

$$\boldsymbol{H}(\boldsymbol{X})=\begin{bmatrix}6 & 0\\0 & -\sin x_2\end{bmatrix},\ 得\ \boldsymbol{H}(\boldsymbol{X}_0)=\begin{bmatrix}6 & 0\\0 & 0\end{bmatrix},$$

从而 $f(\boldsymbol{X})$ 在 $\boldsymbol{X}_0$ 点的二阶泰勒展开式为

$$\begin{aligned}f(\boldsymbol{X})&=0+[0\quad 1]\begin{bmatrix}x_1\\x_2\end{bmatrix}+\frac{1}{2}[x_1\quad x_2]\begin{bmatrix}6 & 0\\0 & 0\end{bmatrix}\begin{bmatrix}x_1\\x_2\end{bmatrix}+o(\|\boldsymbol{X}\|^2)\\&=x_2+3x_1^2+o(\|\boldsymbol{X}\|^2),\end{aligned}$$

当 $\|\boldsymbol{X}\|^2$ 很小时，有 $f(\boldsymbol{X})\approx x_2+3x_1^2$.

泰勒展开的本质是用线性来近似表示非线性.

2）多元函数无条件极值的充分条件和必要条件

设 n 元函数 $f(\boldsymbol{X})$ 在 $\boldsymbol{X}_0$ 处连续且二阶可导，则 $f(\boldsymbol{X})$ 在 $\boldsymbol{X}_0$ 处取得极小值的必要条件为 $\nabla f(\boldsymbol{X}_0)=\boldsymbol{0}$，充分条件为 $\nabla f(\boldsymbol{X}_0)=\boldsymbol{0}$ 且海赛矩阵 $\boldsymbol{H}(\boldsymbol{X}_0)$ 正定.

【例 8-6】求 $f(\boldsymbol{X})=x_1^2-4x_1+x_2^2-2x_2+5$ 的极小值.

【解答】因为

$$\nabla f(\boldsymbol{X})=\begin{bmatrix}\dfrac{\partial f(\boldsymbol{X})}{\partial x_1} & \dfrac{\partial f(\boldsymbol{X})}{\partial x_2}\end{bmatrix}=\begin{bmatrix}2x_1-4 & 2x_2-2\end{bmatrix},$$

令 $\nabla f(\boldsymbol{X})=\boldsymbol{0}$,解得驻点 $\boldsymbol{X}_0=\begin{bmatrix}2 & 1\end{bmatrix}^{\mathrm{T}}$.

由于 $\boldsymbol{H}(\boldsymbol{X})=\begin{bmatrix}2 & 0\\ 0 & 2\end{bmatrix}$,从而有 $\boldsymbol{H}(\boldsymbol{X}_0)=\begin{bmatrix}2 & 0\\ 0 & 2\end{bmatrix}$.显然 $\boldsymbol{H}(\boldsymbol{X}_0)$ 正定,故 $\boldsymbol{X}_0$ 为 $f(\boldsymbol{X})$ 的极小值点,且极小值为 0.

3）无条件极值问题的迭代算法

当 $f(\boldsymbol{X})$ 为可微函数时,理论上可以利用极值条件求解.但由条件 $\nabla f(\boldsymbol{X})=\boldsymbol{0}$ 得到的通常是一个非线性方程组,求解它十分困难,有时也很难求出其精确解.因此,求解无约束极值问题一般是采用下降类算法,即逐步逼近法.

下降类算法的基本思想是使 $f(\boldsymbol{X})$ 逐步趋近其极小值.通常是从一初始点 $\boldsymbol{X}_0$ 出发,按条件确定一搜索方向 $\boldsymbol{P}_0$,并沿该方向搜索到下一个点 $\boldsymbol{X}_1$ 进行判定,若所得的点及对应的值已达到与最优解误差的精度要求,则停止,此时也就找到了满足要求的最优解;否则再沿该点的某一方向 $\boldsymbol{P}_1$ 搜索下一个点 $\boldsymbol{X}_2$,如此循环下去,直至找到最优解.其基本步骤如下:

(1) 选取初始点 $\boldsymbol{X}_0$,令 $k=0$,并确定精度;

(2) 对于点 $\boldsymbol{X}_k$,计算 $\nabla f(\boldsymbol{X}_k)$,若 $\|\nabla f(\boldsymbol{X}_k)\|<\varepsilon$,则停止,得到近似最优解 $\boldsymbol{X}_k$,否则转(3);

(3) 从 $\boldsymbol{X}_k$ 出发,确定搜索方向 $\boldsymbol{P}_k$;

(4) 沿 $\boldsymbol{P}_k$ 方向搜索,即由 $\boldsymbol{X}=\boldsymbol{X}_k+\lambda\boldsymbol{P}_k$ 确定搜索步长 λ_k,得下一点 $\boldsymbol{X}_{k+1}=\boldsymbol{X}_k+\lambda_k\boldsymbol{P}_k$,令 $k=k+1$,转(2).

以上过程是一个不断达到最优的过程.

注意:(1) 需要选择一个合适的 $\boldsymbol{X}_0$.在整个逼近过程中 $\boldsymbol{X}_0$ 可以任意初始化,因此选择一个比较好的 $\boldsymbol{X}_0$ 可以大大减小逼近次数.如何选择合适的 $\boldsymbol{X}_0$,主要是对目标函数本身要有一个初步的判断.

(2) 方向 $\boldsymbol{P}_k$ 的选定具有关键作用,不同形式的 $\boldsymbol{P}_k$ 会形成不同的算法,而不同的算法所产生的点列 $\{\boldsymbol{X}_k\}$ 收敛于最优解 $\boldsymbol{X}^*$ 的速度也不相同.

(3) 不同迭代算法的主要区别在于 $\boldsymbol{P}_k$ 的选择及搜索步长 λ 的选择上,如何确定搜索方向及搜索步长已成为人工智能研究的热点与重点.

(4) 搜索方向 $\boldsymbol{P}_k$ 确定后,沿 $\boldsymbol{P}_k$ 搜寻下一个逼近点的工作主要是由 $\boldsymbol{X}=\boldsymbol{X}_k+\lambda\boldsymbol{P}_k$ 确定步长 λ_k.

(5) 根据问题的不同,可能会涉及一维或多维步长的确定.这里我们只讨论一个变元 λ 的线性表达式,故称其为一维搜索或线性搜索.

(6) 前面步骤(2) 中的$\|\nabla f(\boldsymbol{X}_k)\|<\varepsilon$ 是一种常用的收敛判定准则.当然,我们也可以用其他收敛准则,比如$\|\boldsymbol{X}_{k+1}-\boldsymbol{X}_k\|<\varepsilon$ 来判断是否收敛.

4) 最佳步长的确定

当确定了搜索方向后,确定搜索步长就成为关键之处.求最佳步长通常是通过求 $f(\boldsymbol{X}_k+\lambda\boldsymbol{P}_k)$ 关于λ 的极小值点来得到步长λ_k.

设 $f(X)$ 存在连续的二阶偏导数,则有二阶泰勒近似展开式

$$f(\boldsymbol{X}_k+\lambda\boldsymbol{P}_k)\approx f(\boldsymbol{X}_k)+\lambda\nabla f(\boldsymbol{X}_k)\boldsymbol{P}_k+\frac{1}{2}\lambda^2\boldsymbol{P}_k^{\mathrm{T}}\boldsymbol{H}(\boldsymbol{X}_k)\boldsymbol{P}_k,$$

对λ 求导,并令导数为0,得

$$\frac{\mathrm{d}f}{\mathrm{d}\lambda}\approx\nabla f\ (\boldsymbol{X}_k)\boldsymbol{P}_k+\lambda\boldsymbol{P}_k^{\mathrm{T}}\boldsymbol{H}(\boldsymbol{X}_k)\boldsymbol{P}_k=0,$$

解得

$$\lambda=-\frac{\nabla f(\boldsymbol{X}_k)\boldsymbol{P}_k}{\boldsymbol{P}_k^{\mathrm{T}}\boldsymbol{H}(\boldsymbol{X}_k)\boldsymbol{P}_k}.$$

上式即为λ_k 的近似最佳步长公式,下面我们通过例子来说明.

【例8-7】已知二元函数$f(\boldsymbol{X})=(x_1-1)^2+(x_2-1)^2$,且$\boldsymbol{X}_k=[0\quad 0]^{\mathrm{T}}$,$\boldsymbol{P}_k=(-\nabla f(\boldsymbol{X}_k))^{\mathrm{T}}$,用近似最佳步长公式求$\lambda_k$.

【解答】因为

$$\frac{\partial f}{\partial x_1}=2(x_1-1),\ \frac{\partial f}{\partial x_2}=2(x_2-1),$$

$$\frac{\partial^2 f}{\partial x_1^2}=2,\ \frac{\partial^2 f}{\partial x_1\partial x_2}=0,\ \frac{\partial^2 f}{\partial x_2\partial x_1}=0,\ \frac{\partial^2 f}{\partial x_2^2}=2,$$

$$\nabla f(\boldsymbol{X})=[2(x_1-1)\quad 2(x_2-1)],\ -\nabla f(\boldsymbol{X}_k)=[2\quad 2],$$

$$\boldsymbol{H}(\boldsymbol{X})=\begin{bmatrix}2&0\\0&2\end{bmatrix}=\boldsymbol{H}(\boldsymbol{X}_k),$$

则由计算公式$\lambda=-\dfrac{\nabla f(\boldsymbol{X}_k)\boldsymbol{P}_k}{\boldsymbol{P}_k^{\mathrm{T}}\boldsymbol{H}(\boldsymbol{X}_k)\boldsymbol{P}_k}$,得

$$\lambda_k=\frac{[2\quad 2]\begin{bmatrix}2\\2\end{bmatrix}}{[2\quad 2]\begin{bmatrix}2&0\\0&2\end{bmatrix}\begin{bmatrix}2\\2\end{bmatrix}}=\frac{1}{2}.$$

注意:最佳步长会随搜索方向不断进行调整,一般不是一个固定值.

8.1.4 梯度下降法

梯度下降法是一种求解无约束极值问题最简单、最基本的下降类算法,其一般步骤如下:

(1) 选取初始点 $\boldsymbol{X}_0$，令 $k=0$，同时确定精度(即终止条件)$\delta(>0)$；

(2) 对于点 $\boldsymbol{X}_k$，计算$\nabla f(\boldsymbol{X}_k)$，若$\|\nabla f(\boldsymbol{X}_k)\|<\delta$，则停止计算，得到近似最优解 $\boldsymbol{X}_k$，否则转入(3)；

(3) 取 $\boldsymbol{P}_k=(-\nabla f(\boldsymbol{X}_k))^{\mathrm{T}}$，$\lambda_k=-\dfrac{\nabla f(\boldsymbol{X}_k)\boldsymbol{P}_k}{\boldsymbol{P}_k^{\mathrm{T}}H(\boldsymbol{X}_k)\boldsymbol{P}_k}$，沿着 $\boldsymbol{P}_k$ 进行一维搜索，得到下一个点 $\boldsymbol{X}_{k+1}=\boldsymbol{X}_k+\lambda_k\boldsymbol{P}_k$；

(4) 计算$\nabla f(\boldsymbol{X}_{k+1})$，令 $k=k+1$，转(2).

【例 8-8】用梯度下降法求二元函数 $f(\boldsymbol{X})=(x_1-1)^2+(x_2-1)^2$ 的极小值点，取 $\delta=0.1$，初始点 $\boldsymbol{X}_0=[0\quad 0]^{\mathrm{T}}$.

【解答】因为

$$\nabla f(\boldsymbol{X})=[2(x_1-1)\quad 2(x_2-1)],\ -\nabla f(\boldsymbol{X}_0)=[2\quad 2],$$

$$\|\nabla f(\boldsymbol{X}_0)\|=\sqrt{8}>\delta,\ \boldsymbol{H}(\boldsymbol{X})=\begin{bmatrix}2&0\\0&2\end{bmatrix}=\boldsymbol{H}(\boldsymbol{X}_0),$$

则

$$\lambda_0=\frac{[2\quad 2]\begin{bmatrix}2\\2\end{bmatrix}}{[2\quad 2]\begin{bmatrix}2&0\\0&2\end{bmatrix}\begin{bmatrix}2\\2\end{bmatrix}}=\frac{1}{2},$$

$$\boldsymbol{X}_1=\boldsymbol{X}_0-\lambda_0(\nabla f(\boldsymbol{X}_0))^{\mathrm{T}}=[0\quad 0]^{\mathrm{T}}-\frac{1}{2}[-2\quad -2]^{\mathrm{T}}=[1\quad 1]^{\mathrm{T}},$$

$$\nabla f(\boldsymbol{X}_1)=[0\quad 0],\ \|\nabla f(\boldsymbol{X}_1)\|=0<\delta,$$

故 $\boldsymbol{X}_1=[1\quad 1]^{\mathrm{T}}=\boldsymbol{X}^*$.

【例 8-9】求 $f(x_1,x_2)=100(x_2-x_1^2)^2+(1-x_1)^2$ 的极值点.

【程序代码】

```
import numpy as np
import matplotlib.pyplot as plt
import random
# 写出迭代函数
def goldsteinsearch(f, df, d, x, alpham, rho, t):
    flag=0
    a=0
    b=alpham
    fk=f(x)
    gk=df(x)
    phi0=fk
    dphi0=np.dot(gk, d)
    alpha=b* random.uniform(0, 1)
```

```
    while (flag==0):
        newfk=f(x+alpha* d)
        phi=newfk
        if (phi-phi0<=rho* alpha* dphi0):
            if (phi-phi0>=(1-rho)* alpha* dphi0):
                flag=1
            else:
                a=alpha
                b=b
                if (b<alpham):
                    alpha=(a+b)/2
                else:
                    alpha=t* alpha
        else:
            a=a
            b=alpha
            alpha=(a+b)/2
    return alpha
# 定义函数
def rosenbrock(x):
    return 100* (x[1]-x[0] ** 2) ** 2+(1-x[0]) ** 2
# 定义海赛矩阵
def jacobian(x):
    return np.array([-400* x[0]* (x[1]-x[0]** 2)\
-2* (1-x[0]), 200* (x[1]-x[0]** 2)])
X1=np.arange(-1.5, 1.5+0.05, 0.05)
X2=np.arange(-3.5, 2+0.05, 0.05)
[x1, x2]=np.meshgrid(X1, X2)
f=100* (x2-x1** 2) ** 2+(1-x1) ** 2  # 给定的函数
plt.contour(x1, x2, f, 20)   # 画出函数的 20 条轮廓线
def steepest(x0):            # 迭代
    print('初始点为:')
    print(x0, '\n')
    imax=20000
    W=np.zeros((2, imax))
    W[:, 0]=x0
    i=1
    x=x0
    grad=jacobian(x)
    delta=sum(grad** 2)      # 初始误差
    while i<imax and delta>10** (-5):
```

```
            p=-jacobian(x)
            x0=x
           alpha=goldsteinsearch(rosenbrock, jacobian, p,\
x, 1, 0.1, 2)
            x=x+alpha* p
            W[:, i]=x
            grad=jacobian(x)
            delta=sum(grad** 2)
            i=i+1
        print(" 迭代次数为: ", i)
        print(" 近似最优解为:")
        print(x, '\n')
        W=W[:, 0:i]                   # 记录迭代点
        return W
    x0=np.array([-1.2, 1])
    W=steepest(x0)
    # 画出迭代点收敛的轨迹
    plt.plot(W[0, :], W[1, :], 'g* ', W[0, :], W[1, :])
    plt.show()
```

【运行结果】(生成图形如图 8-3 所示)

```
    初始点为:
    [-1.2  1.]
    迭代次数为: 1463
    近似最优解为:
    [0.99715298  0.994306]
```

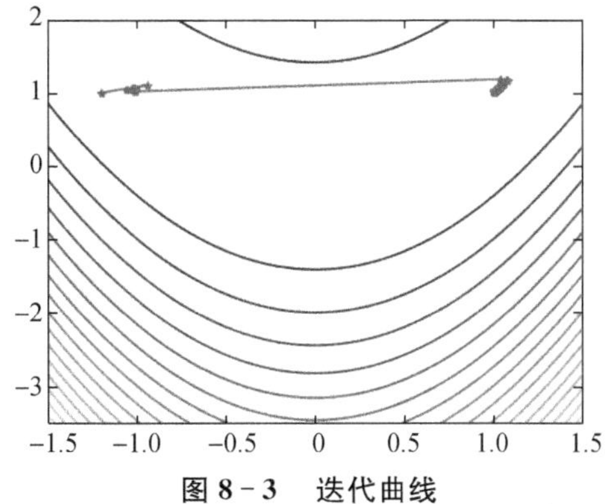

图 8-3　迭代曲线

注意:利用梯度下降法求极值点时,可直接调用 numpy 中的函数 grad().

【例 8-10】利用梯度下降法求 $f=-\mathrm{e}^{-(x_1^2+x_2^2)}$ 的极小值点.

【程序代码】

```
import math
import numpy as np
def func_2d(x):     # 定义目标函数:x 为二维自变量
    return  -math.exp(- (x[0]** 2+x[1]** 2))
# 定义梯度,由目标函数求偏导而得,返回二维向量
def grad_2d(x):
    deriv0=2* x[0]* math.exp(- (x[0]** 2+x[1]** 2))
    deriv1=2* x[1]* math.exp(- (x[0]** 2+x[1]** 2))
    return np.array([deriv0, deriv1])
def gradient_descent_2d(grad, cur_x= np.array([0.1, 0.1]), \
learning_rate= 0.01, precision= 0.0001, max_iters= 10000):
    print(f"{cur_x} 作为初始值开始迭代...")
    for i in range(max_iters):
        grad_cur=grad(cur_x)
        if np.linalg.norm(grad_cur, ord=2) <precision:
            break  # 当梯度趋近为 0 时,视为收敛
        cur_x=cur_x-grad_cur* learning_rate
        print("第", i, "次迭代:x 值为 ", cur_x)
    print("局部最小值点 x=", cur_x)
    return cur_x
if __name__=='__main__':
    gradient_descent_2d(grad_2d, cur_x= np.array([1, -1]), \
learning_rate=0.2, precision=0.000001, max_iters=10000)
```

【运行结果】

```
[1  -1] 作为初始值开始迭代...
第 0 次迭代:x 值为 [0.94586589  -0.94586589]
第 1 次迭代:x 值为 [0.88265443  -0.88265443]
第 2 次迭代:x 值为 [0.80832661  -0.80832661]
......
第 33 次迭代:x 值为 [5.31347319e-07  -5.31347319e-07]
第 34 次迭代:x 值为 [3.18808392e-07  -3.18808392e-07]
局部最小值 x=[3.18808392e-07  -3.18808392e-07]
```

8.2 有条件极值

在求解实际问题时经常会碰到有条件极值问题,即建立目标函数时通常还需有一些附加条件.绝大部分情况是目标函数只有一个,而附加条件可能有多个.同时,附加条件存在多种形式,可能是线性的,也可能是非线性的;可能是等式,也可能是不等式.我们在处理附加条件时,一般需要进行规范、归一.

8.2.1　有条件函数极值模型

下面先通过一个具体问题来说明如何建立有条件极值模型.

【例 8 - 11】 要设计一个半球形和圆柱形相连接的构件,要求在体积一定的条件下确定构件的尺寸,使其表面积最小.

【解答】 设圆柱的底半径为 x_1,高为 x_2.由于构件的表面由半球顶面、侧面和底面组成,因此表面积为

$$S=2\pi x_1^2+2\pi x_1x_2+\pi x_1^2.$$

而构件的体积为半球体和圆柱体之和,所以要使构件的体积为定值 V,应该满足

$$\frac{2}{3}\pi x_1^2+\pi x_1^2x_2=V.$$

又构件的底半径和圆柱体的高显然非负,故还要求

$$x_1\geqslant 0,\ x_2\geqslant 0.$$

综上可得

$$\text{目标函数为}\ \min S=2\pi x_1^2+2\pi x_1x_2+\pi x_1^2;$$

$$\text{约束条件为}\begin{cases}\dfrac{2}{3}\pi x_1^2+\pi x_1^2x_2-V=0,\\ x_1\geqslant 0,x_2\geqslant 0.\end{cases}$$

由以上问题可知,目标函数即最优化函数是只有一个,决策变量及约束条件可能是零个、一个或多个.

一般地,构成最优化问题通常有三个基本要素,即决策变量(自变量)、目标函数、约束条件.

决策问题可能归结为求最小值或最大值问题.当求 $f(\boldsymbol{X})$ 的最大值时,可转化为求 $-f(\boldsymbol{X})$ 的最小值.当约束条件为 $g(\boldsymbol{X})\leqslant 0$ 时,可转化为 $-g(\boldsymbol{X})\geqslant 0$.

因此,不失一般性,我们把最优决策问题归结为求最小值问题,约束条件则归结为大于或等于,从而得到一般性问题:

记决策变量 $\boldsymbol{X}=(x_1,x_2,\cdots,x_n)^{\mathrm{T}}$,目标函数 $f(\boldsymbol{X})=f(x_1,x_2,\cdots,x_n)$,不等式的约束条件为 $g_j(\boldsymbol{X})=g_j(x_1,x_2,\cdots,x_n)\geqslant 0(j=1,2,\cdots,l)$,等式约束条件为 $h_i(\boldsymbol{X})=h_i(x_1,x_2,\cdots,x_n)=0(i=1,2,\cdots,m)$,则单目标最优化模型的一般式为

$$\text{目标函数:}\min f(\boldsymbol{X});$$

$$\text{约束条件:}\begin{cases}h_i(\boldsymbol{X})=0\quad(i=1,2,\cdots,m),\\ g_j(\boldsymbol{X})\geqslant 0\quad(j=1,2,\cdots,l).\end{cases}$$

我们把由约束条件构成的区域称为约束集 D.

【例 8 - 12】 求解

$$\min f(X)=(x_1-2)^2+(x_2-2)^2,$$

约束条件为 $x_1+x_2=6$.

【解答】问题可转化为从直线 $x_1+x_2=6$ 上找一点到(2,2)的距离最短，可理解为求以(2,2)为圆心的同心圆中与直线 $x_1+x_2=6$ 相切的点，即为过(2,2)且垂直于 $x_1+x_2=6$ 的直线与直线 $x_1+x_2=6$ 的交点.通过计算得切点为(3,3)，此时最优解为

$$(3-2)^2+(3-2)^2=2.$$

【例 8-13】求解线性规划问题：

$$\min z=2x_1+3x_2+x_3;$$

$$\begin{cases}x_1+4x_2+2x_3\geqslant 8,\\3x_1+2x_2\geqslant 6,\\x_1,x_2,x_3\geqslant 0.\end{cases}$$

注意：这是有条件函数极值模型中的一类线性规划问题，此类问题可通过单纯形法求解，也可通过调用 scipy 包中的 optimize.linprog 函数进行求解.

【程序代码】

```
import numpy as np
from scipy import optimize
z=np.array([2, 3, 1])
a=np.array([[1, 4, 2], [3, 2, 0]])
b=np.array([8, 6])
x1_bound=x2_bound=x3_bound=(0, None)
res=optimize.linprog(z, A_ub=-a, b_ub=-b,\
bounds=(x1_bound, x2_bound, x3_bound))
print(res)
```

【运行结果】

```
     con: array([], dtype=float64)
     fun: 6.999999994872991
 message: 'Optimization terminated successfully.'
     nit: 3
   slack: array([3.85260535e-09, -1.41066243e-08])
  status: 0
 success: True
       x: array([1.17949641, 1.23075538, 0.94874104])
```

8.2.2 拉格朗日乘数法

如果对于约束条件只有等式限制时，可通过构建拉格朗日函数进行极值求解.设

目标函数：$\min f(\boldsymbol{X})$，

约束条件：$h_i(\boldsymbol{X})=0\quad(i=1,2,\cdots,m)$，

构建拉格朗日函数如下：

$$L(\boldsymbol{X},\boldsymbol{\lambda})=f(\boldsymbol{X})+\sum_{i=1}^{m}\lambda_i h_i(\boldsymbol{X}),$$

令$\begin{cases}\dfrac{\partial L}{\partial x_1}=0,\cdots,\dfrac{\partial L}{\partial x_n}=0,\\ \dfrac{\partial L}{\partial \lambda_1}=0,\cdots,\dfrac{\partial L}{\partial \lambda_m}=0,\end{cases}$求得驻点，这些驻点即为可能的最优解.至于如何确定所求得的点为最优解，在实际问题中往往可根据问题本身的性质来判定.

这种方法称为拉格朗日乘数法.也就是先建立拉格朗日函数，求出关于各个变量(包含 $x_i(i=1,2,\cdots,n)$ 和 $\lambda_j(j=1,2,\cdots,m)$)的偏导数，得到驻点，再根据题意判定哪些点是最优解.

【例 8-14】将周长为 $2p$ 的矩形绕它的一边旋转构成一个圆柱体，问矩形的边长各为多少时，才能使圆柱体的体积最大？

【解答】设矩形的两边长分别为 x,y，则 $x+y=p$.将矩形绕它的 y 长一边旋转构成一个圆柱体，则圆柱体的底面半径为 x，高为 y，从而体积为

$$V=\pi x^2 y\quad(x+y=p).$$

建立拉格朗日函数

$$L(x,y,\lambda)=\pi x^2 y+\lambda(x+y-p),$$

分别求偏导，并令偏导数分别等于 0，有

$$\begin{cases}\dfrac{\partial L}{\partial x}=2\pi xy+\lambda=0,\\ \dfrac{\partial L}{\partial y}=\pi x^2+\lambda=0,\\ \dfrac{\partial L}{\partial \lambda}=x+y-p=0,\end{cases}\quad 解得驻点\begin{cases}x=\dfrac{2}{3}p,\\ y=\dfrac{1}{3}p.\end{cases}$$

由于此点为唯一驻点，再由问题的实际意义可知存在最大值点，从而该点为最大值点.即当长为 $\frac{2}{3}p$，宽为 $\frac{1}{3}p$ 的矩形绕宽边旋转所得圆柱体取得最大体积 $\frac{4}{27}\pi p^3$.

【例 8-15】求二元函数 $f(\boldsymbol{X})=60-10x_1-4x_2+x_1^2+x_2^2-x_1x_2$ 在条件 $x_1+x_2-8=0$ 下的极小值.

【程序代码】

```
# 导入 sympy 包，用于求导和方程组求解等等
from sympy import *
# 设置变量
```

```
    x1=symbols("x1")
    x2=symbols("x2")
    alpha=symbols("alpha")
    # 构造拉格朗日函数
    L=60-10* x1-4* x2+x1* x1+x2* x2-x1* x2-alpha* (x1+x2-8)
    # 求导
    difyL_x1=diff(L, x1)              # 对变量 x1 求导
    difyL_x2=diff(L, x2)              # 对变量 x2 求导
    difyL_alpha=diff(L, alpha)        # 对 alpha 求导
    # 求解
    aa= solve([difyL_x1, difyL_x2, difyL_alpha], [x1, x2, alpha])
    print(aa)
    x1=aa.get(x1)
    x2=aa.get(x2)
    alpha=aa.get(alpha)
    print("最优解为：", 60-10* x1-4* x2+x1* x1+x2* x2\
-x1* x2-alpha* (x1+x2-8))
```

【运行结果】

```
{x1: 5, x2: 3, alpha: -3}
最优解为：17
```

【例 8-16】利用 optimize 方法求解

$$\begin{cases}\min \dfrac{2+x_1}{1+x_2}-3x_1+4x_3,\\ 0.1\leqslant x_i\leqslant 0.9, \quad i=1,2,3\end{cases}$$

的最优解.

【程序代码】

```
from scipy.optimize import minimize
import numpy as np
def fun(args):
    a,b,c,d=args
    v=lambda x: (a+x[0])/(b+x[1]) -c* x[0]+d* x[2]
    return v
def con(args):
    # 约束条件分为 eq 和 ineq
    # eq 表示函数结果等于 0, ineq 表示表达式大于等于 0
    x1min, x1max, x2min, x2max,x3min,x3max=args
    cons=({'type': 'ineq', 'fun': lambda x: x[0]-x1min},\
          {'type': 'ineq', 'fun': lambda x: -x[0]+x1max},\
          {'type': 'ineq', 'fun': lambda x: x[1]-x2min},\
```

```
            {'type': 'ineq', 'fun': lambda x: -x[1]+x2max},\
            {'type': 'ineq', 'fun': lambda x: x[2]-x3min},\
            {'type': 'ineq', 'fun': lambda x: -x[2]+x3max})
    return cons
if __name__=="__main__":
    # 定义常量值
    args=(2,1,3,4)              # a,b,c,d
    # 设置参数范围/约束条件
    # x1min, x1max, x2min, x2max, x3min, x3max
    args1=(0.1,0.9,0.1,0.9,0.1,0.9)
    cons=con(args1)
    # 设置初始猜测值
    x0=np.asarray((0.5,0.5,0.5))
    res=minimize(fun(args), x0, method='SLSQP',\
constraints=cons)
    print(res.fun)
    print(res.success)
    print(res.x)
```

【运行结果】

```
-0.773684210526435
True
[0.9 0.9 0.1]
```

注意:求最优解的函数为 scipy.optimize.minimize,原型为

```
scipy.optimize.minimize(fun, x0, args=(), method=None,
jac=None, hess=None, hessp=None, bounds=None, constraints=
(), tol=None, callback=None, options=None)
```

其中,fun 表示优化的目标函数.x0 表示初始值.非线性优化问题的求解并不是用解析的方法,而是从初始值开始进行迭代.如果是多元函数,就要将 x0 视为一个向量,每一个分量都要单独赋值.args 表示可选项,如果目标函数有可设定的参数,可以用这种方式传递进去.method 表示所选用的优化算法,有 12 种可选项.

【例 8-17】 scipy.optimize.minimize 函数应用示例.

【程序代码】

```
from scipy.optimize import minimize
fun=lambda x: (x[0]-1) ** 2+(x[1]-2.5) ** 2
cons=({'type': 'ineq', 'fun': lambda x: x[0]-2* x[1]+2},\
      {'type': 'ineq', 'fun': lambda x: -x[0]-2* x[1]+6},\
      {'type': 'ineq', 'fun': lambda x: -x[0]+2* x[1]+2})
bnds=((0, None), (0, None))
res=minimize(fun, (2, 0), method='SLSQP', bounds=bnds,
```

```
constraints=cons)
    print(res)
```

【运行结果】

```
     fun: 0.8000000011920985
     jac: array([0.80000002, -1.59999999])
 message: 'Optimization terminated successfully.'
    nfev: 13
     nit: 3
    njev: 3
  status: 0
 success: True
       x: array([1.4, 1.7])
```

8.2.3 罚函数法

当约束条件中含不等式情形时，通常使用罚函数法.罚函数法又称乘子法，其基本思想是将约束条件与目标函数组合在一起，化为无约束极值问题求解.

罚函数法分为外点法与内点法.外点法是从非可行解出发逐渐移动到可行区域的方法；内点法是在可行区域内部进行搜索，逐步逼近最优解.

1）外点法

对于单目标最优化模型一般式

$$\text{目标函数：}\min f(\boldsymbol{X}),$$

$$\text{约束条件：}\begin{cases} h_i(\boldsymbol{X})=0 \quad (i=1,2,\cdots,m), \\ g_j(\boldsymbol{X})\geqslant 0 \quad (j=1,2,\cdots,l), \end{cases}$$

外点法的关键是构造一个新的目标函数 $P(\boldsymbol{X},M)$（称为罚函数），即

$$P(\boldsymbol{X},M)=f(\boldsymbol{X})+M\sum_{j=1}^{l}\left[\min\{0,g_j(\boldsymbol{X})\}\right]^2+M\sum_{i=1}^{m}h_i^2(\boldsymbol{X}).$$

式中，M 是一个充分大的正数，称为罚因子，含有 M 的项称为罚项.显而易见，当 $\boldsymbol{X}$ 是可行点时，罚项为0；而当 $\boldsymbol{X}$ 不是可行点时，罚项是很大的数.对 $P(\boldsymbol{X},M)$ 求极小值，可采用无约束优化方法，罚项能够保证使点 $\boldsymbol{X}$ 逐步趋近可行域.

对于某一个罚因子 M，例如说 M_i，若 $\boldsymbol{X}(M_i)$ 不在可行域 R 内，就加大罚因子的值，而随着 M 值的增加，罚函数中的罚项所起的作用随之增大，$\min P(\boldsymbol{X},M)$ 的解 $\boldsymbol{X}(M)$ 与约束集 R 的"距离"就越来越近.当 $0<M_1<M_2<\cdots<M_k<\cdots$ 趋于无穷大时，点列 $\{\boldsymbol{X}(M_i)\}$ 就从可行域 R 的外部趋于原问题的极小值点 $\boldsymbol{X}_{\min}$（此处假设点列 $\{\boldsymbol{X}(M_i)\}$ 收敛）.

可对外点法作如下经济解释：把目标函数 $f(\boldsymbol{X})$ 看作"价格"，约束条件看作是某种"规定"，采购者可在规定范围内购置最便宜的东西.此外还制定了一种"罚款"

政策，若符合规定，罚款为零；否则，要收罚款，此时采购者付出的代价是价格和罚款的总和.采购者的目标是使总代价最小，这就是上述的无约束问题.当罚款规定很苛刻时，违反规定支付的罚款很高，这就迫使采购者符合规定.在数学上表现为当罚因子 M_k 足够大时，上述无约束问题的最优解应满足约束条件，而成为约束问题的最优解.

使用外点罚函数法的一般步骤如下：

(1) 选取初始罚因子 M_1，并令 $k=1,\varepsilon>0$；

(2) 对于 M_k，求解无约束极值问题 $\min P(\boldsymbol{X},M)$，得 $\boldsymbol{X}_k$；

(3) 若 $\boldsymbol{X}_k$ 满足可行性精度要求，即

$$\begin{cases}|h_i(\boldsymbol{X}_k)|\leqslant\varepsilon & (i=1,2,\cdots,m),\\ g_j(\boldsymbol{X}_k)\geqslant-\varepsilon & (j=1,2,\cdots,l),\end{cases}$$

则停止，$\boldsymbol{X}_k$ 即为最优解，否则取 $M_{k+1}>M_k$，并令 $k=k+1$，转(2).

【例 8-18】 求 $\min f(\boldsymbol{X})=\dfrac{1}{3}(x_1+1)^3+x_2$，约束条件为 $\begin{cases}x_1-1\geqslant0,\\ x_2\geqslant0.\end{cases}$

【解答】 构造罚函数

$$P(\boldsymbol{X},M)=\frac{1}{3}(x_1+1)^3+x_2+M[\min\{0,x_1-1\}]^2+M[\min\{0,x_2\}]^2,$$

令

$$\begin{cases}\dfrac{\partial P}{\partial x_1}=(x_1+1)^2+2M[\min\{0,x_1-1\}]=0,\\ \dfrac{\partial P}{\partial x_2}=1+2M[\min\{0,x_2\}]=0,\end{cases}$$

由约束条件 $\begin{cases}x_1-1\geqslant0,\\ x_2\geqslant0,\end{cases}$ 可知可行域内无驻点.

对于可行域外的点(满足 $x_1-1<0,x_2<0$)，可解得驻点

$$\begin{cases}x_1=\sqrt{M^2+4M}-M-1,\\ x_2=-\dfrac{1}{2M}.\end{cases}$$

在该点，海赛矩阵 $\boldsymbol{H}=\begin{bmatrix}2(x_1+1)+2M & 0\\ 0 & 2M\end{bmatrix}$ 正定，故为极小值点.又

$$\lim_{M\to+\infty}x_1=\lim_{M\to+\infty}(\sqrt{M^2+4M}-M-1)=\lim_{M\to+\infty}\frac{2M-1}{\sqrt{M^2+4M}+M+1}=1,$$

$$\lim_{M\to+\infty}x_2=\lim_{M\to+\infty}\left(-\frac{1}{2M}\right)=0,$$

即 $M\to+\infty$ 时，$\begin{cases}x_1\to1,\\ x_2\to0,\end{cases}$ 而 $(1,0)^{\mathrm{T}}$ 满足约束条件，故为最优解，且 $f(1,0)=\dfrac{8}{3}$.

【例 8－19】 求 $\min f(\boldsymbol{X})=x_1+x_2$，约束条件为 $\begin{cases}g_1(\boldsymbol{X})=-x_1^2+x_2\geqslant 0,\\ g_2(\boldsymbol{X})=x_1\geqslant 0.\end{cases}$

【解答】 构造罚函数

$$P(\boldsymbol{X},M)=x_1+x_2+M\{[\min\{0,(-x_1^2+x_2)\}]^2+[\min\{0,x_1\}]^2\},$$

令

$$\begin{cases}\dfrac{\partial P}{\partial x_1}=1-4Mx_1[\min\{0,(-x_1^2+x_2)\}]+2M[\min\{0,x_1\}]=0,\\ \dfrac{\partial P}{\partial x_2}=1+2M[\min\{0,(-x_1^2+x_2)\}]=0,\end{cases}$$

得 $\min P(\boldsymbol{X},M)$ 的解为

$$\boldsymbol{X}(M)=\left(-\frac{1}{2(1+M)},\left(\frac{1}{4\,(1+M)^2}-\frac{1}{2M}\right)\right)^{\mathrm{T}}.$$

取 $M=1,2,3,4,5$，得出以下结果：

$$M=1:\boldsymbol{X}=\left(-\frac{1}{4},-\frac{7}{16}\right)^{\mathrm{T}},$$

$$M=2:\boldsymbol{X}=\left(-\frac{1}{6},-\frac{2}{9}\right)^{\mathrm{T}},$$

$$M=3:\boldsymbol{X}=\left(-\frac{1}{8},-\frac{29}{192}\right)^{\mathrm{T}},$$

$$M=4:\boldsymbol{X}=\left(-\frac{1}{10},-\frac{23}{200}\right)^{\mathrm{T}},$$

$$M=5:\boldsymbol{X}=\left(-\frac{1}{12},-\frac{67}{720}\right)^{\mathrm{T}},$$

可知，$\boldsymbol{X}(M)$ 从可行域 R 的外面逐步逼近 R 的边界. 又

$$\lim_{M\to+\infty}\boldsymbol{X}(M)=\lim_{M\to+\infty}\left(-\frac{1}{2(1+M)},\left(\frac{1}{4\,(1+M)^2}-\frac{1}{2M}\right)\right)^{\mathrm{T}}=(0,0)^{\mathrm{T}},$$

即当 $M\to+\infty$ 时，$\boldsymbol{X}(M)$ 趋于原问题的最优解 $(0,0)^{\mathrm{T}}$，且 $f_{\min}=f(0,0)=0$.

由上可见，外点法的一个重要特点就是函数 $P(\boldsymbol{X},M)$ 是在整个欧氏空间 E^n 内进行优化，初始点可任意选择，这给计算带来了很大方便. 外点法既可用于求解凸规则问题最优化，也可用于非凸规则问题最优化. 同时，外点法不只适用于含有不等式约束条件的非线性规划问题，对于等式约束条件或同时含有等式和不等式约束条件的问题也同样适用.

2）内点法

如果要求每次迭代得到的近似解都在可行域内，以便观察目标函数值的变化情况(有时可能需要这样)，或者 $f(\boldsymbol{X})$ 在可行域外的性质比较复杂，甚至没有定义，这时就无法使用外点法. 内点法和外点法不同，它要求迭代都在可行域内进行.

为此，我们把初始点取在可行域内部(既不在可行域外，也不在可行域边界上，称为内点或严格内点)，并在可行域的边界上设置一道“障碍”，使迭代点靠近可行域边界时给出的新目标数值迅速增大，从而使迭代点始终在可行域内部.

与外点法类似，内点法通过函数迭加的办法来改造原目标函数，使得改造后的目标函数(称为障碍函数)具有下列性质：在可行域 R 的内部与其边界面较远的地方，障碍函数与原来的目标函数 $f(X)$ 尽可能相近，而在接近 R 的边界面时有任意大的值.

显然，满足要求的障碍函数，其极小值解自然不会在 R 的边界上得到.这就是说，用障碍函数来代替(近似)原目标函数，并在可行域 R 内部使其极小化，即使 R 是一个闭集，但因极小值点不在闭集的边界上，因而实际上是具有无约束性质的极值问题，可借助于无约束最优化的方法进行计算.

根据以上分析，我们可将有条件约束问题转化为无约束性质的极小化问题.即对问题：

$$\text{目标函数}:\min f(\boldsymbol{X}),$$
$$\text{约束条件}:g_j(\boldsymbol{X})\geqslant 0\quad(j=1,2,\cdots,l),$$

可转化为 $\min\limits_{X\in R_0}\bar{P}(\boldsymbol{X},r_k)$，其中

$$\bar{P}(\boldsymbol{X},r_k)=f(\boldsymbol{X})+r_k\sum_{j=1}^{l}\frac{1}{g_j(\boldsymbol{X})}\quad(r_k>0),$$

或

$$\bar{P}(\boldsymbol{X},r_k)=f(\boldsymbol{X})-r_k\sum_{j=1}^{l}\ln(g_j(\boldsymbol{X}))\quad(r_k>0),$$
$$R_0=\{\boldsymbol{X}\mid g_j(\boldsymbol{X})>0,j=1,2,3,\cdots,l\}.$$

如果从可行域内部的某一点 $\boldsymbol{X}^{(0)}$ 出发，按无约束极小化方法对新的目标函数进行迭代(在进行一维搜索时要适当控制步长，以免迭代点跑到 R_0 之外)，则随着障碍因子 r_k 的逐步减少，即

$$r_1>r_2>r_3>\cdots>r_k>\cdots>0,$$

障碍项所起的作用也越来越小，因而求出的 $\min\limits_{X\in R_0}\bar{P}(\boldsymbol{X},r_k)$ 的解 $\boldsymbol{X}(r_k)$ 也逐步逼近原问题的极小值解 $\boldsymbol{X}_{\min}$.若原来问题的极小值解在可行域的边界上，则随着 r_k 的减小，障碍项作用逐步降低.障碍函数的极小值解不断靠近边界，直至满足某一精度要求为止.

内点法的迭代步骤如下：

(1) 取 $r_1>0$(例如 $r_1=1$)，允许误差 $\varepsilon>0$.

(2) 找出一可行内点 $\boldsymbol{X}^{(0)}\in R_0$，并令 $k=1$.

(3) 构造障碍函数，障碍项可采用倒数式，也可采用对数式.

(4) 以 $\boldsymbol{X}^{(k-1)} \in R_0$ 为初始点,对障碍函数进行无约束极小化(在 R_0 内):

$$\begin{cases}\min\limits_{\boldsymbol{X}\in R_0} \bar{P}(\boldsymbol{X},r_k)=\bar{P}(\boldsymbol{X}^{(k)},r_k),\\ \boldsymbol{X}^{(k)}=\boldsymbol{X}(r_k)\in R_0.\end{cases}$$

(5) 检验是否满足收敛准则

$$r_k\sum_{j=1}^{l}\frac{1}{g_j(\boldsymbol{X}^{(k)})}\leqslant \varepsilon,$$

或

$$\left|r_k\sum_{j=1}^{l}\ln(g_j(\boldsymbol{X}^{(k)}))\right|\leqslant \varepsilon.$$

如满足上述准则,则以 $\boldsymbol{X}^{(k)}$ 为原问题的近似极小值解 $\boldsymbol{X}_{\min}$;否则,取 $r_{k+1}<r_k$(例如取 $r_{k+1}=\dfrac{r_k}{10}$ 或 $r_{k+1}=\dfrac{r_k}{5}$),令 $k=k+1$,转向第(4)步继续进行迭代.

需要指出的是,根据情况,收敛准则也可采用不同的形式,例如

$$\|\boldsymbol{X}^{(k)}-\boldsymbol{X}^{(k-1)}\|<\varepsilon \quad 或 \quad |f(\boldsymbol{X}^{(k)})-f(\boldsymbol{X}^{(k-1)})|<\varepsilon.$$

下面通过一具体实例来介绍如何使用内点法求最优解.

【例 8-20】试用内点法求解 $\begin{cases}\min f(\boldsymbol{X})=\dfrac{1}{3}(x_1+1)^3+x_2,\\ g_1(\boldsymbol{X})=x_1-1\geqslant 0,\\ g_2(\boldsymbol{X})=x_2\geqslant 0.\end{cases}$

【解答】构造障碍函数

$$F(\boldsymbol{X},r)=\frac{1}{3}(x_1+1)^3+x_2+\frac{r}{x_1-1}+\frac{r}{x_2},$$

令

$$\begin{cases}\dfrac{\partial F}{\partial x_1}=(x_1+1)^2-\dfrac{r}{(x_1-1)^2}=0,\\ \dfrac{\partial F}{\partial x_2}=1-\dfrac{r}{x_2^2}=0,\end{cases}$$

得 $x_1(r)=\sqrt{1+\sqrt{r}}$,$x_2(r)=\sqrt{r}$,从而有最优解为

$$\boldsymbol{X}_{\min}=\lim_{r\to 0^+}(\sqrt{1+\sqrt{r}},\sqrt{r})^{\mathrm{T}}=(1,0)^{\mathrm{T}}.$$

内点法是一种求解不等式约束最优化问题十分有效的方法,但不能处理等式约束.这是因为内点罚函数是定义在可行域内的函数,而等式约束优化问题不存在可行域空间.

第 9 章　随机过程

随机过程首先是由俄国数学家马尔可夫提出，后由柯尔莫哥洛夫等人加以发展而建立的一种随机问题分析方法.它主要通过现在所处的状态来分析随机事件未来发展变化的趋势，即利用某一变量的现在状态和动向去预测该变量未来的状态和动向，及预测未来某特定时期可能产生的变化，以便采取相应的对策.随机过程本身就是一系列随机变量，它与状态与时间有关.随机过程分析又称马尔可夫分析，其应用领域十分广泛，例如通信网络系统控制、设备更新与维护、航空订票、高速公路管理等.

9.1　马尔可夫链

假设某一时刻状态转移的概率只依赖于它的前一个状态，这样的转移变化过程称为马尔可夫链.马尔可夫链在很多时间序列模型中得到广泛应用，比如循环神经网络(RNN)、隐式马尔可夫模型(HMM)、自然语言处理等，当然马尔可夫链蒙特卡洛方法(MCMC)也需要它.

9.1.1　正规随机矩阵

1) 概率向量

对于向量 $\boldsymbol{u}=(u_1,u_2,\cdots,u_n)^{\mathrm{T}}$，若 $u_i\geqslant 0$ 且 $\sum\limits_{i=1}^{n}u_i=1$，则称 $\boldsymbol{u}$ 为概率向量.

2) 概率矩阵

在方阵 $\boldsymbol{P}=(p_{ij})_{n\times n}$ 中，若各个行向量都为概率向量，则称此方阵为概率矩阵或随机矩阵.

概率矩阵具有如下性质：

性质 1　设 $\boldsymbol{u}\in\mathbf{R}^n$ 是一个概率向量，$\boldsymbol{A}=(a_{ij})_{n\times n}$ 是一个概率矩阵，则 $\boldsymbol{A}^{\mathrm{T}}\boldsymbol{u}=\boldsymbol{y}$ 也是一个概率向量.

证明　因为

$$\begin{aligned}\boldsymbol{y}^{\mathrm{T}}=\boldsymbol{u}^{\mathrm{T}}\boldsymbol{A}&=(u_1,u_2,\cdots,u_n)\begin{bmatrix}a_{11}&\cdots&a_{1n}\\\vdots&&\vdots\\a_{n1}&\cdots&a_{nn}\end{bmatrix}\\&=\Big(\sum_{i=1}^{n}u_ia_{i1},\sum_{i=1}^{n}u_ia_{i2},\cdots,\sum_{i=1}^{n}u_ia_{in}\Big),\end{aligned}$$

则 $\boldsymbol{y}^{\mathrm{T}}$ 的各分量之和为

$$\sum_{j=1}^{n} y_j = \sum_{j=1}^{n}\sum_{i=1}^{n} u_i a_{ij} = \sum_{i=1}^{n} u_i\left(\sum_{j=1}^{n} a_{ij}\right) = \sum_{i=1}^{n} u_i = 1,$$

从而有 $\boldsymbol{A}^{\mathrm{T}}\boldsymbol{u}$ 为一个概率向量.

性质 2　若 $\boldsymbol{A}$ 和 $\boldsymbol{B}$ 均为概率矩阵,则 $\boldsymbol{AB}$,$\boldsymbol{A}^n$ 均为概率矩阵.

证明　用 $\boldsymbol{A}_{i\cdot}$ 表示由矩阵 $\boldsymbol{A}$ 的第 i 行组成的向量,由性质 1 知 $\boldsymbol{B}^{\mathrm{T}}\boldsymbol{A}_{i\cdot}^{\mathrm{T}}$ 是概率向量,而

$$\boldsymbol{AB} = \begin{bmatrix} \boldsymbol{A}_{1\cdot}\boldsymbol{B} \\ \boldsymbol{A}_{2\cdot}\boldsymbol{B} \\ \vdots \\ \boldsymbol{A}_{n\cdot}\boldsymbol{B} \end{bmatrix},$$

故 $\boldsymbol{AB}$ 的每一行组成的向量均为概率向量,即 $\boldsymbol{AB}$ 为随机矩阵.

同理可得 $\boldsymbol{A}^n$ 也为随机矩阵.

3) 正规概率矩阵

对于一概率矩阵 $\boldsymbol{P}$,若存在 m,使 $\boldsymbol{P}^m$(m 为大于 1 的正整数)的所有元素都是正数,则称 $\boldsymbol{P}$ 为正规概率矩阵,又称为正规随机矩阵.

例如概率矩阵 $\boldsymbol{P} = \begin{bmatrix} 0 & 1 \\ \frac{1}{2} & \frac{1}{2} \end{bmatrix}$,$\boldsymbol{P}^2 = \begin{bmatrix} \frac{1}{2} & \frac{1}{2} \\ \frac{1}{4} & \frac{3}{4} \end{bmatrix}$,则 $\boldsymbol{P}$ 是一个正规概率矩阵.

再如概率矩阵

$$\boldsymbol{Q} = \begin{bmatrix} 1 & 0 \\ \frac{1}{2} & \frac{1}{2} \end{bmatrix},\ \boldsymbol{Q}^2 = \begin{bmatrix} 1 & 0 \\ \frac{3}{4} & \frac{1}{4} \end{bmatrix},\ \cdots,\ \boldsymbol{Q}^m = \begin{bmatrix} 1 & 0 \\ \frac{2^m - 1}{2^m} & \frac{1}{2^m} \end{bmatrix},$$

则 $\boldsymbol{Q}$ 不是正规概率矩阵.这是因为对于任意大于 1 的正整数 m,矩阵 $\boldsymbol{Q}^m$ 中的 q_{12} 元素总是为 0.

若 $\boldsymbol{A}$ 是一个正规随机矩阵,则有如下性质:

(1) 一定存在一个概率向量 $\boldsymbol{x}$,使得 $\boldsymbol{A}^{\mathrm{T}}\boldsymbol{x} = \boldsymbol{x}$ 成立,且 $\boldsymbol{x}$ 的各分量皆为正数;

(2) 由 $\boldsymbol{A}$ 的各次方幂 $\boldsymbol{A}$,$\boldsymbol{A}^2$,$\boldsymbol{A}^3$,$\cdots$ 组成的序列会趋近于一个固定方阵 $\boldsymbol{B}$,也就是 $\boldsymbol{A}^k \to \boldsymbol{B}(k \to \infty)$,且 $\boldsymbol{B}$ 的每一行均为 $\boldsymbol{x}^{\mathrm{T}}$;

(3) 设 $\boldsymbol{u}$ 为任一 n 维概率向量,则向量序列 $\boldsymbol{A}^{\mathrm{T}}\boldsymbol{u}$,$(\boldsymbol{A}^2)^{\mathrm{T}}\boldsymbol{u}$,$(\boldsymbol{A}^3)^{\mathrm{T}}\boldsymbol{u}$,$\cdots$ 趋近于概率向量 $\boldsymbol{x}$,即 $(\boldsymbol{A}^k)^{\mathrm{T}}\boldsymbol{u} \to \boldsymbol{x}(k \to \infty)$.

【例 9-1】试用矩阵 $\boldsymbol{A} = \begin{bmatrix} 0 & 1 \\ \frac{1}{2} & \frac{1}{2} \end{bmatrix}$ 验证上述性质.

【解答】 由于矩阵 $\boldsymbol{A}=\begin{bmatrix}0 & 1\\ \frac{1}{2} & \frac{1}{2}\end{bmatrix}$ 中的每一行之和均为 1，则 $\boldsymbol{A}$ 为概率矩阵.又

$$\boldsymbol{A}^2=\begin{bmatrix}0 & 1\\ \frac{1}{2} & \frac{1}{2}\end{bmatrix}\begin{bmatrix}0 & 1\\ \frac{1}{2} & \frac{1}{2}\end{bmatrix}=\begin{bmatrix}\frac{1}{2} & \frac{1}{2}\\ \frac{1}{4} & \frac{3}{4}\end{bmatrix},$$

从而 $\boldsymbol{A}$ 为正规随机矩阵.

设概率向量 $\boldsymbol{x}=(x_1,x_2)^{\mathrm{T}}$ 满足 $\boldsymbol{A}^{\mathrm{T}}\boldsymbol{x}=\boldsymbol{x}$，于是便得方程组

$$\begin{cases}\frac{1}{2}x_2=x_1,\\ x_1+\frac{1}{2}x_2=x_2,\end{cases}$$

再由 $x_1+x_2=1$，得一组解 $\boldsymbol{x}=(x_1,x_2)^{\mathrm{T}}=\left(\frac{1}{3},\frac{2}{3}\right)^{\mathrm{T}}$.

进一步，矩阵序列 $\boldsymbol{A},\boldsymbol{A}^2,\boldsymbol{A}^3,\cdots$ 趋近于各行都以向量 $\boldsymbol{x}^{\mathrm{T}}$ 所构成的方阵 $\boldsymbol{B}$，即

$$\boldsymbol{B}=\begin{bmatrix}\frac{1}{3} & \frac{2}{3}\\ \frac{1}{3} & \frac{2}{3}\end{bmatrix}.$$

事实上，有

$$\boldsymbol{A}^2=\begin{bmatrix}\frac{1}{2^1} & \frac{1}{2^1}\\ \frac{1}{2^2} & \frac{3}{2^2}\end{bmatrix},\ \boldsymbol{A}^3=\begin{bmatrix}\frac{1}{2^2} & \frac{3}{2^2}\\ \frac{3}{2^3} & \frac{5}{2^3}\end{bmatrix},\ \boldsymbol{A}^4=\begin{bmatrix}\frac{3}{2^3} & \frac{5}{2^3}\\ \frac{5}{2^4} & \frac{11}{2^4}\end{bmatrix},\ \cdots\to\begin{bmatrix}\frac{1}{3} & \frac{2}{3}\\ \frac{1}{3} & \frac{2}{3}\end{bmatrix}.$$

另设 $\boldsymbol{u}=(u_1,u_2)^{\mathrm{T}}$ 为任一概率向量，由 $\boldsymbol{A}^k\to\boldsymbol{B}(k\to\infty)$ 可得

$$(\boldsymbol{A}^k)^{\mathrm{T}}\boldsymbol{u}\to\boldsymbol{B}^{\mathrm{T}}\boldsymbol{u},$$

$$\boldsymbol{B}^{\mathrm{T}}\boldsymbol{u}=\begin{bmatrix}\frac{1}{3} & \frac{1}{3}\\ \frac{2}{3} & \frac{2}{3}\end{bmatrix}\begin{bmatrix}u_1\\ u_2\end{bmatrix}=\begin{bmatrix}\frac{1}{3}u_1+\frac{1}{3}u_2\\ \frac{2}{3}u_1+\frac{2}{3}u_2\end{bmatrix}=\begin{bmatrix}\frac{1}{3}\\ \frac{2}{3}\end{bmatrix}=\boldsymbol{x}.$$

9.1.2　一般随机过程

在某些现实系统中，描述系统过程特征的变量具有一定的随机性，而且系统状态随时间变化而变化，即系统状态变量在每个时间点上的取值是随机的，同时过程状态与时间又是相关的.那么，对于这类系统就需用以时间为参数的随机变量来描述.系统状态的这种变化过程称为随机过程.

例如,从时间 $t=0$ 开始记录某电话总机的呼叫次数,设 $t=0$ 时没有呼叫,到时间 t 的呼叫次数记作 N,则随机变量族 $\{N,t\geqslant 0\}$ 是随机过程.

下面给出随机过程的具体概念:随机过程是指依赖于一个变动参数 t 的一族随机过程,记作 $\{X(t),t\in T\}$,其中变动参数 t 所有可以取值的集合 T 称为参数空间.$X(t)$ 的值所构成的集合 S 称为随机过程的状态空间.

按 S 和 T 是离散或连续可将随机过程分为四类,即过程连续、状态连续;过程离散、状态连续;过程连续、状态离散;过程离散、状态离散.

马尔可夫分析只涉及随机过程的一个子类,即所谓的马尔可夫过程.这类随机过程的特点如下:若已知在时刻 t 系统处于状态 X 的条件下,在时刻 $\tau(\tau>t)$ 系统所处的状态与时刻 t 以前系统所处的状态无关.

例如,在液面上放一微粒,由于受到大量分子的碰撞,它在液面上做不规则运到,也就是布朗运动.由物理学知,在已知时刻 t 的运动状态条件下,微粒在时刻 t 以后的运动情况和微粒在时刻 t 以前的情况无关.若以 $X(t)$ 表示微粒在时刻 t 的位置,则 $X(t)$ 是马尔可夫过程.

马氏过程一般分为三类,即 T 连续、S 离散的马氏过程;T 连续、S 连续的马氏过程;T 离散、S 离散的马氏过程.

9.1.3 马尔可夫链简介

1) 马尔可夫链的概念

设 $\{X_n,n=0,1,2,\cdots\}$ 是一个随机变量序列,用"$X_n=i$"表示时刻 n 系统处于状态 i 这一事件,称 $p_{ij}(n)=P\{X_{n+1}=j\mid X_n=i\}$ 为事件"$X_n=i$"出现的条件下,下一步事件"$X_{n+1}=j$"出现的条件概率,又称为系统的一步转移概率.若对任意的非负整数 $i_1,i_2,\cdots,i_{n-1},i,j$ 及一切 $n\geqslant 0$,有

$$P\{X_{n+1}=j\mid X_n=i,X_k=i_k,k=1,2,\cdots,n-1\}=P\{X_{n+1}=j\mid X_n=i\}=p_{ij}(n),$$

则称 $\{X_n\}$ 是一阶马尔可夫链,也称一阶马氏链.

马尔可夫链的定义说明,过程在每一时刻上的状态仅仅取决于过程在前一时刻上的状态,而与前一时刻之前的状态无关.这一性质便是马尔可夫链的无后效性或无记忆性.

例如,有一位顾客每天从一家商店购买一包香烟.他购买香烟时并不固定于一种品牌,商店中 A,B,C,D,E 五种品牌的香烟他都有可能购买.设 X_m 表示他在第 m 天购买的香烟品牌.若这个人只记得昨天香烟的味道,以前的都不记得了,那么 X_m 取什么值只与 X_{m-1} 取什么值有关,则 $\{X_m\}$ 构成一个马尔可夫链.

进一步,若系统无论何时从状态 i 出发经 k 步转移到状态 j 的概率相同,即

$$P\{X_{s+k}=j\mid X_s=i\}=P\{X_{k+1}=j\mid X_1=i\},$$

其中,i,j,k 皆为正整数,s 为任一正整数,则称其为 k 步转移马尔可夫链,也称 k 步齐次马尔可夫链.而平时我们所称的一阶马尔可夫链通常指的就是一步转移马尔可夫链,也称齐次马尔可夫链.

若系统的一步转移概率 $p_{ij}(n)=P\{X_{n+1}=j \mid X_n=i\}$ 与初始时刻 n 无关,则可简记为 p_{ij}.

显然,一步转移概率具有如下性质:

(1) $p_{ij}\geqslant 0(i,j=1,2,\cdots,n)$;

(2) $\sum_{j=1}^{n} p_{ij}=1(i=1,2,\cdots,n)$.

各状态之间的一步转移概率排成矩阵为

$$\boldsymbol{P}=\begin{bmatrix} p_{11} & p_{12} & \cdots & p_{1n} \\ p_{21} & p_{22} & \cdots & p_{2n} \\ \vdots & \vdots & & \vdots \\ p_{n1} & p_{n2} & \cdots & p_{nn} \end{bmatrix},$$

称 $\boldsymbol{P}$ 为转移概率矩阵.每个状态 i 对应转移概率矩阵 $\boldsymbol{P}$ 的第 i 行,若系统处于状态 i,则该行向量表示下次试验的所有可能结果的概率,因此它是一个概率向量,所以转移概率矩阵 $\boldsymbol{P}$ 是一个概率矩阵.转移概率矩阵 $\boldsymbol{P}$ 决定了各状态间的转移规律.

2) k 步转移概率与 k 步转移概率矩阵

如果 p_{ij} 是系统从状态 i 一步转移到状态 j 的概率,那么该系统从状态 i 恰好经 k 步转移到状态 $j(i\to 1\to 2\to\cdots\to k-1\to j)$ 的概率是多少呢?

这里,对于 k 步齐次马尔可夫链,称条件概率 $p_{ij}^{(k)}=P\{X_{k+1}=j \mid X_1=i\}$ 为从状态 i 到状态 j 的 k 步转移概率,并称矩阵 $\boldsymbol{P}^{(k)}=(p_{ij}^{(k)})_{n\times n}$ 为 k 步转移概率矩阵.显然,$\boldsymbol{P}^{(k)}$ 为概率矩阵,即有

$$p_{ij}^{(k)}\geqslant 0 \quad (i,j=1,2,\cdots,n),$$

$$\sum_{j=1}^{n} p_{ij}^{(k)}=1 \quad (i=1,2,\cdots,n).$$

第 k 步时的状态概率是初始状态概率与 k 步转移概率矩阵的乘积.一旦知道初始状态概率和一步转移概率矩阵,则马尔可夫链就可以完全确定.

【例 9-2】如果明日是否有雨仅与今天天气有关,而与过去的天气无关,并设今日有雨,则明日有雨的概率为 0.7,今日无雨则明日有雨的概率为 0.4,又假定把有雨称为 1 状态天气,无雨称为 2 状态天气,则本例是一个两状态的马尔可夫链.它的一步转移概率矩阵为

$$\boldsymbol{P}=\begin{array}{c} \text{明日有雨} \quad \text{明日无雨} \\ \begin{bmatrix} 0.7 & 0.3 \\ 0.4 & 0.6 \end{bmatrix} \end{array}\begin{array}{l} \\ \text{今日有雨} \\ \text{今日无雨} \end{array},$$

于是两步转移概率矩阵为

$$\boldsymbol{P}^{(2)}=\boldsymbol{P}\cdot\boldsymbol{P}=\begin{bmatrix}0.7 & 0.3\\0.4 & 0.6\end{bmatrix}\begin{bmatrix}0.7 & 0.3\\0.4 & 0.6\end{bmatrix}=\begin{bmatrix}0.61 & 0.39\\0.52 & 0.48\end{bmatrix},$$

四步转移概率矩阵为

$$\boldsymbol{P}^{(4)}=\boldsymbol{P}^{(2)}\cdot\boldsymbol{P}^{(2)}=\begin{bmatrix}0.61 & 0.39\\0.52 & 0.48\end{bmatrix}\begin{bmatrix}0.61 & 0.39\\0.52 & 0.48\end{bmatrix}=\begin{bmatrix}0.5749 & 0.4251\\0.5668 & 0.4332\end{bmatrix}.$$

由此可见,今天有雨第五日仍有雨的概率为 $p_{11}^{(4)}=0.5749$,今天有雨第五日无雨的概率为 $p_{12}^{(4)}=0.4251$.

3) 稳态概率

根据马尔可夫链假设,对一个马氏链,若已知初始状态概率 $\lambda_i^{(0)}=P\{X_0=i\}$ 和一步转移矩阵 $\boldsymbol{P}$,就可求出任意时刻过程处于某种状态的概率 $\lambda_j^{(n)}=P\{X_n=j\}$.这时,$\lambda_j^{(n)}=P\{X_n=j\}$ 为系统瞬间概率.在实际应用中,最感兴趣的是当 $n\to\infty$ 时,在统计平衡条件下系统所处状态的概率分布.下面我们讨论当 $n\to\infty$ 时马尔可夫链的变化.

若极限 $\lim\limits_{n\to\infty}\lambda_j^{(n)}=\lambda_j^*$ 存在,且 $\sum\limits_j\lambda_j^*=1$,则称 $\{\lambda_j^*\}$ 为系统的稳态概率分布,而

$$\boldsymbol{\lambda}^*=(\lambda_1^*,\lambda_2^*,\lambda_3^*,\cdots,\lambda_n^*)^{\mathrm{T}}$$

为系统的稳态概率向量.

稳态概率分布具有下述性质:

(1) 稳态概率分布与初始概率分布无关;

(2) 若马尔可夫链是标准的,即它的转移概率矩阵 $\boldsymbol{P}$ 是一个正规随机矩阵,则存在一个概率向量 $\boldsymbol{\lambda}^*=(\lambda_1^*,\lambda_2^*,\lambda_3^*,\cdots,\lambda_n^*)^{\mathrm{T}}$ 满足

$$\boldsymbol{P}^{\mathrm{T}}\boldsymbol{\lambda}^*=\boldsymbol{\lambda}^*,$$

其中,λ_j^* 为状态 j 的稳态概率,$\boldsymbol{\lambda}^*$ 为稳态概率向量.

显然,若转移概率矩阵为正规随机矩阵,则系统必然存在平衡状态,也就是最终一定达到完全与初始状态无关的一种平衡状态.而由正规随机矩阵的性质不难得出 $\boldsymbol{P}^{\mathrm{T}}\boldsymbol{\lambda}^*=\boldsymbol{\lambda}^*$ 成立.

事实上,性质(2) 也可以如此理解:由于

$$\boldsymbol{\lambda}_k=(\boldsymbol{P}^k)^{\mathrm{T}}\boldsymbol{\lambda}_0=\boldsymbol{P}^{\mathrm{T}}(\boldsymbol{P}^{k-1})^{\mathrm{T}}\boldsymbol{\lambda}_0=\boldsymbol{P}^{\mathrm{T}}\boldsymbol{\lambda}_{k-1},$$

即随着步数的增大,有

$$\lim_{k\to\infty}\boldsymbol{\lambda}_k=\lim_{k\to\infty}\boldsymbol{\lambda}_{k-1}=\boldsymbol{\lambda}^*,$$

从而有 $\boldsymbol{\lambda}^*=\boldsymbol{P}^{\mathrm{T}}\boldsymbol{\lambda}^*$

性质(2) 同时也给出了一个求解稳态概率向量的方法,即结合 $\sum\limits_{i=1}^n x_i=1$,有

$$\begin{cases} \boldsymbol{P}^{\mathrm{T}}\boldsymbol{x}=\boldsymbol{x}, & (1)\\ \sum_{i=1}^{n} x_i=1, & (2)\end{cases}$$

其中，$\boldsymbol{x}=(x_1,x_2,\cdots,x_n)^{\mathrm{T}}$.(1) 式称为平衡方程.尽管在平衡方程中变量数与方程数相等，但概率向量必须满足所有分量之和为 1，所以应联合(2) 式.(2) 式也称为规范化方程.求解该方程组，即得稳态概率向量 $\boldsymbol{x}$.

【例 9-3】已知一步转移概率矩阵 $\boldsymbol{P}=\begin{bmatrix}0.2 & 0.5 & 0.3\\0.2 & 0.7 & 0.1\\0.3 & 0.3 & 0.4\end{bmatrix}$，显然 $\boldsymbol{P}$ 为正规随机矩阵，则由上述公式可得

$$\begin{cases}0.2x_1+0.2x_2+0.3x_3=x_1,\\0.5x_1+0.7x_2+0.3x_3=x_2,\\0.3x_1+0.1x_2+0.4x_3=x_3,\\x_1+x_2+x_3=1,\end{cases}$$

解得 $\boldsymbol{x}=(0.22,0.57,0.21)^{\mathrm{T}}$，$\boldsymbol{x}$ 即为平稳状态下的概率向量且唯一.

综上所述，一般的齐次马尔可夫链具有如下一些性质：

(1) 转移概率矩阵 $\boldsymbol{P}$ 是一个随机矩阵.

(2) n 步转移概率矩阵等于一步转移概率矩阵的 n 次乘方，即 $\boldsymbol{P}^{(n)}=\boldsymbol{P}^{n}$，且 n 步转移概率 $p_{ij}^{(n)}=\sum_{k}p_{ik}^{(m)}\cdot p_{kj}^{(n-m)}$.

(3) 第 k 步的状态概率向量 $\boldsymbol{\lambda}_k$ 与初始概率向量 $\boldsymbol{\lambda}_0$ 有如下关系：

$$\boldsymbol{\lambda}_k=(\boldsymbol{P}^{k})^{\mathrm{T}}\boldsymbol{\lambda}_0.$$

(4) 若转移概率矩阵 $\boldsymbol{P}$ 是一个正规随机矩阵，则系统存在唯一的稳态概率向量 $\boldsymbol{\lambda}^*=(\lambda_1^*,\lambda_2^*,\lambda_3^*,\cdots,\lambda_n^*)^{\mathrm{T}}$，使得 $\boldsymbol{P}^{\mathrm{T}}\boldsymbol{\lambda}^*=\boldsymbol{\lambda}^*$，并且

① $\boldsymbol{P}^{(k)}\to\boldsymbol{B}(k\to\infty)$ 时，$\boldsymbol{B}$ 的每一行向量相同，全为$(\boldsymbol{\lambda}^*)^{\mathrm{T}}$.

② $\boldsymbol{\lambda}_k=(\boldsymbol{P}^{k})^{\mathrm{T}}\boldsymbol{\lambda}_0\to\boldsymbol{\lambda}^*(k\to\infty)$，亦即$\lim\limits_{k\to\infty}P\{X_k=j\}=\lambda_j^*$，其中 $\boldsymbol{\lambda}^*$ 与 $\boldsymbol{\lambda}_0$ 无关.换言之，此时齐次马尔可夫链在经历一定时间的状态转移后，会趋于一种与初始状态无关的稳定状态.

【例 9-4】某小区的居民主要订购 A，B，C 三个品牌的牛奶，由于口味、广告、服务等原因，订户在一段时间内常发生从一个品牌转移到其他品牌.通过一段时间的统计调查，发现每个月到下个月品牌转移规律如下：

$$\begin{array}{c|ccc} & A & B & C\\ \hline A & 0.80 & 0.10 & 0.10\\ B & 0.07 & 0.90 & 0.03\\ C & 0.083 & 0.067 & 0.85\end{array}.$$

现 A,B,C 三个品牌的市场占有率分别为 22%,49%,29%,则下个月的市场占有率为

$$(0.22,0.49,0.29)\begin{bmatrix}0.80 & 0.10 & 0.10\\0.07 & 0.90 & 0.03\\0.083 & 0.067 & 0.85\end{bmatrix}=(0.234,0.483,0.283),$$

再下一月的市场占有率为

$$(0.234,0.483,0.283)\begin{bmatrix}0.80 & 0.10 & 0.10\\0.07 & 0.90 & 0.03\\0.083 & 0.067 & 0.85\end{bmatrix}=(0.245,0.477,0.278).$$

随着市场的不断调整,A,B,C 三个品牌最终市场占有率分别为 $\lambda_1,\lambda_2,\lambda_3$,根据马尔可夫链状态转移的稳定性,有

$$\begin{cases}0.8\lambda_1+0.07\lambda_2+0.083\lambda_3=\lambda_1,\\0.1\lambda_1+0.9\lambda_2+0.067\lambda_3=\lambda_2,\\0.1\lambda_1+0.03\lambda_2+0.85\lambda_3=\lambda_3,\\\lambda_1+\lambda_2+\lambda_3=1,\end{cases}$$

解得 $\lambda_1=0.273,\lambda_2=0.454,\lambda_3=0.273.$

可见,随着市场的不断调整,A,B,C 三个品牌牛奶的市场占有率将渐渐稳定下来,其中,A,C 品牌各约占 27.3%,B 品牌约占 45.4%.

9.2 吸收马尔可夫链

吸收马尔可夫链是马尔可夫链的一种特殊类型.

9.2.1 吸收马尔可夫链的概念

在马尔可夫链中,如果 $p_{ii}=1$,即到达状态 i 后永久停留在 i,不可能再转移到其他任何状态,那么就称状态 i 为吸收状态或吸收态,否则为非吸收态.如果一个马尔可夫链中至少包含一个吸收状态,并且从每一个非吸收状态出发都可以到达某个吸收状态,那么这个马尔可夫链称为吸收马尔可夫链.

【例 9-5】 假设订购牛奶保持与丧失的转移概率为

$$\begin{array}{c} \\ A\\ B\\ C\end{array}\begin{array}{c}\begin{array}{ccc}A & \quad B & \quad C\end{array}\\\begin{bmatrix}0.90 & 0.05 & 0.05\\0.15 & 0.75 & 0.10\\0 & 0 & 1.0\end{bmatrix}\end{array},$$

因为 C 从不丧失一个订户,而其余牛奶品牌不断地把订户丧失给 C,所以 C 迟早会拥有所有的用户.因此 C 为一个吸收状态.

【例 9-6】甲、乙两人进行比赛，每局比赛中甲胜的概率是 p，乙胜的概率是 q，和局概率为 $r(p+q+r=1)$. 每局比赛后，胜者记“$+1$”分，负者记“-1”分，和局不记分，且当有一人获得 2 分时比赛结束. 以 X_n 表示比赛到第 n 局的分数，则 $\{X_n, n=1,2,\cdots\}$ 就是一个吸收马尔可夫链.

事实上，它共有五个状态，状态空间 $\boldsymbol{I}=\{-2,-1,0,1,2\}$，一步转移概率矩阵

$$\boldsymbol{P}=\begin{bmatrix}1 & 0 & 0 & 0 & 0\\ q & r & p & 0 & 0\\ 0 & q & r & p & 0\\ 0 & 0 & q & r & p\\ 0 & 0 & 0 & 0 & 1\end{bmatrix}.$$

其中，$p_{11}=1$，$p_{55}=1$，表明状态 1，5 都是吸收态. 这里状态 1 意味着甲得 -2 分，甲输，比赛结束，因此可认为 X_n 一直停留在状态 1；状态 5 也有类似的解释. 由题意知，其余三个非吸收态可能经若干次转移后到达吸收态.

当一过程到达吸收态时，称它为“被吸收”. 可以证明，吸收马尔可夫链被吸收的概率为 1，或者说吸收马尔可夫链在 n 步后到达非吸收状态的概率趋向于零.

对于吸收马氏链，接下来讨论以下三个问题：

(1) 过程被吸收前，在非吸收态之间转移的平均次(步)数；

(2) 过程从非吸收态出发到达吸收态的平均次(步)数；

(3) 过程从非吸收态出发最终进入吸收态的概率 .

9.2.2　吸收马尔可夫链 n 步转移概率矩阵

事实上，对于一个有 r 个吸收态和 s 个非吸收态马氏链，经过适当排列(将吸收态集中到一起排列在前面)的一步转移概率矩阵 $\boldsymbol{P}$ 总可表示为如下标准形式：

$$\begin{array}{r} \\ r\text{ 个吸收态} \\ s\text{ 个非吸收态}\end{array}\begin{array}{c}\begin{array}{cc} r\text{ 个吸收态} & s\text{ 个非吸收态}\end{array}\\ \begin{bmatrix}\boldsymbol{I} & \boldsymbol{O}\\ \boldsymbol{R} & \boldsymbol{Q}\end{bmatrix}\end{array}.$$

上式可理解为分块矩阵，其中，子阵 $\boldsymbol{I}$ 是一个 $r\times r$ 阶单位阵，它的元素是吸收态之间的转移概率；子阵 $\boldsymbol{O}$ 是一个 $r\times s$ 阶零矩阵，它的元素是吸收态到非吸收态的转移概率；子阵 $\boldsymbol{R}$ 是一个 $s\times r$ 阶子阵，它的元素是非吸收态到吸收态的转移概率；子阵 $\boldsymbol{Q}$ 是一个 $s\times s$ 阶子阵，它的元素是非吸收态之间的转移概率.

利用分块矩阵的运算性质，可以得到 n 步转移概率矩阵 $\boldsymbol{P}^{(n)}$ 的分块如下：

$$\boldsymbol{P}^{(2)}=\begin{bmatrix}\boldsymbol{I} & \boldsymbol{O}\\ \boldsymbol{R} & \boldsymbol{Q}\end{bmatrix}\begin{bmatrix}\boldsymbol{I} & \boldsymbol{O}\\ \boldsymbol{R} & \boldsymbol{Q}\end{bmatrix}=\begin{bmatrix}\boldsymbol{I} & \boldsymbol{O}\\ \boldsymbol{QR}+\boldsymbol{R} & \boldsymbol{Q}^2\end{bmatrix},$$

$$\boldsymbol{P}^{(3)}=\begin{bmatrix}\boldsymbol{I} & \boldsymbol{O}\\ \boldsymbol{QR}+\boldsymbol{R} & \boldsymbol{Q}^2\end{bmatrix}\begin{bmatrix}\boldsymbol{I} & \boldsymbol{O}\\ \boldsymbol{R} & \boldsymbol{Q}\end{bmatrix}=\begin{bmatrix}\boldsymbol{I} & \boldsymbol{O}\\ \boldsymbol{Q}^2\boldsymbol{R}+\boldsymbol{QR}+\boldsymbol{R} & \boldsymbol{Q}^3\end{bmatrix},$$

$$\vdots$$

一般地，有

$$\boldsymbol{P}^{(n)}=\begin{bmatrix}\boldsymbol{I} & \boldsymbol{O}\\ \boldsymbol{Q}^{n-1}\boldsymbol{R}+\boldsymbol{Q}^{n-2}\boldsymbol{R}+\cdots+\boldsymbol{R} & \boldsymbol{Q}^{n}\end{bmatrix}=\begin{bmatrix}\boldsymbol{I} & \boldsymbol{O}\\ (\boldsymbol{I}-\boldsymbol{Q})^{-1}(\boldsymbol{I}^{n}-\boldsymbol{Q}^{n})\boldsymbol{R} & \boldsymbol{Q}^{n}\end{bmatrix}.$$

式中，$\boldsymbol{Q}^n$ 表示非吸收态之间的 n 步转移概率矩阵，$(\boldsymbol{I}-\boldsymbol{Q})^{-1}(\boldsymbol{I}^n-\boldsymbol{Q}^n)\boldsymbol{R}$ 表示由非吸收态经 n 步吸收态的转移概率矩阵.另外，由于 n 步后过程到达非吸收态的概率趋向于零，于是当 n 趋于无穷时，$\boldsymbol{Q}^n$ 的每一个元素必趋向于零，即

$$\lim_{n\to\infty}\boldsymbol{P}^{(n)}=\begin{bmatrix}\boldsymbol{I} & \boldsymbol{O}\\ (\boldsymbol{I}-\boldsymbol{Q})^{-1}\boldsymbol{R} & \boldsymbol{O}\end{bmatrix}.$$

上式表示过程全被吸收，其中 $(\boldsymbol{I}-\boldsymbol{Q})^{-1}\boldsymbol{R}$ 中的元素表示过程目前处于非吸收态而最终进入吸收态的转移概率.

记矩阵 $\boldsymbol{N}=(\boldsymbol{I}-\boldsymbol{Q})^{-1}$，并称它为吸收马氏链的基本矩阵，又称特征量.显然，基本矩阵 $\boldsymbol{N}$ 的元素给出了过程被吸收前从一个非吸收态出发转移到每一个非吸收态的平均次(步)数.

【例9-7】如图9-1所示，一物体做左右线性运动，每次它以概率1/2向右移动1单位，或以概率1/2向左移动1单位.设置障碍后，若物体任何时候到达这些障碍之一，它将留在那里.

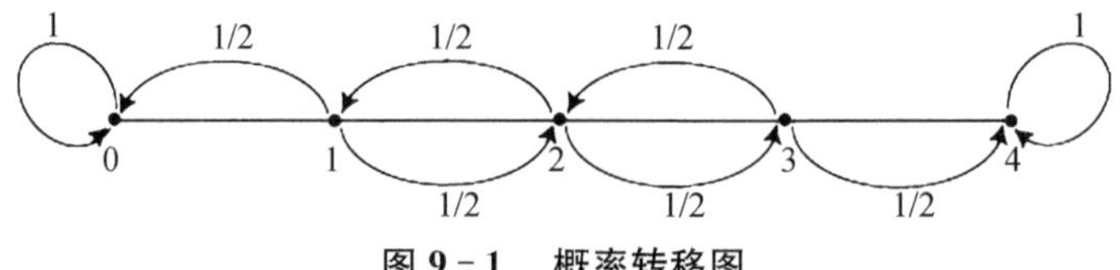

图9-1　概率转移图

令状态为0，1，2，3，4，即5个位置点.状态0，4是吸收态，其余为非吸收态，且从非吸收态中任一个到达吸收态是可能的.因此这是吸收马氏链，它的转移概率矩阵为

$$\begin{array}{c} \\ 0\\ 1\\ 2\\ 3\\ 4\end{array}\begin{array}{c}\begin{array}{ccccc}0 & 1 & 2 & 3 & 4\end{array}\\ \begin{bmatrix}1 & 0 & 0 & 0 & 0\\ \frac{1}{2} & 0 & \frac{1}{2} & 0 & 0\\ 0 & \frac{1}{2} & 0 & \frac{1}{2} & 0\\ 0 & 0 & \frac{1}{2} & 0 & \frac{1}{2}\\ 0 & 0 & 0 & 0 & 1\end{bmatrix}\end{array}=\boldsymbol{P},$$

再通过矩阵的初等变换，将转移概率矩阵转化为标准形，得 $\boldsymbol{P}$ 的标准形式为

$$\begin{array}{c} \\ 0 \\ 4 \\ 1 \\ 2 \\ 3 \end{array}\begin{array}{c} \begin{array}{ccccc} 0 & 4 & 1 & 2 & 3 \end{array} \\ \left[\begin{array}{cc|ccc} 1 & 0 & 0 & 0 & 0 \\ 0 & 1 & 0 & 0 & 0 \\ \hline \frac{1}{2} & 0 & 0 & \frac{1}{2} & 0 \\ 0 & 0 & \frac{1}{2} & 0 & \frac{1}{2} \\ 0 & \frac{1}{2} & 0 & \frac{1}{2} & 0 \end{array}\right] \end{array} = \boldsymbol{P},$$

其中 $\boldsymbol{Q}=\begin{bmatrix} 0 & \frac{1}{2} & 0 \\ \frac{1}{2} & 0 & \frac{1}{2} \\ 0 & \frac{1}{2} & 0 \end{bmatrix}$，于是 $\boldsymbol{I}-\boldsymbol{Q}=\begin{bmatrix} 1 & -\frac{1}{2} & 0 \\ -\frac{1}{2} & 1 & -\frac{1}{2} \\ 0 & -\frac{1}{2} & 1 \end{bmatrix}$.

下面求 $\boldsymbol{I}-\boldsymbol{Q}$ 的逆矩阵.因为

$$\left[\begin{array}{ccc:ccc} 1 & -\frac{1}{2} & 0 & 1 & 0 & 0 \\ -\frac{1}{2} & 1 & -\frac{1}{2} & 0 & 1 & 0 \\ 0 & -\frac{1}{2} & 1 & 0 & 0 & 1 \end{array}\right] \to \left[\begin{array}{ccc:ccc} 1 & -\frac{1}{2} & 0 & 1 & 0 & 0 \\ 0 & \frac{3}{4} & -\frac{1}{2} & \frac{1}{2} & 1 & 0 \\ 0 & -\frac{1}{2} & 1 & 0 & 0 & 1 \end{array}\right]$$

$$\to \left[\begin{array}{ccc:ccc} 1 & -\frac{1}{2} & 0 & 1 & 0 & 0 \\ 0 & 1 & -\frac{2}{3} & \frac{2}{3} & \frac{4}{3} & 0 \\ 0 & -\frac{1}{2} & 1 & 0 & 0 & 1 \end{array}\right] \to \left[\begin{array}{ccc:ccc} 1 & 0 & -\frac{1}{3} & \frac{4}{3} & \frac{2}{3} & 0 \\ 0 & 1 & -\frac{2}{3} & \frac{2}{3} & \frac{4}{3} & 0 \\ 0 & 0 & \frac{2}{3} & \frac{1}{3} & \frac{2}{3} & 1 \end{array}\right]$$

$$\to \left[\begin{array}{ccc:ccc} 1 & 0 & 0 & \frac{3}{2} & 1 & \frac{1}{2} \\ 0 & 1 & 0 & 1 & 2 & 1 \\ 0 & 0 & \frac{2}{3} & \frac{1}{3} & \frac{2}{3} & 1 \end{array}\right] \to \left[\begin{array}{ccc:ccc} 1 & 0 & 0 & \frac{3}{2} & 1 & \frac{1}{2} \\ 0 & 1 & 0 & 1 & 2 & 1 \\ 0 & 0 & 1 & \frac{1}{2} & 1 & \frac{3}{2} \end{array}\right],$$

所以

$$\boldsymbol{N}=(\boldsymbol{I}-\boldsymbol{Q})^{-1}=\begin{bmatrix}\frac{3}{2} & 1 & \frac{1}{2}\\ 1 & 2 & 1\\ \frac{1}{2} & 1 & \frac{3}{2}\end{bmatrix}.$$

由 $\boldsymbol{N}$ 知，从状态 2 出发，在吸收之前到达状态 1 的平均步数为 1，到达状态 2 的平均步数为 2，到达状态 3 的平均步数为 1.

若将 $\boldsymbol{N}$ 中某一行所有元素相加，就可以得到从某一非吸收态出发，在被吸收前到达各个非吸收态的平均次（步）数之和.这个值也即从该非吸收态出发到吸收时步数的平均数.这一结论可以具体描述如下：对于一个具有非吸收态的吸收马氏链，令 $\boldsymbol{x}$ 是有 s 个（非吸收态个数）分量为 1 的列向量，则向量 $\boldsymbol{t}=\boldsymbol{N}\boldsymbol{x}$ 具有的各个分量分别是从各个相应的非吸收态出发到被吸收时的平均步数.由

$$\boldsymbol{t}=\boldsymbol{N}\boldsymbol{x}=\begin{bmatrix}\frac{3}{2} & 1 & \frac{1}{2}\\ 1 & 2 & 1\\ \frac{1}{2} & 1 & \frac{3}{2}\end{bmatrix}\begin{bmatrix}1\\1\\1\end{bmatrix}=\begin{bmatrix}3\\4\\3\end{bmatrix}$$

可见，从状态 1 开始到吸收的平均步数为 3，从状态 2 开始到吸收的平均步数是 4，从状态 3 开始到吸收的平均步数也是 3.根据题意，从状态 2 转移至吸收状态 0 或 4 需要经过状态 1 或 3，因而从状态 2 开始比从状态 1 或 3 开始多一步是显然的.

下面我们来计算一个吸收马尔可夫链从某一个非吸收态开始最终进入吸收态的概率. 从非吸收态 i 转移到吸收态 j 可以是一步转移，令转移概率是 p_{ij}，则根据一步转移概率矩阵 $\boldsymbol{P}$ 可推得的 n 步转移概率矩阵 $\boldsymbol{P}^{(n)}$.当然也可以通过中间状态，先从 i 到 k（非吸收态）再到 j，令 b_{ij} 是一个吸收马氏链开始在非吸收态 i 而将被吸收在状态 j 的概率，并令 $\boldsymbol{B}$ 是元素 b_{ij} 构成的矩阵，此时可得方程

$$b_{ij}=p_{ij}+\sum_{k}p_{ik}b_{kj},$$

用矩阵形式表示为 $\boldsymbol{B}=\boldsymbol{R}+\boldsymbol{Q}\boldsymbol{B}$，即

$$(\boldsymbol{I}-\boldsymbol{Q})\boldsymbol{B}=\boldsymbol{R},\ \boldsymbol{B}=(\boldsymbol{I}-\boldsymbol{Q})^{-1}\boldsymbol{R}=\boldsymbol{N}\boldsymbol{R}.$$

根据例 9－7，有

$$\boldsymbol{B}=\boldsymbol{N}\boldsymbol{R}=\begin{bmatrix}\frac{3}{2} & 1 & \frac{1}{2}\\ 1 & 2 & 1\\ \frac{1}{2} & 1 & \frac{3}{2}\end{bmatrix}\begin{bmatrix}\frac{1}{2} & 0\\ 0 & 0\\ 0 & \frac{1}{2}\end{bmatrix}=\begin{bmatrix}\frac{3}{4} & \frac{1}{4}\\ \frac{1}{2} & \frac{1}{2}\\ \frac{1}{4} & \frac{3}{4}\end{bmatrix}.$$

于是,从状态 1 出发,可知在状态 0 吸收的概率为$\frac{3}{4}$,在状态 4 吸收的概率为$\frac{1}{4}$;从状态 2 出发,可知在状态 0 吸收的概率为$\frac{1}{2}$,在状态 4 吸收的概率为$\frac{1}{2}$;从状态 3 出发,可知在状态 0 吸收的概率为$\frac{1}{4}$,在状态 4 吸收的概率为$\frac{3}{4}$.

综上所述,矩阵 $\boldsymbol{N}$ 给出了依赖于开始状态的过程被吸收前到过每个非吸收态的平均次(步)数;列向量 $\boldsymbol{t}=\boldsymbol{Nx}$ 给出了依赖于开始状态的过程到达吸收态的平均次(步)数;矩阵 $\boldsymbol{B}=\boldsymbol{NR}$ 给出了依赖于开始状态的过程最终被吸收的概率.

【例 9-8】我国对商业银行的贷款按风险程度划分为 5 个等级:N_1(关注贷款),N_2(次级贷款),N_3(可疑贷款),N_4(损失贷款),N_5(正常贷款),其中 N_1,N_2,N_3 属于非吸收状态,N_4,N_5 属于吸收状态.假设某银行当前贷款全额为 800 万元,其中属于关注贷款 400 万元,属于次级贷款 120 万元,属于可疑贷款 280 万元.根据隔月账面变化情况分析,得到该银行各类贷款的状态转移矩阵为

$$\begin{array}{c} \\ N_1 \\ N_2 \\ N_3 \\ N_4 \\ N_5 \end{array}\begin{array}{c} \begin{array}{ccccc} N_1 & N_2 & N_3 & N_4 & N_5 \end{array} \\ \begin{bmatrix} 0.3 & 0.3 & 0 & 0 & 0.4 \\ 0.15 & 0.25 & 0.3 & 0 & 0.3 \\ 0.1 & 0.1 & 0.3 & 0.35 & 0.15 \\ 0 & 0 & 0 & 1 & 0 \\ 0 & 0 & 0 & 0 & 1 \end{bmatrix} \end{array}=\boldsymbol{P},$$

令

$$\boldsymbol{Q}=\begin{bmatrix} 0.3 & 0.3 & 0 \\ 0.15 & 0.25 & 0.3 \\ 0.1 & 0.1 & 0.3 \end{bmatrix},\quad \boldsymbol{R}=\begin{bmatrix} 0 & 0.4 \\ 0 & 0.3 \\ 0.35 & 0.15 \end{bmatrix},\quad \boldsymbol{I}=\begin{bmatrix} 1 & 0 \\ 0 & 1 \end{bmatrix},$$

下面根据所给信息,预测贷款状态变化和变化趋势.

(1) 计算特征量

【程序代码】

```
from numpy import *
import numpy as np
Q=mat([[0.3,0.3,0],[0.15,0.25,0.3],[0.1,0.1,0.3]])
A=np.eye(3)-Q
N=A.I
print(N)
```

【运行结果】

```
[[1.61764706 0.68627451 0.29411765]
 [0.44117647 1.60130719 0.68627451]
```

```
[0.29411765 0.32679739 1.56862745]]
```

即特征量 $\boldsymbol{N}=\begin{bmatrix}1.618 & 0.686 & 0.294\\0.441 & 1.601 & 0.686\\0.294 & 0.327 & 1.569\end{bmatrix}$，则各种状态贷款转化为损失或正常贷款的平均时间为

$$\boldsymbol{t}=\boldsymbol{N}\boldsymbol{x}=\begin{bmatrix}1.618 & 0.686 & 0.294\\0.441 & 1.601 & 0.686\\0.294 & 0.327 & 1.569\end{bmatrix}\begin{bmatrix}1\\1\\1\end{bmatrix}=\begin{bmatrix}2.598\\2.728\\2.19\end{bmatrix}.$$

根据计算可知：关注贷款转化为损失或正常贷款的平均时间为 2.598 期，次级贷款转化为损失或正常贷款的平均时间为 2.728 期，可疑贷款转化为损失或正常贷款的平均时间为 2.19 期.

(2) 计算矩阵 $\boldsymbol{B}$

【程序代码】

```
    from numpy import *
    import numpy as np
    N=mat([[1.618,0.686,0.294],[0.441,1.601,0.686],\
[0.294,0.327,1.569]])
    R=mat([[0,0.4],[0,0.3],[0.35,0.15]])
    B=N*R
    print(B)
```

【运行结果】

```
[[0.1029   0.8971 ]
 [0.2401   0.7596 ]
 [0.54915 0.45105]]
```

运行结果中，b_{i1} 表示 N_i 类贷款转化为损失贷款的概率，b_{i2} 表示 N_i 类贷款转化为正常贷款的概率.如关注贷款中有 10.29% 的可能转化为损失贷款，有 89.71% 的可能转化正常贷款，其余以此类推.

(3) 计算最终损失贷款和正常贷款的数量

【程序代码】

```
    from numpy import*
    import numpy as np
    B=mat([[0.1029,0.8971],[0.2401,0.7596],\
[0.54915,0.45105]])
    A=mat([400,120,280])
    C=A* B
    print(C)
```

【运行结果】

```
[[223.734 576.286]]
```

根据运行结果可以预测,在 800 万元的贷款中约有 224 万元的贷款最终会成为损失贷款而不能收回,同时约有 576 万元的贷款是可以收回的.

9.3　隐马尔可夫链

隐马尔可夫模型最早成功使用的场景是语音识别,后来陆续成功的应用到机器翻译、拼写识别、手写体识别、图像处理、基因序列分析等很多计算机领域,目前也被用于股市行情预测和投资.

9.3.1　隐马尔可夫链简介

隐马尔可夫模型是一个统计模型,用来描述一个含有隐含未知参数的马尔可夫过程.该模型的状态不能直接观察到,但能通过观测向量序列得到,而每个观测向量都由一个具有相应概率密度分布的状态序列产生.

隐马尔可夫链是基于两个基本假设,即齐次马尔可夫性假设(当前隐状态只依赖前一状态)和观测独立性假设(观测只依赖当前状态).下面我们通过具体实例来理解隐马尔可夫链.

假设我们有三个不同的骰子,第一个骰子称为 D6,共有 6 个面,每个面(1,2,3,4,5,6)出现的概率是 1/6;第二个骰子是个四面体(称这个骰子为 D4),每个面(1,2,3,4)出现的概率是 1/4;第三个骰子有八个面(称这个骰子为 D8),每个面(1,2,3,4,5,6,7,8)出现的概率是 1/8.我们先从三个骰子里挑一个,显然挑到每一个骰子的概率都是 1/3;然后我们掷骰子,得到的数字将是 1,2,3,4,5,6,7,8 中的一个.不停地重复上述过程,我们会得到一串数字,每个数字都是 1,2,3,4,5,6,7,8 中的一个.

例如掷骰子 10 次,可能得到这么一串数字 1,6,3,5,2,7,3,5,2,4.而这串数字既与选出的骰子有关,又与投掷出现的数字有关,因而计算出现这串数字的概率时要考虑两个方面,这就形成了一个隐马尔可夫链.

再如中文分词,这是自然语言处理中一个最基础的问题,就是一段话怎么切分.但中文分词是一个较难的问题,不同的分法会产生不同的语意效果.如“南京市长江大桥”,可以分为“南京市 \ 长江 \ 大桥”,也可分为“南京 \ 市长 \ 江大桥”.

由于机器是自动分词,它基于的是词典的词匹配,这就需要不断进行词典更新,同时不断更新分词语境.因此,词典需要人工不停录入,否则没法识别新词.

隐马尔可夫模型进行分词,它的思想就是将句子的每一个字看作一个观测,而这个观测都来于某个状态.这里的状态共有 4 种,即 B(词语的开头字),E(词语的结束字),M(词语的中间字),S(单字成词).状态转移共8种,即(B to M),(B to E),(M to M),(M to E),(E to B),(E to S),(S to S),(S to B)

对于一个句子,当我们找出每一个字对应的状态,就得到了状态序列.比如一句话的状态序列是BEBEBMEBEBMEBES,分词只能在E或S处切割,所以分词后得到BE/BE/BME/BE/BME/BE/S,再在原始句子相同位置进行切分即可.

注意:分词效果的好坏不能单单以是否符合常人分词的结果来评判,因为不同的人对同一个文本切分的结果都可能存在或多或少的差异.

不同的领域,对分词的颗粒度要求不同,比如机器翻译,颗粒度较大翻译效果会较好.如"美利坚合众国"不应该按照更细的颗粒度将其拆分为"美利坚""合""众国",因为"美利坚合众国"有对应的英文——United States of America.

但在搜索引擎中,小的颗粒度一般更加合适.比如用户想搜索"清华大学",那么用户输入"清华"的时候,应当展示清华大学的相关搜索结果.

目前的分词技术已经比较成熟,准确率和速度都令人满意.就Python而言,有一个基于隐马尔可夫模型的第三方库jieba,可以很好地完成分词任务.此库支持三种分词模式:

(1) 精确模式:试图将句子精确切开,适合文本分析;

(2) 全模式:把句中所有可以成词的词语都扫描出来,而且速度非常快,但是不能解决歧义;

(3) 搜索引擎模式:在精确模式的基础上对长词再次细分,提高了召回率,适合用于搜索引擎分词.

jieba.cut方法接受三个输入参数:需要分词的字符串;cut_all参数,用来控制是否采用全模式;HMM参数,用来控制是否使用HMM模型.

jieba.cut_for_search方法接受两个参数:需要分词的字符串;HMM参数,用来控制是否使用HMM模型.该方法适合用于搜索引擎构建倒排索引的分词,颗粒度比较细.

待分词的字符串可以是Unicode字符串、UTF-8字符串、GBK字符串.

jieba.cut以及jieba.cut_for_search返回的结构都是一个可迭代的generator,可以使用for循环来获得分词后得到的每一个词语.

jieba.lcut以及jieba.lcut_for_search直接返回list.

【例9-9】分词示例.

【程序代码】

```
    import jieba
    # 全模式
    seg_list=jieba.cut("我来到南京信息职业技术学院",\
cut_all=True)
```

```
    print("全模式: "+"/".join(seg_list))
    # 精确模式
    seg_list=jieba.cut("我来到南京信息职业技术学院", \
cut_all=False)
    print("精确模式: "+"/".join(seg_list))
    # 默认是精确模式
    seg_list=jieba.cut("他来到了南京紫金山山顶")
    print("默认模式: "+"/".join(seg_list))
    # 搜索引擎模式
    seg_list= jieba.cut_for_search("小明毕业于北京清华大学")
    print("搜索引擎模式: "+"/".join(seg_list))
```

【运行结果】

```
全模式: 我 / 来到 / 南京 / 信息 / 职业 / 技术 / 术学 / 学院
Prefix dict has been built successfully.
精确模式: 我 / 来到 / 南京 / 信息 / 职业 / 技术 / 学院
默认模式: 他 / 来到 / 了 / 南京 / 紫金山 / 山顶
搜索引擎模式: 小明 / 毕业 / 于 / 北京 / 清华 / 华大 / 大学 / 清华大学
```

9.3.2　隐马尔可夫模型

对任意 $i,j\in S,y\in E$,其中 S 为状态空间,E 是元素个数有限的集合,若有

$$P\{Y_n=y\mid X_1,Y_1,\cdots,X_{n-1},Y_{n-1},X_n=i\}=P\{Y_n=y\mid X_n=i\},$$

$$P\{X_{n+1}=j\mid X_1,Y_1,\cdots,X_{n-1},Y_{n-1},Y_n,X_n=i\}=P\{X_{n+1}=j\mid X_n=i\},$$

则称 $\{Y_n,n=1,2,\cdots\}$ 和 $\{X_n,n=1,2,\cdots\}$ 构成隐马尔可夫链.

由定义可知,隐藏过程 $\{X_n,n=1,2,\cdots\}$ 在时刻 n 的状态,则观测过程 $\{Y_n,n=1,2,\cdots\}$ 在时刻 n 的状态与之前的隐藏过程和观测过程取值无关.同时隐藏过程 $\{X_n,n=1,2,\cdots\}$ 为一个马尔可夫链,且在已知 X_n 的条件下 X_{n+1} 与 Y_n 的历史无关.

例如:考虑一个生产过程,它在每个时段或者处在一个好的状态(状态 1),或者处在一个差的状态(状态 2).如果在某一个时段过程处在状态 1,独立于过去,在下一个时段将以概率 0.9 处在状态 1,而将以概率 0.1 处在状态 2,并且一旦过程处在状态 2,它将永远处在状态 2.又假设每个时段生产一个产品,当过程处在状态 1 时,生产的产品以概率 0.99 达到可接受的质量,而当过程处在状态 2 时,生产的产品以概率 0.96 达到可接受的质量.

如果每个产品的状况(或者可接受、或者不可接受)相继被观测到,而生产过程是一个黑箱,不能观测到,那么可以用一个隐马尔可夫模型来刻画.

假设 $\{X_n,n=1,2,\cdots\}$ 为生产过程所处的状态,$\{Y_n,n=1,2,\cdots\}$ 为每个产品状况,a 表示产品可接受,u 表示产品不可接受,则已知生产过程所处的状态条件

下,每个产品是否可接受的概率为

$$P\{Y_n=u \mid X_n=1\}=0.01,\ P\{Y_n=a \mid X_n=1\}=0.99,$$
$$P\{Y_n=u \mid X_n=2\}=0.04,\ P\{Y_n=a \mid X_n=2\}=0.96,$$

而隐藏过程$\{X_n, n=1,2,\cdots\}$的转移概率为

$$p_{11}=0.9=1-p_{12},\ p_{22}=1.$$

隐马尔可夫模型有两层:一层是我们可以观察到的数据,称为“输出层”;另一层是我们无法直接观察到的状态,称为“隐藏状态层”.如图 9-2 所示,其中,x_1,x_2,x_3等属于隐藏状态层,a_{12}表示从状态x_1到x_2的转移概率,a_{23}表示了从状态x_2到状态x_3的转移概率.这一层和普通的马尔可夫模型是一致的,只是在隐马尔可夫模型中我们是无法通过数据直接观测到.我们所能看到的是y_1,y_2,y_3等代表的“输出层”,b_{11}表示从状态x_1到y_1的输出概率,b_{22}表示从状态x_2到y_2的输出概率,b_{33}表示从状态x_3到y_3的输出概率.

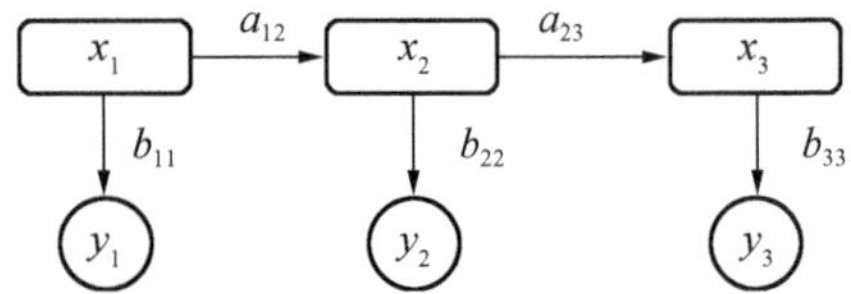

图 9-2　隐马尔可夫模型图

那么在这个两层模型示例中,“隐藏状态层”产生“输出层”的概率是多少呢?事实上,这是由一系列条件概率决定的.具体的公式如下:

$$P(x_1)\times P(y_1 \mid x_1)\times P(x_2 \mid x_1)\times P(y_2 \mid x_2)\times P(x_3 \mid x_2)\times P(y_3 \mid x_3)$$
$$=P(x_1)\times b_{11}\times a_{12}\times b_{22}\times a_{23}\times b_{33}.$$

这个公式的推导可以通过贝叶斯定理和链式法则来实现.例如,我们可以从概率论的角度这样来解释语音识别的过程:已知用户发音的情况下,一句话对应哪些文字的概率是最大的?其实就是让概率$P(w_1,w_2,\cdots,w_n \mid p_1,p_2,\cdots,p_n)$最大化,其中$p_1,p_2,\cdots,p_n$表示$n$个发音,而$w_1,w_2,\cdots,w_n$表示$n$个发音所对应的$n$个词.那么,概率$P(w_1,w_2,\cdots,w_n \mid p_1,p_2,\cdots,p_n)$又该如何求解呢?

(1) 通过贝叶斯定理,将概率$P(w_1,w_2,\cdots,w_n \mid p_1,p_2,\cdots,p_n)$换一种方式来表示,即

$$P(w_1,w_2,\cdots,w_n \mid p_1,p_2,\cdots,p_n)$$
$$=\frac{P(p_1,p_2,\cdots,p_n \mid w_1,w_2,\cdots,w_n)P(w_1,w_2,\cdots,w_n)}{P(p_1,p_2,\cdots,p_n)},$$

该式中,因为发音是固定的,所以分母保持不变,可以忽略.

(2) 下面来看分子,可将分子拆分为两部分,即

$$P(p_1,p_2,\cdots,p_n \mid w_1,w_2,\cdots,w_n)\quad 和\quad P(w_1,w_2,\cdots,w_n).$$

(3) 对于拆解出来的分子的第一部分，通过链式法则将它重写为

$$\begin{aligned}&P(p_1,p_2,\cdots,p_n \mid w_1,w_2,\cdots,w_n)\\&=P(p_1 \mid w_1,w_2,\cdots,w_n)\times P(p_2 \mid p_1,w_1,w_2,\cdots,w_n)\times\cdots\\&\quad\times P(p_n \mid p_1,p_2,\cdots,p_{n-1},w_1,w_2,\cdots,w_n).\end{aligned}$$

假设对于某个发音 p_s，只有对应的词 w_s，而其他词不会对这个发音产生影响，也就是说发音 p_s 独立于除 w_s 之外的所有变量，那么上式可以写为

$$\begin{aligned}&P(p_1,p_2,\cdots,p_n \mid w_1,w_2,\cdots,w_n)\\&=P(p_1 \mid w_1,w_2,\cdots,w_n)\times P(p_2 \mid p_1,w_1,w_2,\cdots,w_n)\times\cdots\\&\quad\times P(p_n \mid p_1,p_2,\cdots,p_{n-1},w_1,w_2,\cdots,w_n)\\&\approx P(p_1 \mid w_1)\times P(p_2 \mid w_2)\times\cdots\times P(p_n \mid w_n).\end{aligned}$$

(4) 再来看拆解出来的分子的第二部分，同样使用链式法则将它重写为

$$\begin{aligned}&P(w_1,w_2,\cdots,w_n)\\&=P(w_1)\times P(w_2 \mid w_1)\times\cdots\times P(w_n \mid w_1,w_2,\cdots,w_{n-1}).\end{aligned}$$

根据马尔可夫假设，每个状态只受到前若干状态的影响，这里我们假设只受到前 1 个状态的影响，所以上式可以继续重写为

$$\begin{aligned}&P(w_1,w_2,\cdots,w_n)\\&\approx P(w_1)\times P(w_2 \mid w_1)\times P(w_3 \mid w_2)\times\cdots\times P(w_n \mid w_{n-1}).\end{aligned}$$

这样，就完成了隐马尔可夫模型最基本的推导过程. 当然，这个公式还是略显复杂，图 9 - 3 则对其进行了进一步的可视化说明.

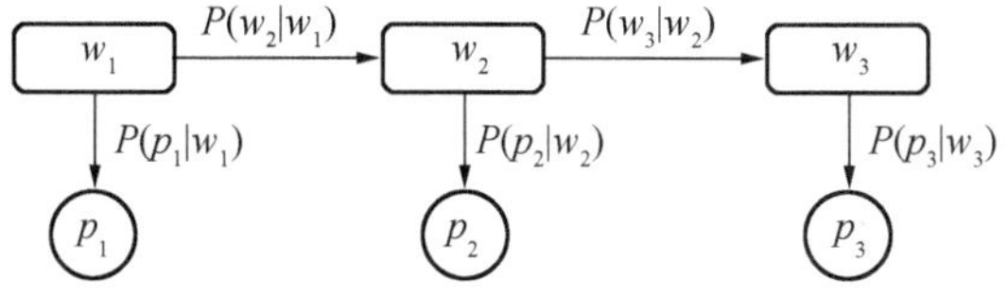

图 9 - 3　隐马尔可夫概率图

9.3.3　隐马尔可夫链的应用

在马尔可夫信息源上下文和隐马尔可夫模型中经常用到维特比算法，它是将隐马尔可夫模型与动态规划算法结合起来的一种算法. 下面我们通过一个具体例子来理解维特比算法.

【例 9 - 10】 已知天气变化概率情况为

$$晴天\xrightarrow{0.6}晴天，晴天\xrightarrow{0.4}下雨，$$

$$下雨\xrightarrow{0.3}晴天，下雨\xrightarrow{0.7}下雨，$$

即晴天到下雨天的转换概率矩阵为$\begin{bmatrix}0.6 & 0.4\\0.3 & 0.7\end{bmatrix}$.

李明同学的活动安排概率为

$$晴天\xrightarrow{0.6}郊游，晴天\xrightarrow{0.3}逛街，晴天\xrightarrow{0.1}游戏，$$

$$下雨\xrightarrow{0.1}郊游，下雨\xrightarrow{0.4}逛街，下雨\xrightarrow{0.5}游戏，$$

即根据天气情况进行活动安排的概率矩阵为

$$\begin{bmatrix}0.6 & 0.3 & 0.1\\0.1 & 0.4 & 0.5\end{bmatrix}.$$

若李明三天的活动为郊游、逛街、游戏,问这三天的天气情况分别是什么?

【解答】(1) 对于时刻$t=1$,也就是第一天,可能的状态为{下雨,晴天},李明第一天选择的是郊游,预判第一天为晴天的概率为0.4,下雨的概率为0.6,从而有

(晴天) $P(x_1=郊游,y_1=晴天)=P(x_1=郊游\mid y_1=晴天)P(y_1=晴天)$
$=0.6\times0.4=0.24$,

(下雨) $P(x_1=郊游,y_1=下雨)=P(x_1=郊游\mid y_1=下雨)P(y_1=下雨)$
$=0.1\times0.6=0.06$,

又因为第一天的前一天没有状态,所以不存在.

(2) 对于时刻$t=2$,也就是第二天,李明选择的是逛街,从而有

(晴天) $P(x_2=逛街\mid y_2=晴天)\times\max\{P(y_2=晴天\mid y_1=晴天)(晴天),$
$P(y_2=晴天\mid y_1=下雨)(下雨)\}$
$=0.3\times\max\{0.6\times0.24,0.3\times0.06\}$
$=0.3\times\max\{0.144,0.018\}$
$=0.0432$,

前一天(今天晴天)=晴天;

(下雨) $P(x_2=逛街\mid y_2=下雨)\times\max\{P(y_2=下雨\mid y_1=晴天)(晴天),$
$P(y_2=下雨\mid y_1=下雨)(下雨)\}$
$=0.4\times\max\{0.4\times0.24,0.7\times0.06\}$
$=0.4\times\max\{0.096,0.042\}$
$=0.0384$,

前一天(今天下雨)=晴天.

(3) 对于时刻$t=3$,也就是第三天,李明选择游戏,从而有

(晴天) $P(x_3=游戏\mid y_3=晴天)\times\max\{P(y_3=晴天\mid y_2=晴天)(晴天),$
$P(y_3=晴天\mid y_2=下雨)(下雨)\}$
$=0.1\times\max\{0.6\times0.0432,0.3\times0.0384\}$

$=0.1\times\max\{0.02592,0.01152\}$

$=0.002592,$

前一天(今天晴天)＝晴天；

(下雨)　$P(x_3=\text{游戏}\mid y_3=\text{下雨})\times\max\{P(y_3=\text{下雨}\mid y_2=\text{晴天})(\text{晴天}),$

$P(y_3=\text{下雨}\mid y_2=\text{下雨})(\text{下雨})\}$

$=0.5\times\max\{0.4\times0.0432,0.7\times0.0384\}$

$=0.5\times\max\{0.01728,0.02688\}$

$=0.01344,$

前一天(今天下雨)＝下雨.

下面开始回溯:(下雨)＞(晴天),所以第三天下雨;而(下雨)＝下雨,所以第二天也是下雨;根据(下雨)＝晴天,所以第一天是晴天.

综上,可以推算出三天的天气是晴天、下雨、下雨.

【程序代码】

```
import numpy as np
def viterbi(trans_prob, emit_prob, init_prob, views,\
states, obs):
    state_num, obs_len=len(states), len(obs)
    delta=np.array([[0]* state_num]* obs_len,\
dtype=np.float64)
    phi=np.array([[0]* state_num]* obs_len,\
dtype=np.int64)
    print('state_num=', state_num, 'obs_len=', obs_len)
    print('delta=', delta)
    print('phi=', phi)
    # 初始化
    for i in range(state_num):
        delta[0, i]=init_prob[i]* emit_prob[i][views.\
index(obs[0])]
        phi[0, i]= 0
    print('初始化后 delta=', delta)
    print('初始化后 phi=', phi)
    # 递归计算
    for i in range(1, obs_len):
        for j in range(state_num):
            tmp=[delta[i-1, k]* trans_prob[k][j] for k in\
range(state_num)]
            delta[i, j]=max(tmp)* emit_prob[j][views.\
```

```
index(obs[i])]
                phi[i, j]=tmp.index(max(tmp))
        # 最终的概率及节点
        max_prob=max(delta[obs_len-1, :])
        last_state=int(np.argmax(delta[obs_len-1, :]))
        # 最优路径 path
        path=[last_state]
        for i in reversed(range(1, obs_len)):
            end=path[-1]
            path.append(phi[i, end])
        hidden_states=[states[i] for i in reversed(path)]
        return max_prob, hidden_states
    def main():
        # 所有可能的状态集合
        states=('晴天', '下雨')
        # 观测集合
        views=['郊游', '逛街', '游戏']
        # 转移概率: Q->Q
        trans_prob=[[0.6, 0.4],
                    [0.3, 0.7]]
        # 观测概率, Q->V
        emit_prob=[[0.6, 0.3, 0.1],
                   [0.1, 0.4, 0.5]]
        # 初始概率
        init_prob=[0.4, 0.6]
        # 观测序列
        obs=['郊游', '逛街', '游戏']
        max_prob, hidden_states=viterbi(trans_prob,\
emit_prob, init_prob, views, states, obs)
        print('最大的概率为: %.5f.' %max_prob)
        print('隐藏序列为: %s.' %hidden_states)
        if __name__=='__main__':
        main()
```

【运行结果】

```
state_num=2 obs_len=3
delta=[[0. 0.]
 [0. 0.]
 [0. 0.]]
phi=[[0 0]
```

```
 [0 0]
 [0 0]]
初始化后 delta=[[0.24 0.06]
 [0.   0.  ]
 [0.   0.  ]]
初始化后 phi=[[0 0]
 [0 0]
 [0 0]]
最大的概率为: 0.01344.
隐藏序列为:['晴天', '下雨', '下雨'].
```

第 10 章　模拟技术

在各类问题研究过程中，需要提供一些基础数据，然后通过建立数学模型来进行问题的仿真、求解.由于实际的数据环境较为复杂，有时难以采集到真实数据，或者观察获得数据的成本代价较高，会对系统的实际运行造成较大的破坏，因而研究建立有效的模拟技术，并运用这些技术来模拟实际运行状态，是进行科学研究的有效手段之一.

10.1　随机函数

Python 中的 random 模块实现了各种分布的随机数的生成.

1) random.random()

random() 实现在半开放区间 [0.0,1.0) 内均匀生成随机浮点数.

【例 10-1】生成一个介于[0.0,1.0) 内的随机浮点数.

【程序代码】

```
import random
# 生成一个随机数
print("随机数 1: ", random.random())
# 生成第二个随机数
print("随机数 2: ", random.random())
```

【运行结果】

```
随机数 1: 0.039822696316594186
随机数 2: 0.8199706140114883
```

2) random.uniform(a,b)

返回介于 a 与 b 之间的随机浮点数，此处 a 可小于 b 也可大于 b.

【例 10-2】返回一个介于 50 与 100 之间的随机浮点数.

【程序代码】

```
import random
print("随机数 1: ", random.uniform(50, 100))
print("随机数 2: ", random.uniform(100, 50))
```

【运行结果】

```
随机数 1: 68.32040954925586
随机数 2: 81.30157978741732
```

3）random.randint(a,b)

返回一个随机整数 n，且 n 的取值范围为$[a,b]$.需要注意的是，这里 a 和 b 的取值必须为整数，并且 a 的值一定要小于 b 的值.

【例 10－3】返回一个随机整数示例.

【程序代码】

```
import random
# 生成一个随机数 n,n 的取值范围为 10 <=n <=100
print(random.randint(10, 100))
# 生成的随机数为 n,n 的结果永远为 50
print(random.randint(50, 50))
```

【运行结果】

```
62
50
```

4）random.randrange([start, end), step)

返回指定递增序列中的一个随机数，基数默认值为 1.其中，参数 start 用于指定范围内的开始值，该值包含在范围内；参数 end 用于指定范围内的结束值，该值不包含在范围内；step 表示递增序列的步长.上述这些参数必须为整数.例如，random.randrange(10,100,2) 相当于从序列[10,12,14,16,…,98]中获取一个随机数.

【例 10－4】从递增序列中获取一个随机数示例.

【程序代码】

```
import random
print(random.randrange(10, 100, 2))
```

【运行结果】

```
64
```

5）random.choice(sequence)

从 sequence 中返回一个随机数，参数 sequence 可以是列表、元组或字符串.

【例 10－5】从列表、元组或字符串中随机返回一个元素示例.

【程序代码】

```
import random
# 随机获取字符串中一字符
print(random.choice("我要学习 python"))
# 随机获取一列表元素
print(random.choice(["yang", [0], "he", "a", [1], "wen",
"boy"]))
# 随机获取一元组元素
print(random.choice(("Tuple", [string], "List",
```

```
"Dict")))
```

【运行结果】

```
要
[0]
List
```

6) random.shuffle(X[,random])

用于将列表中的元素打乱顺序.

【例 10-6】打乱列表示例.

【程序代码】

```
import random
demo_list=["Python", "C", "C++", "Java", "C# "]
random.shuffle(demo_list)
print(demo_list)
```

【运行结果】

```
['Python', 'C', 'C++', 'C# ', 'Java']
```

7) random.sample(squence, n)

从指定序列中随机获取 n 个元素作为一个片段返回.需要指出的是,sample 函数不会修改原有序列.

【例 10-7】从指定序列中随机获取 n 个元素示例.

【程序代码】

```
import random
demo_list=["Python", "C", "C++", "Java", "C# "]
print(random.sample(demo_list,3))
print(demo_list)
```

【运行结果】

```
['C# ', 'Java', 'C++']
['Python', 'C', 'C++', 'Java', 'C# ']
```

【例 10-8】发放红包示例.

【程序代码】

```
import random
def red_packet(total,num):
    for i in range(num-1):
        per=random.uniform(0.01,total/2)
        total=total-per
        print('%.2f'%per)
    else:
        print('%.2f'%total)
```

```
red_packet(100,5)
```

【运行结果】

```
45.06
21.13
7.37
7.46
18.99
```

10.2　随机模拟

模拟就是利用物理和数学模型来类比、模仿现实系统及其演变过程，以寻求过程规律的一种方法.模拟的基本思想是建立一个试验模型，这个模型包含所研究系统的主要特点，通过对这个试验模型的运行，获得所要研究系统的必要信息.

模拟一般分为两类：

(1) 物理模拟：对实际系统及其过程用功能相似的实物系统去模仿，例如军事演习、船艇试验、沙盘作业等.物理模拟通常花费较大、周期较长，且在物理模型上改变系统结构和系数都较困难，并且许多系统无法进行物理模拟，如社会经济系统、生态系统等.

(2) 数学模拟：在一定的假设条件下，通过数学运算模拟系统的运行.现代的数学模拟都是在计算机上进行的，因此又称为计算机模拟.计算机模拟可以反复进行，改变系统的结构和系数都比较容易.在实际问题中，面对一些带随机因素的复杂系统，用分析方法建模常常需要做出许多简化假设，与面临的实际问题可能相差甚远，以致结果根本无法应用，这时计算机模拟几乎成为唯一的选择.

10.2.1　蒙特卡洛模拟

蒙特卡洛(Monte Carlo) 方法又称随机抽样或统计试验方法，属于人工智能算法领域的一个分支，它是在 20 世纪 40 年代中期为了适应当时原子能事业的发展而发展起来的.当时传统的经验方法由于不能逼近真实的物理过程，很难得到令人满意的结果，而蒙特卡洛方法由于能够真实地模拟实际物理过程，解决的问题与实际非常符合，因此可以得到很圆满的结果.这也是以概率和统计理论方法为基础的一种计算方法，通过使用随机数(或更常见的伪随机数) 来解决大量的计算问题，并将所求解的问题同一定的概率模型相联系，用电子计算机实现统计模拟或抽样，以获得问题的近似解.为象征性地表明这一方法的概率统计特征，人们借用赌城蒙特卡洛对其命名.运用该法对研究的系统进行随机抽样，并通过对样本值的观察统计，可求得所研究系统的某些参数.

【例 10-9】 在我方某前沿防守阵地，敌人以一个炮排(含两门火炮)为单位对我方进行干扰和破坏.为躲避我方打击，敌方对其阵地进行了伪装并经常变换射击地点.经过长期观察发现，我方指挥所对敌方目标的指示有 50% 是准确的，而我方火力单位在指示正确时，有 1/3 的射击效果能毁伤敌人一门火炮，有 1/6 的射击效果能全部消灭敌人.现在希望能用某种方式把我方将要对敌人实施的 20 次打击结果显现出来，确定有效射击的比率及毁伤敌方火炮的平均值.

【解答】 这是一个概率问题，可以通过理论计算得到相应的概率和期望值.但这样只能给出作战行动的最终静态结果，而显示不出作战行动的动态过程.为了能显示我方 20 次射击的过程，下面采用模拟的方式.

(1) 问题分析

需要模拟出以下两件事：

一是针对目标的指示正确与否.模拟试验有两种结果，每种结果出现的概率都是$\frac{1}{2}$，因此可用投掷 1 枚硬币的方式予以确定，当硬币出现正面时为指示正确，反之为不正确.

二是当指示正确时，我方火力单位的射击结果情况.模拟试验有三种结果：毁伤一门火炮的可能性为$\frac{1}{3}\left(即\frac{2}{6}\right)$，毁伤两门的可能性为$\frac{1}{6}$，没能毁伤敌火炮的可能性为$\frac{1}{2}\left(即\frac{3}{6}\right)$.这时可用投掷骰子的方法来确定：

① 如果出现的是 1,2,3 点：认为没能击中敌人；

② 如果出现的是 4,5 点：认为毁伤敌人一门火炮；

③ 如果出现的是 6 点：认为毁伤敌人两门火炮.

(2) 符号假设

① i：要模拟的打击次数；

② k_1：没击中敌人火炮的射击总数；

③ k_2：击中敌人一门火炮的射击总数；

④ k_3：击中敌人两门火炮的射击总数；

⑤ E：有效射击比率；

⑥ E_1：20 次射击平均每次毁伤敌人的火炮数.

(3) 模拟流程

模拟流程如图 10-1 所示.

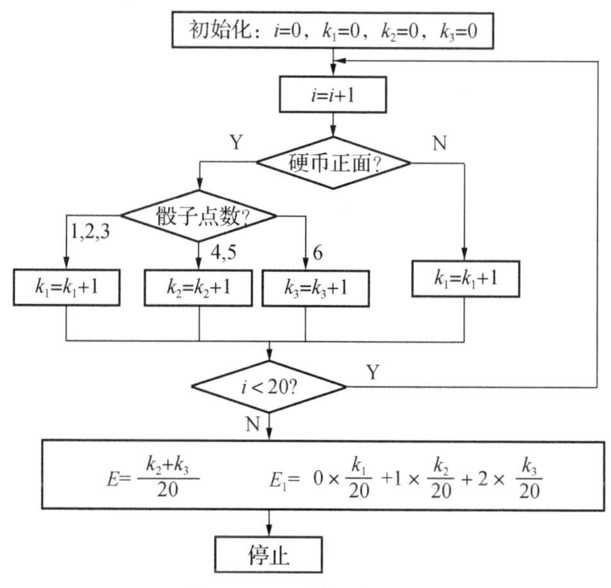

图 10-1　模拟流程图

(4) 模拟结果

经过 20 次的模拟试验，其模拟统计结果如表 10-1 所示.

表 10-1　模拟统计结果

试验序号	投硬币结果	指示正确	指示不正确	掷骰子结果	毁伤敌人火炮数		
					0	1	2
1	正	V		4		V	
2	正	V		4		V	
3	反		V		V		
4	正	V		1	V		
5	正	V		2	V		
6	反		V		V		
7	正	V		3	V		
8	正	V		6			V
9	反		V		V		
10	反		V		V		
11	正	V		2	V		

续表 10-1

试验序号	投硬币结果	指示正确	指示不正确	掷骰子结果	毁伤敌人火炮数		
					0	1	2
12	反		V		V		
13	正	V		3	V		
14	反		V		V		
15	正	V		6			V
16	正	V		4		V	
17	正	V		2	V		
18	正	V		4		V	
19	反		V		V		
20	正	V		6			V

通过以上模拟结果可计算出

$$E=7/20=0.35,$$

$$E_1=0\times\frac{13}{20}+1\times\frac{4}{20}+2\times\frac{3}{20}=0.5.$$

(5) 理论计算

设

$$j=\begin{cases}0, & \text{针对目标指示不正确,}\\ 1, & \text{针对目标指示正确,}\end{cases}$$

且 A_0:射中敌方火炮的事件,A_1:射中敌方一门火炮的事件,A_2:射中敌方两门火炮的事件,则由全概率公式,可得

$$\begin{aligned}E=P(A_0)&=P(j=0)P(A_0\mid j=0)+P(j=1)P(A_0\mid j=1)\\&=\frac{1}{2}\times 0+\frac{1}{2}\times\frac{1}{2}=0.25,\end{aligned}$$

$$\begin{aligned}P(A_1)&=P(j=0)P(A_1\mid j=0)+P(j=1)P(A_1\mid j=1)\\&=\frac{1}{2}\times 0+\frac{1}{2}\times\frac{1}{3}=\frac{1}{6},\end{aligned}$$

$$\begin{aligned}P(A_2)&=P(j=0)P(A_2\mid j=0)+P(j=1)P(A_2\mid j=1)\\&=\frac{1}{2}\times 0+\frac{1}{2}\times\frac{1}{6}=\frac{1}{12},\end{aligned}$$

$$E_1=1\times\frac{1}{6}+2\times\frac{1}{12}\approx 0.33.$$

(6) 结果分析比较

表 10－2 给出了理论计算和模拟结果的比较结果，从中可以发现，虽然模拟结果与理论计算不完全一致，但它却能更加真实地表现实际战斗动态过程.

表 10－2　理论计算和模拟结果的比较

试验分类	无效射击	有效射击	平均值
模拟	0.65	0.35	0.5
理论	0.75	0.25	0.33

用蒙特卡洛方法进行计算机模拟的步骤如下：

(1) 设计一个逻辑框图(即模拟模型)，该框图要能正确反映系统各部分运行时的逻辑关系；

(2) 模拟随机现象(可通过具有各种概率分布的模拟随机数模拟随机现象).

10.2.2　模拟数据的产生

模拟的关键是产生与真实系统相似的随机变量及随机数，因此如何有效产生一些具有特定分布属性的随机变量是一个非常重要的问题.而解决这类问题的关键是要研究随机变量分布的具体特性，基础是产生区间[0,1]上的均匀随机样本值，然后根据不同分布进行不同形式的变换而得到相应的随机序列数，再通过对不同分布特性的随机变量提出不同的随机数产生算法，并使用 Python 语言在计算机上进行编程实现.

1) 区间[0,1]上均匀随机数的产生

(1) 随机数表产生随机数

通过随机数表可以直接按不同的起始位置、不同的查找方向、不同的查寻跳转方式进行数据查找，从而产生一系列服从区间[0,1]上均匀分布的随机数.不过，当需要的随机数据量较大时，通过随机数表产生随机数速度较慢，同时不便于计算机操作.

(2) 计算机模拟产生随机数

通过计算机模拟产生区间[0,1]上均匀分布的随机数方法中，绝大部分是利用数学关系式进行递推，然后通过程序构造产生出随机数.目前，普遍采用的算法有同余法、混合同余法、均匀取中法、平方取中法、双随机取均法等等.

2) 不同分布模拟数据的产生

(1) 逆转换法

设随机变量 X 的分布函数 $F(x)$ 为严格单调增的连续函数，Y 是由 $Y=F(X)$ 定义的随机变量，则 Y 在[0,1]上服从均匀分布.

由于计算机产生的是[0,1]上服从均匀分布的随机数，因此要产生服从某种分布的随机数,应要先产生[0,1]上服从均匀分布的随机变量值 $r_1,r_2,\cdots,r_n$,便可得到服从任意分布的连续型随机变量值 $x_i \sim F^{-1}(r_i),i=1,2,3,\cdots$.

例如,要生成任意区间[a,b]上服从均匀分布随机变量的模拟数据,可将区间[0,1]上的均匀随机数记为 r,而 X 是[a,b]上服从均匀分布的随机变量,其密度函数为

$$f(x)=\begin{cases}\dfrac{1}{b-a}, & a \leqslant x \leqslant b,\\ 0, & \text{其他},\end{cases}$$

由此得到 X 的分布函数为

$$F(x)=\begin{cases}0, & 0,\\ \dfrac{x-a}{b-a}, & a \leqslant x \leqslant b,\\ 1, & x>b,\end{cases}$$

令 $r=F(x)=\dfrac{x-a}{b-a}$,解得 $x=a+(b-a)r$.

由此可产生[a,b]上服从均匀分布的模拟数据.图 10-2 显示了[a,b]上服从均匀分布的随机数序列.

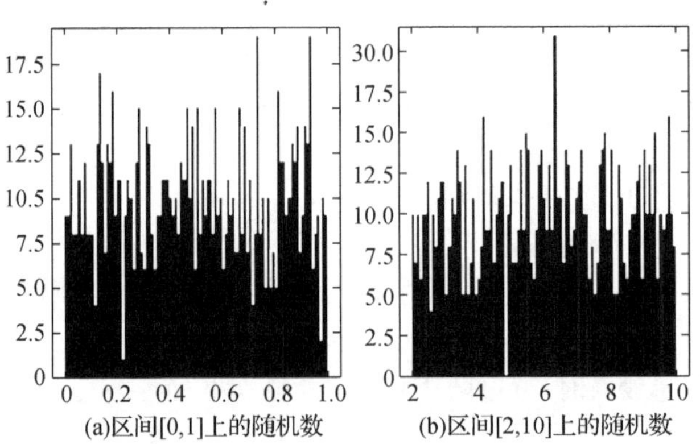

图 10-2　均匀分布的随机数序列

又如产生服从参数为 μ 的指数分布的模拟数据:$x>0$ 时,指数分布的概率密度函数 $f(x)=\mu e^{-\mu x}$,其分布函数为 $F(x)=1-e^{-\mu x}$,令

$$r=F(x)=1-e^{-\mu x},\ \text{即}\quad e^{-\mu x}=1-r.$$

由于 $1-r$ 也服从[0,1]上的均匀分布,从而可令 $r'=e^{-\mu x}$,解得 $x=-\dfrac{1}{\mu}\ln r'$.

【例 10-10】指数分布概率密度函数示例.

【程序代码】

```
from scipy import stats
```

```
    import math
    import numpy as np
    import matplotlib.pyplot as plt
    from matplotlib.font_manager import FontProperties
    font=FontProperties(fname=r"c:\windows\fonts\SimSun.
ttc", size=14)
    r=1/5000
    X=[]
    Y=[]
    for x in np.linspace(0, 100000, 100000):
        if x==0:
            continue
        p=stats.expon.pdf(x, scale=1/r)
        X.append(x)
        Y.append(p)
    plt.plot(X, Y)
    plt.title(u'指数分布', fontproperties=font)
    plt.show()
```

【运行结果】(生成图形如图 10－3 所示)

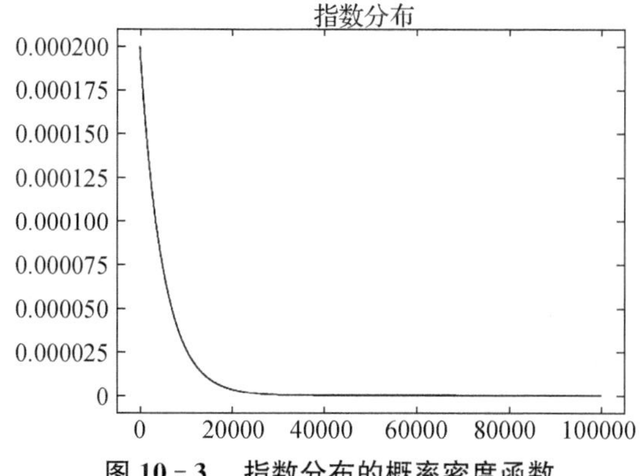

图 10－3　指数分布的概率密度函数

由于有些随机变量分布函数的反函数不存在，有些分布函数的反函数虽然存在，但计算非常复杂，甚至不能用一般解析式来表示其反函数，因此需要用其他方法寻找模拟数据.

(2) 组合法

组合法本质上是对某些容易产生的随机变量进行组合得到所要求的随机变量的一种方法.

例如，泊松分布的概率密度函数为

$$f(x)=\frac{\lambda^x}{x!}\mathrm{e}^{-\lambda}, \quad x=0,1,2,\cdots,$$

其分布函数为

$$F(x)=\sum_{i=0}^{x}\frac{\lambda^i}{i!}\mathrm{e}^{-\lambda}, \quad x=0,1,2,\cdots.$$

此函数不能求出其反函数的解析式，因而不能用逆转换法生成模拟数据.

我们知道，泊松分布是单位时间内独立事件发生次数的概率分布，指数分布是独立事件发生时间间隔的概率分布.根据上述关系，可以用服从指数分布的随机变量所产生的模拟数据来组合产生服从泊松分布的模拟数据.

设序列 $y_1, y_2, \cdots, y_n$ 服从参数为 λ 的指数分布，则有 $y_i=-\frac{1}{\lambda}\ln r_i$，其中 r_i 是在(0,1)上的均匀随机数.现将 y_i 值按序累加，对于满足关系式 $\sum_{i=0}^{s} y_i \leqslant 1 \leqslant \sum_{i=0}^{s+1} y_i$ 的 s，即为服从参数为 λ 的泊松分布的模拟数据.

将 y_i 的值代入上述关系式，得

$$\sum_{i=0}^{s}\left(-\frac{1}{\lambda}\ln r_i\right) \leqslant 1 \leqslant \sum_{i=0}^{s+1}\left(-\frac{1}{\lambda}\ln r_i\right), \quad \ln\prod_{i=0}^{s} r_i \geqslant -\lambda \geqslant \ln\prod_{i=0}^{s+1} r_i,$$

即 s 满足

$$\prod_{i=0}^{s} r_i \geqslant \mathrm{e}^{-\lambda} \geqslant \prod_{i=0}^{s+1} r_i.$$

综上，可得产生服从参数为 λ 的泊松分布随机数的步骤如下：

① 在区间(0,1)内均匀产生一系列随机数 r_i，再由

$$y_i=-\frac{1}{\lambda}\ln r_i$$

产生一系列独立的服从参数为 λ 的指数分布随机数 y_i.

② 记 $y=y_1+y_2+\cdots+y_{s+1}$.如果 $y \geqslant 1$，则停止，输出 s；否则，继续生成 y_i，直到 $y \geqslant 1$ 为止.

③ 重复步骤 ① 和 ②.

【例 10－11】泊松分布的概率密度函数示例.

【程序代码】

```
    import numpy as np
    import scipy.stats as stats
    import matplotlib.pyplot as plt
    import matplotlib.style as style
    from matplotlib.font_manager import FontProperties
    font=FontProperties(fname=r"c:\windows\fonts\SimSun.
ttc", size=14)
```

```
    plt.figure(dpi=120)
    data=np.arange(50)
    plt.plot(data, stats.poisson.pmf(data, mu=5), \
label='pmf(mu=5)')
    plt.plot(data, stats.poisson.pmf(data, mu=15), \
label='pmf(mu=15)')
    plt.plot(data, stats.poisson.pmf(data, mu=30), \
label='pmf(mu=30)')
    plt.legend(loc='upper left')
    plt.title('泊松分布', fontproperties=font)
    plt.show()
```

【运行结果】(生成图形如图 10－4 所示)

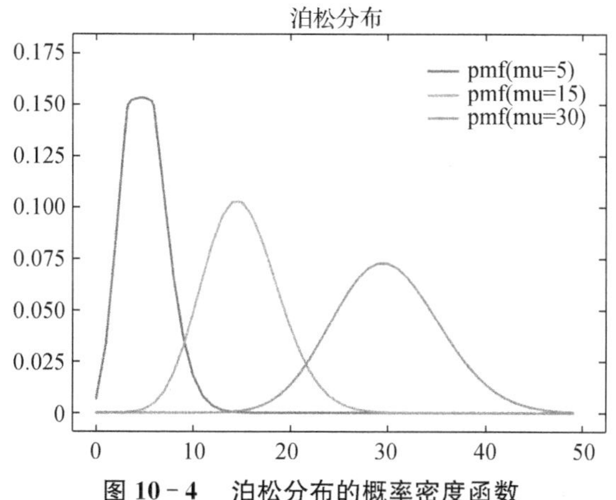

图 10－4 泊松分布的概率密度函数

(3) 逼近法

列维-林德伯格中心极限定理 设随机变量 $X_1, X_2, \cdots, X_n, \cdots$ 独立同分布，且有数学期望

$$E(X_i)=\mu, \quad D(X_i)=\sigma^2 \quad (i=1,2,\cdots,n),$$

则对于任意实数 x，有

$$\lim_{n\to\infty} P\left\{\frac{\sum_{i=1}^{n} X_i - n\mu}{\sqrt{n}\sigma} \leqslant x\right\}=\Phi(x),$$

其中 $\Phi(x)$ 为标准正态分布的分布函数.

该定理表明，当 n 很大时，$\sum_{i=1}^{n} X_i$ 的标准化变量

$$\frac{\sum_{i=1}^{n} X_i - n\mu}{\sqrt{n}\sigma}$$

近似服从正态分布 $N(0,1)$，或者说 $\sum_{i=1}^{n} X_i$ 近似服从 $N(n\mu, n\sigma^2)$.

列维-林德伯格中心极限定理逼近法一般用于随机变量的分布函数公式无法求出时的情形.

设 $X \sim U(0,1)$，则 $E(X)=\frac{1}{2}, D(X)=\frac{1}{12}$. 令 $Y_{12}=\sum_{i=1}^{12} X_i$，其中 $X_1, X_2, \cdots, X_{12}$ 是 $(0,1)$ 上服从均匀分布的随机变量，则 $E(Y_{12})=6, D(Y_{12})=1$，由列维-林德伯格中心极限定理，近似地有 $Y_{12}-6 \sim N(0,1)$.

因此，只要分别给出区间 $(0,1)$ 上 12 个相互独立的均匀随机数，就可以得到一个标准的正态分布模拟数据.

产生一般正态分布 $N(\mu,\sigma^2)$ 随机数的步骤如下：

① 随机产生区间 $(0,1)$ 上 12 个随机数；

② 计算 $y=\sum_{i=1}^{12} x_i - 6$，将 y 视作来自标准正态分布 $N(0,1)$ 的一个随机数；

③ 计算 $z=\mu+\sigma y$，将 z 视作来自正态分布 $N(\mu,\sigma^2)$ 的一个随机数；

④ 重复以上步骤 n 次，得到一般正态分布 $N(\mu,\sigma^2)$ 的 n 个随机数.

【例 10-12】正态分布的概率密度函数示例.

【程序代码】

```
import pandas as pd
import numpy as np
import matplotlib.pyplot as plt
from matplotlib.font_manager import FontProperties
font=FontProperties(fname=r"c:\windows\fonts\SimSun.
ttc", size=14)
def normfun(x, mu, sigma):
    pdf= np.exp(-((x-mu)** 2)/(2* sigma** 2))/(sigma* \
np.sqrt(2* np.pi))
    return pdf
result=np.random.normal(15, 44, 100)
print(result)
x=np.arange(min(result), max(result), 0.1)
print(result.mean(), result.std())
y=normfun(x, result.mean(), result.std())
plt.plot(x, y)
plt.title('正态分布',fontproperties=font)
```

```
    plt.show()
```

【运行结果】(生成图形如图10－5所示)

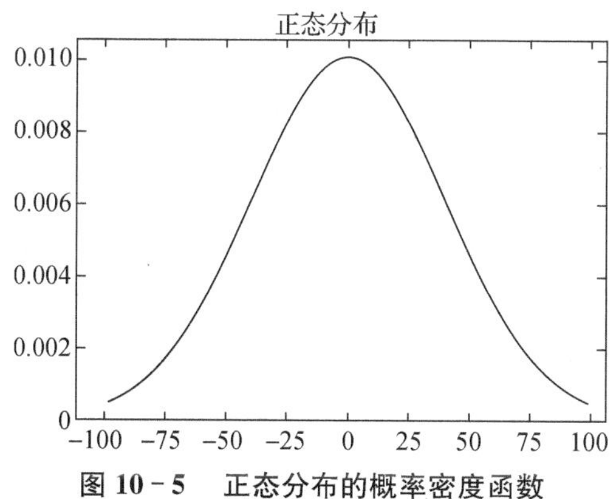

图10－5　正态分布的概率密度函数

(4) 舍选法

如果已知随机变量的概率密度函数,但分布函数的逆函数不存在,又不能用组合法、逼近法时,此时通常采用舍选法.即建立一个检验边界条件,由此条件取舍所得的随机数.

令 $f(x)$ 为概率密度函数,且 $0 \leqslant f(x) \leqslant M, a \leqslant x \leqslant b$,则舍选法的步骤如下:

① 产生[0,1]上两个均匀随机变量 r_1, r_2;

② 求 $x = a + (b-a)r_1$;

③ 检验 $r_2 \leqslant \dfrac{f(a+(b-a)r_1)}{M}$ 是否成立;

④ 如果上面的不等式成立,则 $x = a + (b-a)r_1$ 作为模拟数据,否则重复以上步骤.

Beta分布作为伯努利分布和二项式分布的共轭先验分布,在机器学习中有着极其重要应用.Beta分布由下面的概率密度函数定义:

$$f(x) = \frac{\Gamma(\alpha+\beta)}{\Gamma(\alpha)\Gamma(\beta)} x^{\alpha-1}(1-x)^{\beta-1} \quad (\alpha > 1, \beta > 1, 0 \leqslant x \leqslant 1),$$

其中 α 和 β 是分布参数,并且

$$\Gamma(t) = \int_0^{+\infty} x^{t-1} \mathrm{e}^{-x} \mathrm{d}x.$$

由于

$$\frac{\Gamma(\alpha+\beta)}{\Gamma(\alpha)\Gamma(\beta)} = \frac{(\alpha-1)(\beta-1)}{(\alpha+\beta-1)(\alpha+\beta-2)} \leqslant \frac{\alpha-1}{\alpha+\beta-2},$$

从而有 $0 \leqslant f(x) \leqslant \frac{\alpha-1}{\alpha+\beta-2}$,所以可取 $M=\frac{\alpha-1}{\alpha+\beta-2}$.

需要指出的是,仅当 α 和 β 有确定值时,M 才有上述关系.

对于随机数 r_1 和 r_2,如果不等式

$$r_2 M \leqslant \frac{\Gamma(\alpha+\beta)}{\Gamma(\alpha)\Gamma(\beta)} r_1^{\alpha-1}(1-r_1)^{\beta-1}$$

成立,则 r_1 作为 Beta 分布的模拟数据;否则,回到第 ① 步重新开始.

由于舍选法只要有概率密度函数就可以产生反映这种概率分布的模拟数据,因此适用性很广.但它的缺点是,由于对每个试验点都必须计算两个均匀随机数,加上有些点要被舍去,因此产生一个数据平均需要计算两个以上的均匀随机数,增大了工作量;另外,应用舍选法时要求概率密度函数的上下限,而大多数概率密度函数具有很长的尾数,并常常扩展到无穷大,因此需要进行截断.

【例 10 - 13】 Beta 分布的概率密度函数示例.

【程序代码】

```
    import numpy as np
    from scipy.stats import beta
    import matplotlib.pyplot as plot
    from matplotlib.font_manager import FontProperties
    font=FontProperties(fname=r"c:\windows\fonts\SimSun.
ttc", size=14)
    alpha_beta_values=[[0.5,0.5], [5, 1], [1,3], [2,2], [2,5]]
    linestyles=[]
    x=np.linspace(0, 1, 1002)[1:-1]
    for alpha_beta_value in alpha_beta_values:
        print(alpha_beta_value)
        dist=beta(alpha_beta_value[0],
alpha_beta_value[1])
        dist_y=dist.pdf(x)
        plot.plot(x, dist_y, label=r'$ \alpha=%.1f,\\beta=
%.1f$'% \ (alpha_beta_value[0], alpha_beta_value[1]))
    plot.title(u'Beta 分布 ', fontproperties=font)
    # 设置 x,y 轴取值范围
    plot.xlim(0, 1)
    plot.ylim(0, 2.5)
    plot.legend()
    plot.show()
```

【运行结果】(生成图形如图 10 - 6 所示)

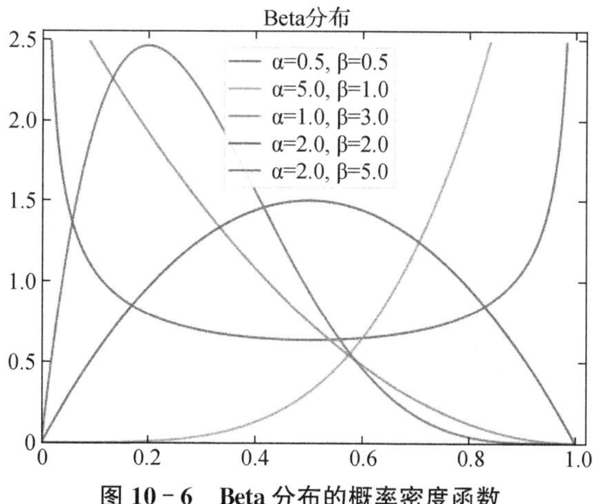

图 10 - 6　Beta 分布的概率密度函数

参考文献

[1]罗攀，蒋仟.从零开始学 Python 网络爬虫[M].北京：机械工业出版社，2017.

[2]张德丰，等.MATLAB 神经网络应用设计[M].2 版.北京：机械工业出版社，2012.

[3] Bowles Michael.Python 机器学习：预测分析核心算法[M]. 沙赢，李鹏，译. 北京：人民邮电出版社，2016.

[4]李航.统计学习方法[M].北京：清华大学出版社，2012.

[5]孙博.机器学习中的数学[M].北京：中国水利水电出版社，2019.

[6]彭年斌，张秋燕.微积分与数学模型[M].上册.北京：科学出版社，2014.

[7]张秋燕，彭年斌.微积分与数学模型[M].下册.北京：科学出版社，2015.

[8] Joshi Prateek.Python 机器学习经典实例[M].陶俊杰，陈小莉，译.北京：人民邮电出版社，2017.

[9]张雨萌.机器学习线性代数基础：Python 语言描述[M].北京：北京大学出版社，2019.

[10]张良均，谭立云，刘名军，等.Python 数据分析与挖掘实战[M].2 版.北京：机械工业出版社，2019.

[11]盛骤，谢式千，潘承毅.概率论与数理统计[M].4 版.北京：高等教育出版社，2008.

[12]周志华.机器学习[M].北京：清华大学出版社，2016.

[13]韩力群.人工神经网络教程[M].北京：北京邮电大学出版社，2006.

[14] Cover Thomas M，Thomas Joy A.信息论基础[M].阮吉寿，张华，译.北京：机械工业出版社，2008.

[15] Bertsekas Dimitri P.凸优化理论[M].赵千川，王梦迪，译.北京：清华大学出版社，2015.